U0898051

“十二五”职业教育国家规划教材
经全国职业教育教材审定委员会审定
高职高专通信类专业核心课程系列教材

WCDMA 无线网络规划与优化

主编　徐　彤　孙秀英
参编　于正永　许鹏飞　韩金燕
　　　丁胜高　华　山
主审　钟　伟

机械工业出版社

本书以培养 WCDMA 无线网络规划与优化岗位技能为目标，从网络规划与优化的技术原理到实践操作，由浅入深地介绍了 WCDMA 无线网络规划与优化方面的知识和技能。

本书由校企合作共同编写，内容选取与中国联通 WCDMA 网络规划与优化技能相对接，将实际 WCDMA 网络规划与优化工作所涉及的相关技术原理和操作技能融入书中，本书内容分为四个部分：分别是原理篇、规划篇、优化篇和实训篇，包含 10 章和 8 个实训项目。原理篇介绍了无线电波传播的基本理论、天线原理和 WCDMA 关键技术；规划篇介绍了基站勘察、WCDMA 无线网络覆盖和容量规划相关内容；优化篇介绍了 WCDMA 小区选择、小区重选、系统消息、无线网络接入、空口信令流程与解析及典型优化分析等内容；实训篇介绍了基站勘察工具的使用、网优测试和后台分析软件使用、室内外语言信号测试和测试数据的分析等 8 个实训项目。

为方便教学使用，章首设计了学习目标，章末设计了本章总结和思考与复习题。本书既可作为高职高专通信类专业的教材，也可作为从事网络规划和优化工程技术人员的参考用书。

为方便教学，本书配有免费电子课件、思考与复习题答案、模拟试卷及答案等，凡选用本书作为授课教材的学校，均可来电（010－88379564）或邮件（cmpqu@163.com）索取，有任何技术问题也可通过以上方式联系。

图书在版编目（CIP）数据

WCDMA 无线网络规划与优化/徐彤，孙秀英主编. —北京：机械工业出版社，2014.8 **（2018.2 重印）**

“十二五”职业教育国家规划教材　高职高专通信类专业核心课程系列教材

ISBN 978-7-111-47028-1

Ⅰ.①W…　Ⅱ.①徐…②孙…　Ⅲ.①码分多址移动通信-通信网-高等职业教育-教材　Ⅳ.①TN929.533

中国版本图书馆 CIP 数据核字（2014）第 125722 号

机械工业出版社（北京市百万庄大街 22 号　邮政编码 100037）
策划编辑：曲世海　责任编辑：曲世海　冯睿娟　责任校对：张玉琴
封面设计：陈　沛　责任印制：刘　岚
河北鑫兆源印刷有限公司印刷
2018 年 2 月第 1 版第 3 次印刷
184mm×260mm · 13 印张 · 309 千字
3901—5400 册
标准书号：ISBN 978-7-111-47028-1
定价：36.00 元

凡购本书，如有缺页、倒页、脱页，由本社发行部调换

电话服务
服务咨询热线：010-88379833
读者购书热线：010-88379649

网络服务
机 工 官 网：www.cmpbook.com
机 工 官 博：weibo.com/cmp1952
教育服务网：www.cmpedu.com
金 书 网：www.golden-book.com

前　　言

近年来，移动通信在全球范围内迅猛发展，伴随着WCDMA技术在国内大规模的商用，用户对移动通信系统的性能提出了更高的要求，无线网络规划与优化工作显得尤为重要。无线网络规划与优化是通信类专业的核心课程，在人才培养中起着非常重要的作用。本书是中央财政支持的淮安信息职业技术学院“通信技术”国家重点专业项目教材建设成果。

本书作为校本教材在教学中使用了3年，编者均有通信网运行维护工作的经历，具有丰富的无线网络规划与优化实践工作经验。本书编写遵循工学结合的开发理念，以WCDMA无线网络规划与优化岗位需求为培养目标，以工作过程为主线组织内容，从基本原理到实践操作，由浅入深地介绍WCDMA无线网络规划与优化方面的理论知识和实践技能。

本书按照教育部“十二五”职业教育国家规划教材编写要求，由校企合作共同编写，突出实践技能培养。编写团队多次到华为大学培训中心和中国联通公司进行技术调研，请工程技术人员审核本书编写提纲，研讨本书编写内容，确保本书内容的选取与中国联通WCDMA网络规划与优化技能相对接，将WCDMA网络规划与优化工作所涉及的相关技术原理和操作技能融入书中。本书采用理实一体化形式编写，书中内容分为四个部分：原理篇、规划篇、优化篇和实训篇，包含10章和8个实训项目。

本书编写特色：

1. 编写结构新颖。根据无线网规网优流程将本书设计为原理篇、规划篇、优化篇和实训篇，更适用于操作技能培养。

2. 内容与岗位技能对接。依据中国联通WCDMA网络规划与优化技能要求和通信行业职业技能鉴定标准，将WCDMA网络规划与优化所涉及的相关技术原理和操作技能融入书中。

3. 理实一体，图文并茂。采用理实一体化编写方式，将技术理论通过实践案例分析的形式进行讲解，并在版面编排上图文并茂，使得抽象复杂的技术理论简单化，通俗易懂。

本书的参考学时为90学时，建议采用理实一体化教学模式，各章的参考学时见下表。

学时分配表

篇	章	课程内容	参考学时
第1篇　原理篇	第1章	无线电波传播原理	6
	第2章	天线基础知识	6
	第3章	WCDMA相关技术	12
第2篇　规划篇	第4章	WCDMA基站勘察	2
	第5章	WCDMA无线网络覆盖和容量规划	6

（续）

篇　　章		课 程 内 容	参 考 学 时
第 3 篇　优化篇	第 6 章	WCDMA 小区选择和小区重选	6
	第 7 章	WCDMA 系统消息	4
	第 8 章	WCDMA 无线网络接入	4
	第 9 章	WCDMA 空口信令流程与解析	10
	第 10 章	典型 WCDMA 无线网络问题的优化	10
第 4 篇　实训篇	实训 1	基站勘察工具的使用	2
	实训 2	Pilot Pioneer 测试软件的使用	4
	实训 3	WCDMA 室外语音信号的测试	6
	实训 4	WCDMA 室内语音信号的测试	2
	实训 5	WCDMA 测试数据的分析	4
	实训 6	弱覆盖问题的分析	2
	实训 7	邻区漏配问题的分析	2
	实训 8	切换不及时问题的分析	2
课 时 总 计			90

本书由徐彤和孙秀英主编，于正永、韩金燕、许鹏飞、丁胜高、华山参编，华为大学南京培训分部钟伟对本书编写提出了许多宝贵建议，本书编写过程中，还得到了南京嘉环科技技术有限公司和中国联通江苏分公司的大力支持，这里一并表示诚挚的感谢！

对于书中的疏漏和不妥之处，恳请读者提出宝贵建议。

编　者

目　　录

第3篇 优 化 篇

第4篇 实 训 篇

第1篇 原 理 篇

第1章 无线电波传播原理

【学习目标】

<table>
<tr><td rowspan="2">知 识</td><td>重点</td><td>1. 无线电波波段划分；
2. 无线电波的分布；
3. 电磁波的形成与传播特性；
4. 无线传播环境和传播损耗；
5. 移动通信采用的分集技术和合并技术。</td></tr>
<tr><td>难点</td><td>1. 电磁波的形成与传播特性；
2. 移动通信采用的分集技术。</td></tr>
<tr><td>建议学时</td><td colspan="2">6 课时</td></tr>
</table>

在规划和建设一个移动通信网时，从频段的确定、频率分配、无线电波的覆盖范围、计算通信的概率及系统间的电磁干扰，直到最终确定无线设备的参数，都必须依靠对无线电波传播特性的了解。本章从应用的角度，全面阐述了移动通信中的无线传播理论。

1.1 无线电波的概念

无线电波是指在自由空间（各向同性、无吸收、电导率为零的均匀介质，如真空）传播的射频频段的电磁波。无线电波是一种能量传输形式，在传播过程中，电场和磁场在空间是相互垂直的。与光波一样，无线电波的传播速度和传播媒质有关，无线电波在真空中的传播速度等于光速。

无线电波在媒质中的传播速度 v_ε 为

$$v_\varepsilon = c/\sqrt{\varepsilon}$$

式中，c 为光速；ε 为传播媒质的介电常数。

空气的相对介电常数与真空的相对介电常数很接近，略大于1。因此，无线电波在空气中的传播速度略小于光速，通常我们就认为它等于光速。

无线电波的频率等于发射信号的频率 f，波长 λ 是指在信号的一个周期内无线电波前进的距离，它等于传播速度 v 与周期 T 的乘积，即

$$\lambda = vT = \frac{v}{f}$$

1.2 无线电波波段划分

无线电波可以按频率划分，也可以按波长划分。根据无线电波传播及使用的特点，国际上将其划分为 12 个频段，而通常的无线电通信只使用其中的第 4 到第 11 个频段。无线电波频段的划分见表 1-1。在不同的频段内的无线电波具有不同的传播特性，无线电波的频率越低，其传播损耗越小，覆盖距离越大，绕射能力越强。但是，低频段无线电波的频率资源紧张，系统容量有限，因此主要应用于广播、电视及寻呼等系统；高频段无线电波的频率资源丰富，系统容量大，但是无线电波的频率越高，其传播损耗越大，覆盖距离越小，绕射能力越弱。另外，无线电波的频率越高，其技术实现的难度越大，系统的成本也相应提高。

对于移动通信系统，选择所用频段要综合考虑其覆盖效果和容量。UHF 频段与其他频段相比，在覆盖效果和容量之间折中的比较好，因此被广泛应用于移动通信领域。当然，随着人们对移动通信的需求越来越多，需要的容量越来越大，移动通信系统必然要向高频段发展。

表 1-1　无线电波频段的划分

序号	频段名称	频段范围	波段名称		波长范围	主要用途
1	极低频(ELF)	3 ~ 30Hz	极长波		100 ~ 10Mm	
2	超低频(SLF)	30 ~ 300Hz	超长波		10 ~ 1Mm	
3	特低频(ULF)	300 ~ 3000Hz	特长波		100 ~ 10 万 m	
4	甚低频(VLF)	3 ~ 30kHz	甚长波		10 ~ 1 万 m	音频电话、长距离导航、时标
5	低频(LF)	30 ~ 300kHz	长波		10 ~ 1km	船舶通信、信标、导航
6	中频(MF)	300 ~ 3000kHz	中波		1000 ~ 100m	广播、船舶通信、飞行通信
7	高频(HF)	3 ~ 30MHz	短波		100 ~ 10m	短波广播、军事通信
8	甚高频(VHF)	30 ~ 300MHz	米波		10 ~ 1m	电视、调频广播、雷达、导航
9	特高频(UHF)	300 ~ 3000MHz	分米波	微波	10 ~ 1dm	电视、雷达、移动通信
10	超高频(SHF)	3 ~ 30GHz	厘米波	微波	10 ~ 1cm	雷达、中继、卫星通信
11	极高频(EHF)	30 ~ 300GHz	毫米波	微波	10 ~ 1mm	射电天文、卫星通信、雷达
12	至高频	300 ~ 3000GHz	丝米波	微波	1 ~ 0.1mm	

1.3 无线电波的形成与传播

电磁理论认为：在时变电磁场中，变化的磁场激发涡旋电场；而变化的电场同样可以激发涡旋磁场。电场与磁场之间的相互激发可以脱离电荷和电流而发生。电场与磁场的相互联系，相互激发，时间上周而复始，空间上交叠重复，这一过程说明波动是电磁场的基本运动形态。当把射频信号加到天线输入端时，天线能够有效地把其所包含的电磁能量辐射到空间中去，并在天线附近的空间中形成电磁波，电磁波的能量将按照一定规律扩散，不断地向远方传播，如图 1-1 所示。

天线在空间 A 点形成的交变电场 E 将会在 B 点产生交变磁场，A 点的交变磁场 H 将在 B 点产生交变电场，这样，A 点的交变电磁场便推进到 B 点，B 点的交变电场和交变磁场又在 C 点处产生交变磁场和交变电场。如此继续，电磁能量就不断地向前传播。

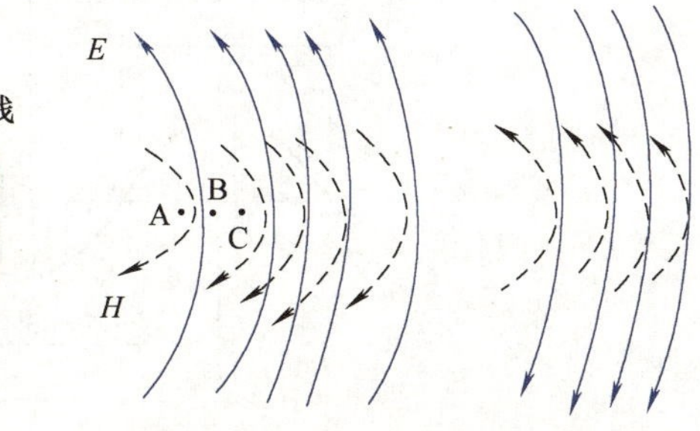

图 1-1　无线电波的传播

1. 无线电波的分布

空间电磁波的变化规律取决于射频信号的变化规律。当射频电流按正弦规律变化时，空间各点的电场强度和磁场强度将随之按正弦规律变化，并且在其传播方向上也是按正弦规律变化的。空间任意点处的电场矢量（实箭线）与磁场矢量（虚箭线）始终是互相垂直的，并且二者都与传播方向垂直，如图 1-2 所示。

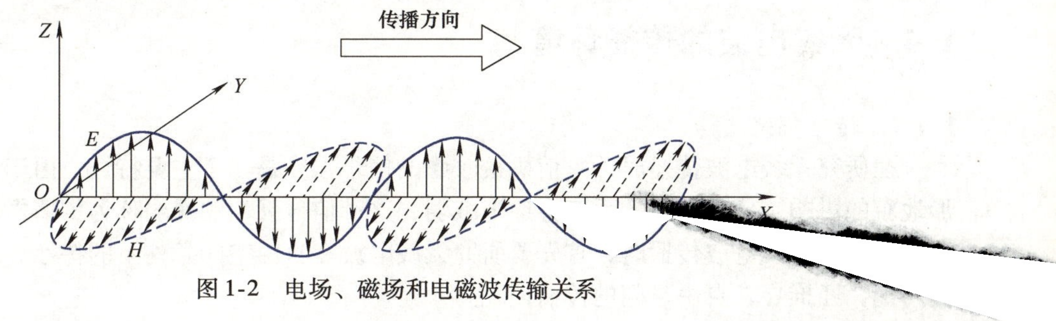

图 1-2　电场、磁场和电磁波传输关系

2. 无线电波的相位

在无线电波传播的途径上，同一时刻一个波长范围内不同点的电场强度是不同的。空间某点电场强度强弱、方向和变化趋势的瞬时状态，称为无线电波的相位。习惯上常用角度表示无线电波的相位，称为无线电波的相位角，用 φ 表示。图 1-3 中，A 点电场强度为零，$\varphi=0°$；B 点电场强度为最大值，$\varphi=90°$；C 点电场强度又回到零，$\varphi=180°$；D 点电场强度为最小值，$\varphi=270°$。

两点间相位角之差称为相位差，用 $\Delta\varphi$ 表示。由图 1-3 可知，在同一电磁波传播途径上，两点间距离为$\frac{\lambda}{4}$（如 A 和 B 点之间）时，$\Delta\varphi=90°$；两点间距离为$\frac{\lambda}{2}$（如 A 点和 C 点、B 点和 D 点间）时，$\Delta\varphi=180°$；两点间距离为$\frac{3}{4}\lambda$（如 A 和 D 点间）时，$\Delta\varphi=270°$；传播途径上，设两点间距离为 d，则两点间相位差 $\Delta\varphi$ 为

$$\Delta\varphi=\frac{d}{\lambda}\cdot 360°$$

由上式可知，只要两点间距离不变，任意时刻该两点间的相位差就不变。

3. 无线电波的传播方向

空间电磁波的电场矢量 E、磁场矢量 H 与无线电波传播方向之间是相互垂直的，这种电磁波称为横电磁波，其传播方向可以形象地用右手螺旋定则来确定：伸开右手且四指指向电

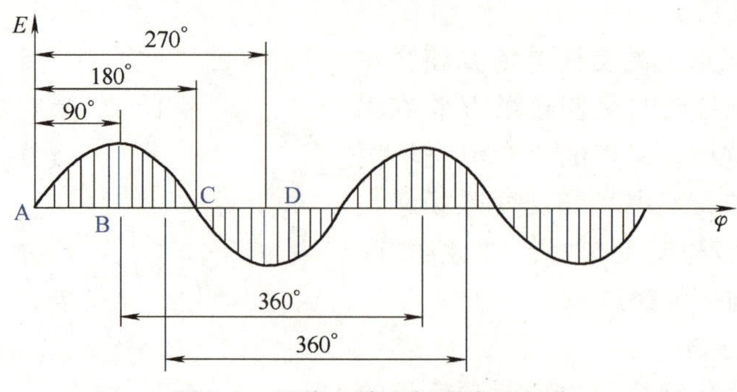

图 1-3　无线电波电场强度和相位

场矢量方向，四指向磁场矢量方向弯曲，则拇指指向即为无线电波传播方向。当电场和磁场矢量中任一个反向时，传播方向就反向；当电场和磁场矢量同时反向时，无线电波传播方向不改变。

1.4　无线电波的传播环境

1.4.1　传播损耗

在研究无线电波传播时，收信机接收到的信号强度是一个主要特性。由于传播路径和地形地貌的影响，[illegible]的强度会逐渐减弱，这种信号强度的减弱称为传播损耗。

[illegible]电波传播时，首先要研究无线电波在自由空间条件下的特性。以理想全向天[illegible]，经推导，自由空间的传播损耗为

$$L_0 = 32.45\text{dB} + 20\lg f + 20\lg d$$

式中，f 为频率，单位为 MHz；d 为距离，单位为 km。

当距离增加一倍时，自由空间的传播损耗增加 6dB；同样，当频率提高一倍时，自由空间的传播损耗增加 6dB。这些损耗可以通过增大辐射和接收天线增益来补偿。

1.4.2　传播特性

无线电波在均匀媒质中是以恒定的速度沿直线传播的，当无线电波通过不均匀媒质传播时，无线电波的传播速度和传播方向都会发生变化，会产生反射、折射、绕射和散射现象。

1. 反射

无线电波通过不同媒质的分界面时，会产生反射现象。尤其是无线电波遇到介电常数 ε 很大的金属或其他导体时，无线电波的能量几乎全部被分界面反射。当反射面是平面且尺寸远大于无线电波波长时，无线电波的反射遵循光的反射定律。

2. 折射

无线电波由一种媒质进入另一种媒质时，除了在分界面上产生反射以外，还会产生折射现象。当分界面为平面且尺寸远大于无线电波波长时，无线电波的折射遵循光的折射定律。

当无线电波通过两种媒质的分界面时，折射方向总是向着介电常数 ε 较大的媒质的法线方向偏折的。短波信号进入大气层的电离层时，就会发生这种折射现象。

3. 绕射

无线电波能够绕过障碍物继续向前传播的现象称为绕射，绕射也称为衍射。由于无线电

波具有绕射特性，所以它可以沿着起伏不平的地球表面传播。绕射时有些能量会逸散到其他方向，使得无线电波衰减较大。

无线电波的绕射能力与波长有关，波长越长，绕射能力越强。如对于长波，高山也不算障碍，但对于超短波，一些高层建筑也可能严重阻挡无线电波的传播。

4. 散射

无线电波在大气中传播时，大气中的各种物质微粒（如雨滴、尘土等）和不均匀气团均可在无线电波作用下而激起电流，形成新的波源，产生二次辐射，散射就是二次辐射在各个方向上叠加造成的。一般来讲，超短波的散射现象是比较显著的。

散射会使能量分散到各个方向，不需要的散射信号对接收来讲是一种干扰，但也可以利用散射进行通信。

1.4.3　快衰落与慢衰落

由于接收者所处地理环境的复杂性、使得接收到的信号不仅有直射波的主径信号，还有从不同建筑物反射过来以及绕射过来的多条不同路径信号。而且它们到达时的信号强度、到达时间以及到达时的载波相位都是不一样的。所接收到的信号是上述各路径信号的矢量和，这种现象称为多径效应。如图 1-4 所示。

所有的信号分量合成产生一个复驻波，它的信号强度根据各分量的相对变化而增加或减小。其合成的电场强度在移动几个车身长的距离中会有 20 ~ 30dB 的衰落，如图 1-5 所示。大量传播路径的存在就产生了所谓的多径效应，其合成波的幅度和相位随 UE（用户设备）的运动产生很大的起伏变化，通常把这种现象称为多径衰落或快衰落。

图 1-4　多径传播模型

1—建筑物反射波　2—绕射波

3—直射波　4—地面反射波

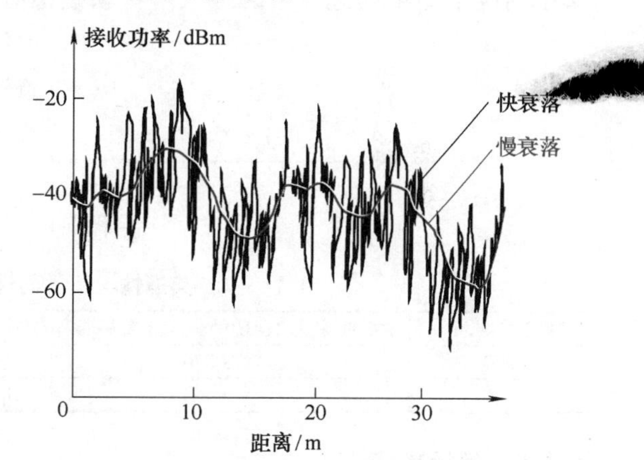

图 1-5　快衰落与慢衰落

研究表明，如移动单元所收到的各个无线电波分量的振幅、相位和角度是随机的，则电场强度概率密度函数服从瑞利分布，故多径衰落也称瑞利衰落。UE 接收的信号除瞬时值出现快速瑞利衰落外，其电场强度中值（在给定的统计时间内，有 50% 时间内的电场强度超过某个数值，则该值称为电场强度中值）随着地区位置改变出现较慢的变化，这种变化称为慢衰落，如图 1-5 所示。

在无线通信系统中，UE 在运动的情况下，由于大型建筑物和其他物体对无线电波传输路径的阻挡而在传播接收区域上形成半盲区，从而形成电磁场阴影，这种随 UE 位置的不断变化而引起的接收点电场强度中值的起伏变化叫做阴影效应。电场强度中值变化的大小取决于障碍物的状况和工作频率，电场强度中值变化速率不仅和障碍物有关，而且与 UE 移动速度有关。

慢衰落主要是由阴影效应引起的，所以慢衰落也称阴影衰落，慢衰落中值变化服从对数正态分布。

1.4.4 多普勒频移

移动终端在运动中，特别是在高速运动的情况下通信时，移动终端和基站接收端接收的信号频率会发生变化，这种现象称为多普勒效应。多普勒效应所引起的频移称为多普勒频移，其计算公式为

$$f_{\mathrm{d}} = \frac{f_0}{c} v\cos\theta$$

式中，f_{d} 为多普勒频移，f_0 为载波频率，θ 为 UE 移动方向和入射波方向的夹角；v 是 UE 运动速度；c 为电磁波传播速度，$c = 3 \times 10^5 \mathrm{km/s}$。

从上式可以看出：用户移动方向和电磁波传播的方向相同时，多普勒频移为正；完全垂直时，没有多普勒频移。在 UE 远离基站方向移动时，多普勒频移为负；在 UE 向基站方向移动时，多普勒频移为正。

图 1-6 展示了多普勒频移对移动通信系统的影响，在未加频偏校正的情况下，当 UE 向远离基站方向移动时，UE 收到基站的载频为 $f_0 - f_{\mathrm{d}}$，当 UE 向基站方向移动时，UE 收到基站的载频为 $f_0 + f_{\mathrm{d}}$。因此，UE 接收频率的偏差为 $\pm f_{\mathrm{d}}$。表 1-2 列出了在中心频率为 2GHz 的典型情况下，不同速度下的最大多普勒频移值。

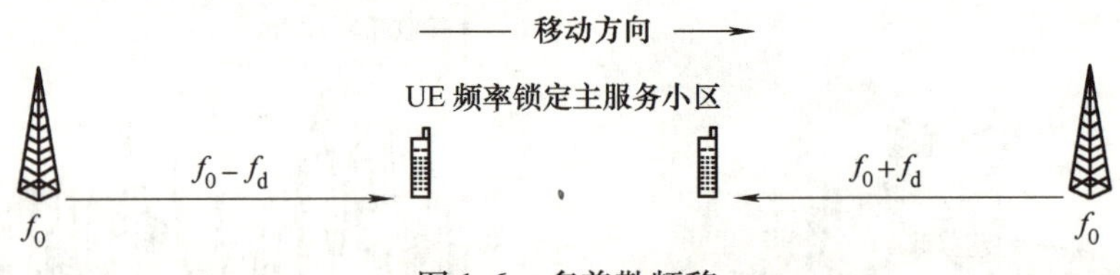

图 1-6 多普勒频移

表 1-2 典型情况下不同速度对应的最大多普勒频移

速度/(km/h)	中心频率为 2GHz 的最大多普勒频移/Hz	速度/(km/h)	中心频率为 2GHz 的最大多普勒频移/Hz
200	±370	300	±555
250	±463	430	±796

1.4.5 远近效应

由于 UE 的随机移动性，UE 与基站之间的距离也是随机发生变化的。若各 UE 发射功率一样，那么到达基站的信号强弱会有不同，离基站近的信号强，离基站远的信号弱，使得距离基站较近的 UE 发射信号将对距离基站较远的 UE 发射信号产生严重的干扰，通信系统的非线性会进一步加重这种情况，出现强者更强、弱者更弱和以强压弱的现象，通常称这类现象为远近效应。

1.5 分集技术

无线通信环境比较复杂，存在着大量的直射波、反射波、折射波、绕射波和散射波，由

波具有绕射特性，所以它可以沿着起伏不平的地球表面传播。绕射时有些能量会逸散到其他方向，使得无线电波衰减较大。

无线电波的绕射能力与波长有关，波长越长，绕射能力越强。如对于长波，高山也不算障碍，但对于超短波，一些高层建筑也可能严重阻挡无线电波的传播。

4. 散射

无线电波在大气中传播时，大气中的各种物质微粒（如雨滴、尘土等）和不均匀气团均可在无线电波作用下而激起电流，形成新的波源，产生二次辐射，散射就是二次辐射在各个方向上叠加造成的。一般来讲，超短波的散射现象是比较显著的。

散射会使能量分散到各个方向，不需要的散射信号对接收来讲是一种干扰，但也可以利用散射进行通信。

1.4.3　快衰落与慢衰落

由于接收者所处地理环境的复杂性、使得接收到的信号不仅有直射波的主径信号，还有从不同建筑物反射过来以及绕射过来的多条不同路径信号。而且它们到达时的信号强度、到达时间以及到达时的载波相位都是不一样的。所接收到的信号是上述各路径信号的矢量和，这种现象称为多径效应。如图 1-4 所示。

所有的信号分量合成产生一个复驻波，它的信号强度根据各分量的相对变化而增加或减小。其合成的电场强度在移动几个车身长的距离中会有 20 ~ 30dB 的衰落，如图 1-5 所示。大量传播路径的存在就产生了所谓的多径效应，其合成波的幅度和相位随 UE（用户设备）的运动产生很大的起伏变化，通常把这种现象称为多径衰落或快衰落。

图 1-4　多径传播模型

1—建筑物反射波　2—绕射波

3—直射波　4—地面反射波

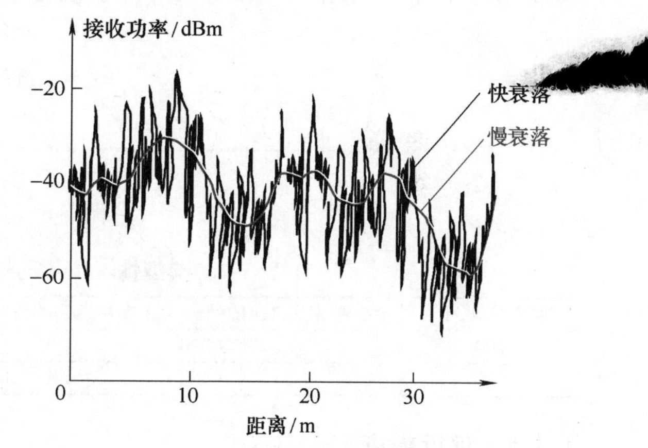

图 1-5　快衰落与慢衰落

研究表明，如移动单元所收到的各个无线电波分量的振幅、相位和角度是随机的，则电场强度概率密度函数服从瑞利分布，故多径衰落也称瑞利衰落。UE 接收的信号除瞬时值出现快速瑞利衰落外，其电场强度中值（在给定的统计时间内，有 50% 时间内的电场强度超过某个数值，则该值称为电场强度中值）随着地区位置改变出现较慢的变化，这种变化称为慢衰落，如图 1-5 所示。

在无线通信系统中，UE 在运动的情况下，由于大型建筑物和其他物体对无线电波传输路径的阻挡而在传播接收区域上形成半盲区，从而形成电磁场阴影，这种随 UE 位置的不断变化而引起的接收点电场强度中值的起伏变化叫做阴影效应。电场强度中值变化的大小取决于障碍物的状况和工作频率，电场强度中值变化速率不仅和障碍物有关，而且与 UE 移动速度有关。

慢衰落主要是由阴影效应引起的，所以慢衰落也称阴影衰落，慢衰落中值变化服从对数正态分布。

1.4.4 多普勒频移

移动终端在运动中，特别是在高速运动的情况下通信时，移动终端和基站接收端接收的信号频率会发生变化，这种现象称为多普勒效应。多普勒效应所引起的频移称为多普勒频移，其计算公式为

$$f_d = \frac{f_0}{c} v\cos\theta$$

式中，f_d 为多普勒频移，f_0 为载波频率，θ 为 UE 移动方向和入射波方向的夹角；v 是 UE 运动速度；c 为电磁波传播速度，$c = 3 \times 10^5 \text{km/s}$。

从上式可以看出：用户移动方向和电磁波传播的方向相同时，多普勒频移为正；完全垂直时，没有多普勒频移。在 UE 远离基站方向移动时，多普勒频移为负；在 UE 向基站方向移动时，多普勒频移为正。

图 1-6 展示了多普勒频移对移动通信系统的影响，在未加频偏校正的情况下，当 UE 向远离基站方向移动时，UE 收到基站的载频为 $f_0 - f_d$，当 UE 向基站方向移动时，UE 收到基站的载频为 $f_0 + f_d$。因此，UE 接收频率的偏差为 $\pm f_d$。表 1-2 列出了在中心频率为 2GHz 的典型情况下，不同速度下的最大多普勒频移值。

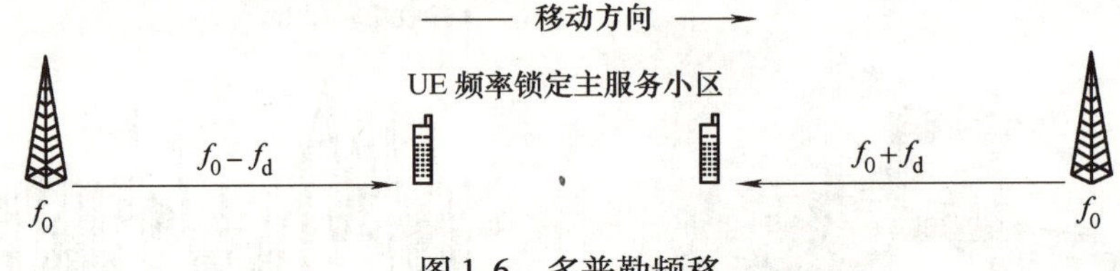

图 1-6 多普勒频移

表 1-2 典型情况下不同速度对应的最大多普勒频移

速度/(km/h)	中心频率为 2GHz 的最大多普勒频移/Hz	速度/(km/h)	中心频率为 2GHz 的最大多普勒频移/Hz
200	±370	300	±555
250	±463	430	±796

1.4.5 远近效应

由于 UE 的随机移动性，UE 与基站之间的距离也是随机发生变化的。若各 UE 发射功率一样，那么到达基站的信号强弱会有不同，离基站近的信号强，离基站远的信号弱，使得距离基站较近的 UE 发射信号将对距离基站较远的 UE 发射信号产生严重的干扰，通信系统的非线性会进一步加重这种情况，出现强者更强、弱者更弱和以强压弱的现象，通常称这类现象为远近效应。

1.5 分集技术

无线通信环境比较复杂，存在着大量的直射波、反射波、折射波、绕射波和散射波，由

于信号经过多条路径达到接收端的时间、幅度和相位不同，导致叠加后的信号幅度急剧变化，从而产生多径衰落。针对多径衰落，人们曾提出了一系列的抗衰落的技术以减小多径衰落的影响，如抗衰落性能好的调制解调技术、扩频技术、功率技术、与交织结合的差错控制编码技术以及分集接收技术等。其中分集接收技术是一种有效的抗衰落技术。

1.5.1　分集概念

分集技术是指在发送端通过多个相互独立的衰落信道传送同一信号的多个副本，降低信号分量同时陷入深度衰落的概率；在接收端对接收到的多个衰落独立的信号进行处理，合理地应用这些信号的能量来改善接收信号的质量。

由于多个信道的传输特性不同，信号多个副本的衰落就不会相同，接收机使用多个副本包含的信息能比较正确地恢复出原发送信号。分集包括两个方面的内容：一是如何把接收的多径信号分离出来使其互不相关，二是将分离出来的多径信号恰当合并，以获得最大信噪比。

1.5.2　分集方式

分集分为宏观分集和微观分集两大类。

宏观分集也称为多基站分集，其主要作用是抗慢衰落。例如，在移动通信系统中，把多个基站设置在不同的物理位置上（如蜂窝小区的对角线上），同时发射相同的信号，小区内的 UE 选择其中最好的基站与之通信，以减小地形、地物及大气等对信号造成的慢衰落。

微观分集主要分为空间分集、频率分集、时间分集和极化分集。理论与实验都证明，当信号在空间、频率、时间和极化等方面分离时，都会呈现出互相独立的衰落特性。微观分集的主要作用是抗快衰落。

1. 空间分集

空间分集也称天线分集，是通信中使用较多的分集形式，简单地说，空间分集就是采用多副接收天线来接收信号，然后进行合并。

空间分集是利用电场强度随空间随机变化来实现的，空间距离越大，多径传播的差异就越大，所接收电场强度的相关性就越小。这里的相关性是个统计术语，表明信号间相似的程度。为保证接收信号的不相关性，要求天线之间的距离足够大，以保证接收到的多径信号的衰落特性不同。也就是说，当某一副接收天线接收到的信号很低时，其他接收天线接收到的信号不一定在同一时刻也出现幅度低的现象，经相应的合并电路从中选出信号幅度较大、信噪比最佳的一路，得到一个总的接收天线输出信号。这样就降低了信道衰落的影响，改善了传输的可靠性。经过测试和统计，原国际无线电咨询委员会建议，为了获得满意的空间分集效果，移动单元两天线间距大于 0.6 个波长，即 $d>0.6\lambda$，并且最好选在 $\lambda/4$ 的奇数倍附近。若天线间距 d 减小到小于 0.6λ，则建议将天线间距调整为 $\lambda/4$，这也能起到一定的分集效果。

空间分集分为空间分集发送和空间分集接收两个系统。空间分集接收的优点是分集增益高，缺点是还需另外单独的接收天线。

2. 频率分集

频率分集是采用两个或两个以上具有一定频率间隔的无线电波同时发送和接收同一信息，然后进行合成或选择，利用位于不同频段的信号经衰落信道后在统计上的不相关特性，即不同频段衰落统计特性上的差异，来实现抗频率选择性衰落的功能。在移动通信系统中，可以将待发送的信息分别调制在频率不相关的载波上发射，所谓频率不相关的载波是指当不同的载波频率间隔大于频率相干区间时，与空间分集系统一样，在频率分集系统中，各个分集接收信号相关性较小。只有不同的载波频率间隔大于频率相干区间，才不会使各个无线电波在给定的路由上同时发生深衰落（即信号衰落比较大），并获得较好的频率分集效果。在一定的范围内，两个无线电波的载波频率 f_1 与 f_2 相差越大，即频率间隔越大，两个不同载波信号之间衰落的相关性就越小。

频率分集与空间分集相比较，其优点是在接收端可以减少接收天线及相应设备的数量，缺点是要占用更多的频带资源，所以，一般又称其为带内（频带内）分集，并且在发送端需采用多个发射机。

3. 时间分集

时间分集是将同一信号在不同时间区间多次重发，只要各次发送时间间隔足够大，则各次发送间隔出现的衰落将是相互独立统计的。时间分集正是利用这些衰落在统计上互不相关的特点，即时间上衰落统计特性上的差异来实现抗时间选择性衰落的功能。

若 UE 是静止的，即移动速度 $v=0$，此时要求重复发送的时间间隔为无穷大。这表明时间分集对于静止状态的 UE 是无效果的。时间分集与空间分集相比较，优点是减少了接收天线及相应设备的数目，缺点是占用时隙资源，增大了开销，降低了传输效率。

4. 极化分集

在移动环境下，两副在同一地点且极化方向相互正交的天线发出的信号呈现出不相关的衰落特性。利用这一特点，在收发端分别装上垂直极化天线和水平极化天线，就可以得到两路衰落特性不相关的信号。双极化天线是把垂直极化和水平极化两副接收天线集成到一个物理实体中，通过极化分集接收来达到空间分集接收的效果，因此，极化分集实际上是空间分集的特殊情况，其分集支路只有两路。

极化分集的优点是它只需一副天线，结构紧凑，节省空间，其缺点是它的分集接收效果低于空间分集接收效果，并且由于发射功率要分配到两副天线上，将会造成 3dB 的信号功率损失。为了在双极化天线的两个分集接收端口获得较好的信号不相关特性，两个端口之间的隔离度通常要求达到 30dB 以上。

1.5.3 发射分集

发射分集就是利用线性系统的互易性，将在体积和复杂度严重受限的 UE 上难以实现的分集接收技术，搬至基站发射端来实现。

在 3G 系统中，多天线的发射分集是一个非常重要的关键技术。信号通过多个空间上分开足够远的天线发射出去，实现空间分集。天线之间的间隔足够远，可以保证每副天线发射出去的信号经过信道后所遭受的衰落是不相关的。WCDMA 系统使用了开环发射分集技术和闭环发射分集技术。

1. 开环发射分集

在 WCDMA 系统中使用了两种开环发射分集方案，分别是空分发送分集（STTD）和时间切换发射分集（TSTD）。

空分发送分集（STTD）是将在非分集模式下进行信道编码、速率匹配和交织的数据流在 4 个连续的信道比特块中使用 STTD 编码。STTD 除了同步信道（SCH）以外均可使用。

时间切换发射分集（TSTD）是根据时隙号的奇、偶，在两副天线上交替发送基本同步码和辅助同步码。例如奇时隙时用第一副天线发送，偶时隙则用第二副天线发送。采用 TSTD，在 UE 中可以很简单地获得与最大比值合并相当的效果，大大提高了用户端正确同步的概率，并缩短了同步搜索时间。TSTD 专用于同步信道。

2. 闭环发射分集

在 WCDMA 系统中，专用物理控制信道（DPCCH）和专用物理数据信道（DPDCH）共同组成的专用物理信道，经扩频/扰码后被天线的特定复数加权因子 W_1 和 W_2 加权处理（加权因子由 UE 决定），然后，用户设备根据接收到的下行（下行也叫前向，是指基站发射信号到 UE；上行也叫反向，是指 UE 发射信号到基站）公共导频信道（P-CPICH）的某个时隙的数值估计各发送天线的信道响应值，这就是闭环发射分集。闭环发射分集关键是加权因子的计算，按加权因子计算方法不同可分为两种模式：一种模式采用相位调整量，两副天线发射 DPCCH 的专用导频符号不同（正交）；另一种模式采用相位/幅度调整量，两副天线发射 DPCCH 的专用导频符号相同。

1.5.4　信号的合并

1. 最大比合并

最大比合并是指在接收端对各个不相关的分集支路经过相位校正，并按适当的可变增益加权相加后送入检测器进行相干检测。可以设定第 i 个支路的可变增益加权系数为该分集支路的信号幅度与噪声功率之比。

最大比合并只需在接收端对接收信号做线性处理，然后利用最大似然检测即可还原出[illegible]送端的原始信息，其译码过程简单、易实现，合并增益与分集支路数 N 成[illegible]

2. 等增益合并

等增益合并也称为相位均衡合并，这种合并方式是对信号的相位进行校正然后再相加，只不过加权时各路信号的权重相等。等增益合并不是任何意义上的最佳合并方式，只有在假设每一路信号的信噪比相同的情况下，同时在信噪比最大化的意义上，它才是最佳的。对 WCDMA 系统而言，等增益合并维持了接收信号中各用户信号间的正交性状态，既认可衰落在各个通道间造成的差异，也不影响系统的信噪比。当在某些系统中对接收信号的幅度测量不便时可选用等增益合并。

当分集支路数 N 较大时，等增益合并与最大比合并相差不多，仅差 1dB 左右。等增益合并实现起来比较简单，其设备也简单。

3. 选择式合并

选择式合并是指先检测所有分集支路的信号，然后再从所有分集支路接收信号中选择具有最高基带信噪比的基带信号作为输出。每增加一条分集支路，对选择式合并输出信噪比的贡献仅为总分集支路数的倒数倍。

选择式合并方法简单，实现容易，但由于未被选择的支路信号没有被使用，因此抗衰落性能不如最大比合并和等增益合并方式。

4. 性能比较

在这三种合并方式中，最大比合并的性能最好，选择式合并的性能最差。当 N 较大时，等增益合并的合并增益接近于最大比合并的合并增益。

【本章总结】

1. 知识体系

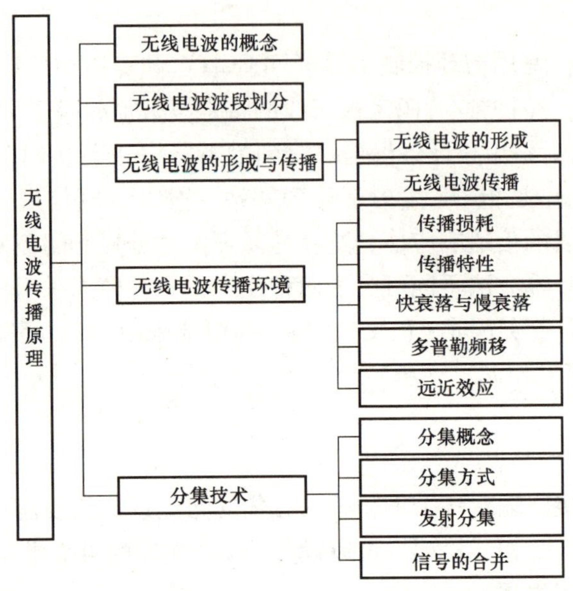

2. 知识要点

[illegible]自由空间（包括空气和真空）传播的射频频段的电磁波。无线电波[illegible]播形式，在传播过程中，电场和磁场在空间是相互垂直的，同时这两者又都垂直于传播方向。

2）无线电波可以按频率划分，也可以按波长划分。根据无线电波传播及使用的特点，国际上将其划分为 12 个频段，而通常的无线电通信只使用其中的第 4 到第 11 个频段。移动通信系统选择所用频段要综合考虑覆盖效果和容量，UHF 频段与其他频段相比，在覆盖效果和容量之间折中的比较好，因此被广泛应用于移动通信领域。

3）无线电波通过不均匀媒质传播时，无线电波的传播速度和传播方向都会发生变化，会产生反射、折射、绕射和散射现象。

4）大量传播路径的存在就产生了所谓的多径效应，其合成波的幅度和相位随 UE 的运动产生很大的起伏变化，通常把这种现象称为多径衰落或快衰落。

5）大量研究结果表明，UE 接收的信号除瞬时值出现快速瑞利衰落外，其电场强度中值随着地区位置改变出现较慢的变化，这种变化称为慢衰落。慢衰落是由阴影效应引起的，所以也称作阴影衰落。

6）当移动终端在运动中，特别是在高速运动的情况下通信时，移动终端和基站接收端接收的信号频率会发生变化，这种现象称为多普勒效应。多普勒效应所引起的频移称为多普勒频移。

7）由于 UE 的随机移动性，UE 与基站之间的距离也是随机发生变化的。若各 UE 发射功率一样，那么到达基站的信号强弱会有不同，离基站近的信号强，离基站远的信号弱，造成距离基站较近的 UE 发射信号将对距离基站较远的 UE 发射信号产生严重的干扰，通信系统的非线性会进一步加重了这种情况，出现强者更强、弱者更弱和以强压弱的现象，通常称这类现象为远近效应。

8）无线电波传播中，当距离增加一倍时，自由空间路径损耗增加 6dB；同样，当频率提高一倍时，自由空间路径损耗增加 6dB。

9）分集接收技术是一种有效的抗衰落技术，其基本思想是发送端采取某种方式通过相互独立的衰落信道传送同一信号的多个副本，降低信号分量同时陷入深度衰落的概率；在接收端对接收到的多个衰落独立的信号进行处理，合理地应用这些信号的能量来改善接收信号的质量。

10）分集分为宏观分集和微观分集两大类。宏观分集也称为多基站分集；微观分集可分为空间分集、频率分集、时间分集和极化分集等。

11）信号的合并方式有最大比合并、等增益合并和选择式合并。在这三种合并方式中，最大比合并的性能最好，选择式合并的性能最差。

【思考与复习题】

一、填空

1. 无线电波是指在自由空间（包括空气和真空）传播的＿＿＿＿＿频段的电磁波。

2. 无线电波通过不均匀媒质传播时，其传播速度和传播方向都会发生变化，会产生＿＿＿＿＿、＿＿＿＿＿、＿＿＿＿＿和＿＿＿＿＿现象。

3. 在移动通信系统中，常见的微观分集可分为＿＿＿＿＿、＿＿＿＿＿、＿＿＿＿＿和＿＿＿＿＿。

4. 移动通信系统中信号的合并方式有＿＿＿＿＿、＿＿＿＿＿和＿＿＿＿＿。

二、判断

1. 无线电波频率越低，传播损耗越小，覆盖距离越远，绕射能力越强。（　　）

2. 高频段频率资源丰富，系统容量大；但是频率越高，传播损耗越大，覆盖距离越近，绕射能力越弱。（　　）

3. 多径衰落属于一种慢衰落。（　　）

4. 慢衰落主要由阴影效应引起的。（　　）

5. 宏观分集也称为多基站分集，其主要作用是抗慢衰落。（　　）

三、问答

1. 什么是远近效应？

2. 无线电波在自由空间的传播损耗与无线电波的频率、传播距离之间有什么关系？

3. 什么是分集技术？常用的分集技术有哪些？

4. 信号合并方式有哪些？请对这些信号合并方式进行比较。

第 2 章　天线基础知识

【学习目标】

<table>
<tr><td rowspan="2">知　　识</td><td>重点</td><td>1. 天线的基本工作原理；
2. 基站天线的种类；
3. 基站天线的结构；
4. 基站天线的电气参数；
5. 基站天线的选择。</td></tr>
<tr><td>难点</td><td>1. 天线的基本工作原理；
2. 基站天线的电气参数。</td></tr>
<tr><td>建议学时</td><td colspan="2">6 课时</td></tr>
</table>

在移动通信系统中，空间无线信号的发射和接收都是依靠移动天线来实现的。因此，天线对于移动通信网络来说，起着举足轻重的作用，如果天线选择得不好，或者天线的参数设置不当，都会直接影响整个移动通信网络的运行质量。本章将介绍天线的基本工作原理、种类、结构、技术参数以及天线的选择等知识。

2.1　天线的基本工作原理

当导线上有交变电流流动时，就可以发生电磁波的辐射，辐射的能力与导线的长度和形状有关。如图 2-1a、b 所示，若两导线的距离很近，电场被束缚在两导线之间，因而辐射很微弱；若将两导线张开，电场就会散播在周围空间，如图 2-1c 所示，这时两导线的电流方向相同，由两导线所产生的感应电动势方向相同，因而电磁波辐射能力较强。

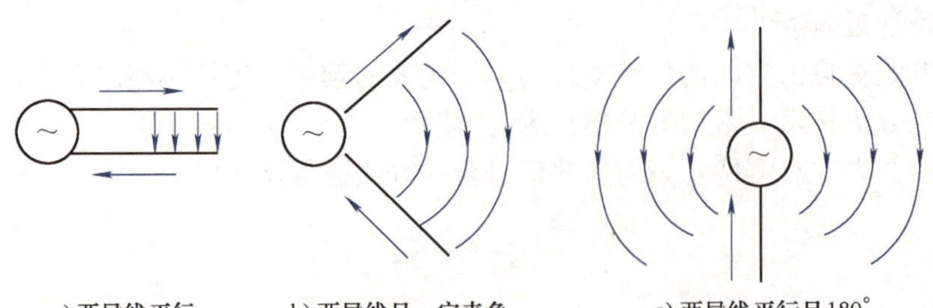

a) 两导线平行　　b) 两导线呈一定夹角　　c) 两导线平行呈180°

图 2-1　电磁波的辐射能力与导线的形状

从实质上讲天线是一种转换器，它可以把在封闭的传输线中传输的电磁波转换为在空间中传播的电磁波，也可以把在空间中传播的电磁波转换为在封闭的传输线中传输的电磁波。

当导线的长度远小于波长时，导线的电流很小，辐射很微弱；当导线的长度增大到可与波长相比拟时，导线上的电流就大大增加，因而就能形成较强的辐射。通常将上述能产生显著辐射的直导线称为振子。两臂长度相等的振子叫做对称振子。每臂长度为四分之一波长的对称振子称为半波振子；两臂总长与波长相等的振子，称为全波对称振子。将振子折合起来，称为折合振子。半波振子如图 2-2 所示。

由于单个天线的辐射方向性不够强，为了得到方向性较强的天线，常采用天线阵列的形式。所谓天线阵列，就是将许多个天线按照一定的方式进行排列所形成的阵列。输入到每个天线的信号幅度和相位都可以是不同的，这样通过合理控制各天线输入信号的幅度与相位，就可以得到所需要的天线特性。

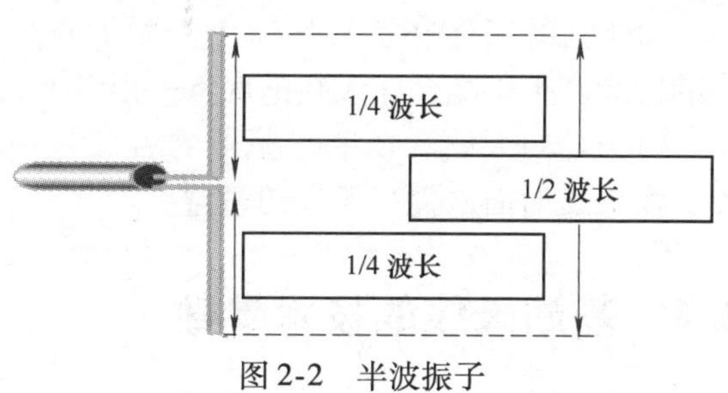

图 2-2　半波振子

电磁波在自由空间或传输线内的传播是相互独立的，向左传播的电磁波的存在不会影响向右传播的电磁波，因此一副天线可以同时作为接收和发射天线。

2.2　基站天线的种类

基站天线按照水平面方向图的特性可分为全向天线与定向天线两种，全向天线在水平面内的所有方向上辐射出的无线电波能量都是相同的，但在垂直面内不同方向上辐射出的无线电波能量是不同的。定向天线在水平面与垂直面内的所有方向上辐射出的无线电波能量都是不同的。

基站天线按照极化特性可分为单极化天线与双极化天线两种。一般来说，全向天线多为单极化天线，定向天线有单极化天线和双极化天线两种。

单极化天线多为垂直极化天线，其振子单元的极化方向为垂直方向，而双极化天线多为 45°斜极化天线，其振子单元为左斜 45°与右斜 45°极化相交叉的振子，如图 2-3 所示。

双极化天线相当于两副单极化天线合并在一副天线中，采用双极化天线可以减少塔上天线数量，减少工程安装的工作量，从而可以减少系统成本，因此目前得到了广泛的使用。

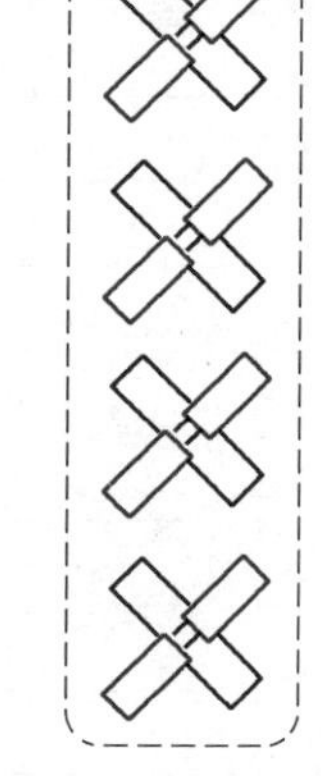
图 2-3　双极化天线结构

按照应用的场合基站天线可以分为室外天线与室内天线。

2.3　基站天线的结构

在移动通信系统中使用的基站天线内部由多个基本单元振子、馈电网络及天线接头等组成，如图 2-4 所示。天线外部还有天线罩以保证天线能在室外恶劣环境下正常工作。

其中，单元振子一般为长度是半个波长的半波振子，馈电网络一般采用等功率的功分网络，天线接头一般采用 DIN 型（7/16 型）接头，接头的位置一般在天线的底部，也有装在天线背部的。

在天线的外面，用天线罩将单元振子和馈电网络密封，以保护天线不易损坏。天线罩的材料一般为PVC材料或玻璃钢材料，其特点是对无线电波的损耗较小，强度也较好。

由于天线工作在室外环境中，为了防止进水对天线的性能产生影响，在天线的底部一般都有排水孔。

对于定向天线，在单元振子的后面是一块金属平板，作为反射面来提高天线的增益。

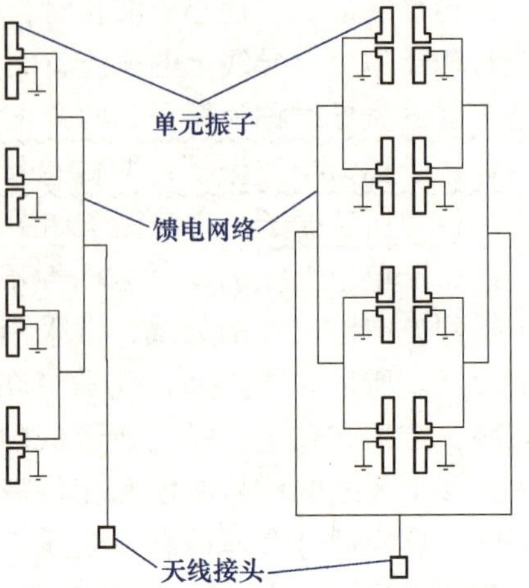

单元振子
馈电网络
天线接头

图 2-4 基站定向天线和全向天线结构图

2.4 基站天线的技术参数

基站天线的技术参数包含电气参数和机械参数。

2.4.1 电气参数

影响天线性能的电气参数有很多，如工作频段、极化方向、方向图、波瓣宽度、增益等。在移动网络规划与优化中，要根据各种不同的场景选择适合的基站天线，表 2-1 列出了 WCDMA 天线的主要电气性能指标，下面就基站天线性能指标中的电气参数进行介绍。

表 2-1 WCDMA 天线的主要电气性能指标

工作频段/MHz	1920 ~ 2170
天线增益/dBi	17 ±1
极化方式	垂直极化
水平面波瓣宽度/(°)	65 ±5
垂直面波瓣宽度/(°)	9 ±2
前后比/dB	≥28
第一上副瓣抑制/dB	≤ -15
下倾精度/(°)	±1
驻波比	≤1.4
三阶交调/dBm	≤ -107
电下倾角/(°)	0
阻抗/Ω	50
功率容量/W	500

1. 工作频段

每种型号的天线都有其适用的频段，移动通信频段分配表见表 2-2。

表 2-2 移动通信频段分配表

系 统 名 称	上行频段/MHz	下行频段/MHz
WCDMA	1920 ~ 1980	2110 ~ 2170
GSM900	890 ~ 915	935 ~ 960
GSM900(E-GSM)	880 ~ 890	925 ~ 935

（续）

系统名称	上行频段/MHz	下行频段/MHz
DCS1800	1710～1785	1805～1880
CDMA(BAND CLASS 0)	824.04～848.97	869.04～893.97
CDMA(BAND CLASS 1)	1850～1909.95	1930～1989.95
CDMA(BAND CLASS 5，该频段不连续，大致可认为是右边给出的连续分布值)	410～485	420～495
TD-SCDMA	1880～1920 2010～2025 2300～2400	1880～1920 2010～2025 2300～2400
PHS(在国内)	1900～1915	1900～1915

2. 极化方向

天线的极化方向指天线在最大辐射方向上辐射出的电场矢量的方向。天线辐射出的无线电波由电场与磁场矢量构成，而电磁场矢量的方向在不同的空间方向上是不同的，最大辐射方向的电场矢量方向定义为天线的极化方向。当没有特别说明时，通常以电场矢量的空间指向作为电磁波的极化方向，而且是指在该天线的最大辐射方向上的电场矢量。

天线的极化方向一般与单元振子的摆放方向一致，当单元振子水平摆放时，天线的极化方向就是水平的；当单元振子垂直摆放时，天线的极化方向就是垂直的。

天线极化的特性之所以重要是因为接收天线能否接收到信号取决于电磁波的极化方向与接收天线的极化方向是否一致，如果电磁波的极化方向与接收天线的极化方向相互垂直，则接收天线接收不到信号。

当发射天线垂直放置而接收天线水平放置时，接收天线将收不到发射天线发出的信号。因为发射天线发出的电磁波电场极化方向是垂直的，垂直的电场作用到水平放置的接收天线上时，天线上的电子无法在电场作用下运动，所以不能产生电流。当发射天线与接收天线都是垂直放置时，发射天线发出的电磁波的电场极化方向是垂直的，垂直的电场作用到垂直的接收天线上时，天线上的电子会在电场作用下垂直运动，于是就在接收天线上产生电流。

电场矢量在空间的取向在任何时间都保持不变的电磁波叫直线极化波，有时以地面作参考，将电场矢量方向与地面平行的电磁波叫水平极化波，与地面垂直的电磁波叫垂直极化波。

不同频段的电磁波适合采用不同的极化方式进行传播，移动通信系统通常采用垂直极化方式，而广播系统通常采用水平极化方式，椭圆极化方式通常用于卫星通信。

WCDMA 天线的极化方式有单极化天线、双极化天线两种，其本质都是直线极化方式。WCDMA 中的单极化天线通常使用垂直极化方式。双极化天线利用极化分集来减少移动通信系统中多径衰落的影响，以提高基站接收信号的质量，WCDMA 中的双极化天线通常使用±45°交叉极化方式。

双极化天线相对单极化天线有极化分集增益，且因为其极化方向有两个，适合城区接收信号经多次反射、折射造成的极化方向的变化，典型的应用场景为密集城区。

3. 方向图

在三维空间内，天线远区辐射电场的幅度是随角度变化的函数，该函数在球坐标系可表示成一个封闭的曲面。方向图可用来描述天线在三维空间里辐射的方向特性，一个典型的三维方向图如图 2-5 所示。

4. 水平面方向图

水平面方向图指天线远区辐射电场的幅度在水平面内随角度变化函数的曲线，水平方向图反映了天线在水平面上的辐射特性，如理想全向天线的水平方向图是一个圆。一般水平方向图是按最大辐射方向的电场幅度值进行归一的。图 2-6 所示为 65°天线的水平面方向图。

图 2-5　三维方向图

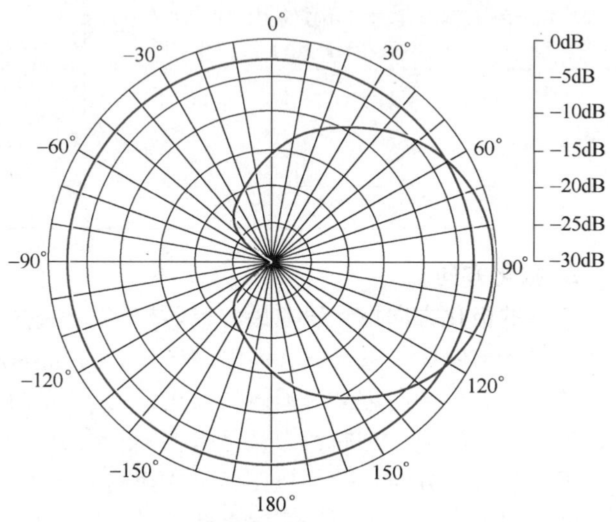

图 2-6　65°天线的水平面方向图

5. 水平面波瓣宽度

通常都有两个瓣或多个瓣，其中最大的瓣称为主瓣，其辐射信号的能力最强，其余的瓣称为副瓣或称为旁瓣。主瓣两半功率点间的夹角定义为天线方向图的波瓣宽度，也称为半功率角或半功率瓣宽。在水平面方向图的最大辐射方向的两侧辐射功率下降 3dB 的两个方向之间的夹角称为水平面波瓣宽度，也称为水平半功率角或水平半功率瓣宽，如图 2-7 所示。通常所说的 65°天线即指水平面波瓣宽度为 65°的天线。

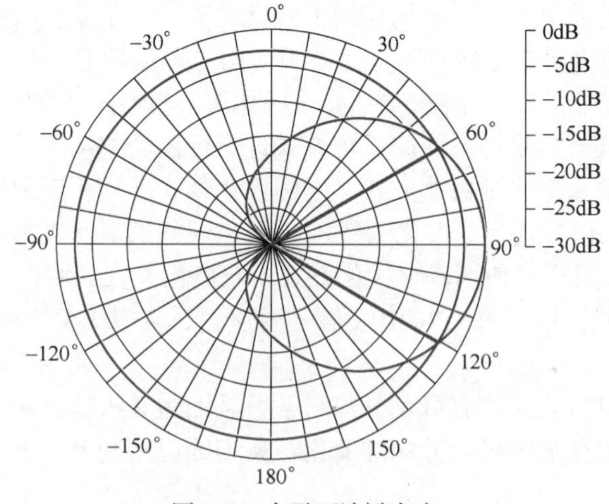

图 2-7　水平面波瓣宽度

基站天线的水平面波瓣宽度与天线的宽度尺寸有关，水平面波瓣宽度越宽，天线的宽度越小，比如 WCDMA 天线水平面波瓣宽度为 65°，天线的宽度约为 150mm，而水平面波瓣宽度为 32°的天线其宽度约为 300mm。天线的瓣宽越窄，则天线的方向性越好，其抗干扰能力也越强。

6. 垂直面方向图

垂直方向图是指天线的远区辐射电场的幅度在垂直面内随角度变化函数的曲线，垂直面方向图反映了天线在垂直面上的辐射特性。垂直面方向图也是按最大辐射方向的电场幅度值进行归一的。对于定向天线，主瓣上侧的副瓣应尽可能的小，因为太大的上副瓣会使较多的干扰进入系统，影响通信质量。图 2-8 所示为一天线的垂直面方向图。

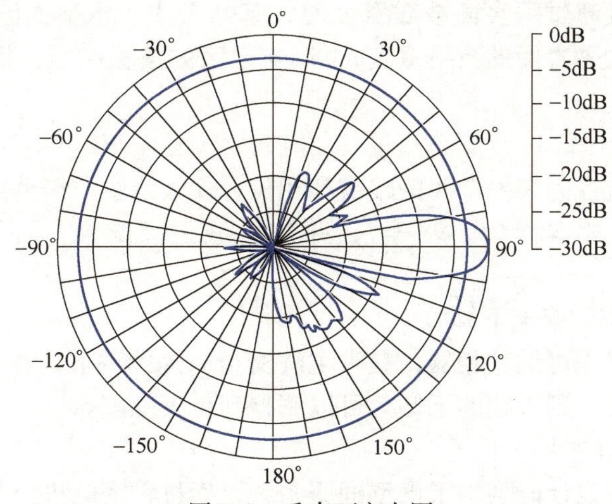

图 2-8　垂直面方向图

注意： 全向天线的垂直面方向图不是圆形，即全向天线在垂直面内的辐射不是均匀的。

7. 垂直面波瓣宽度

在垂直面方向图上，最大辐射方向的两侧辐射功率下降 3dB 的两个方向之间的夹角称为垂直面波瓣宽度，如图 2-9 所示。

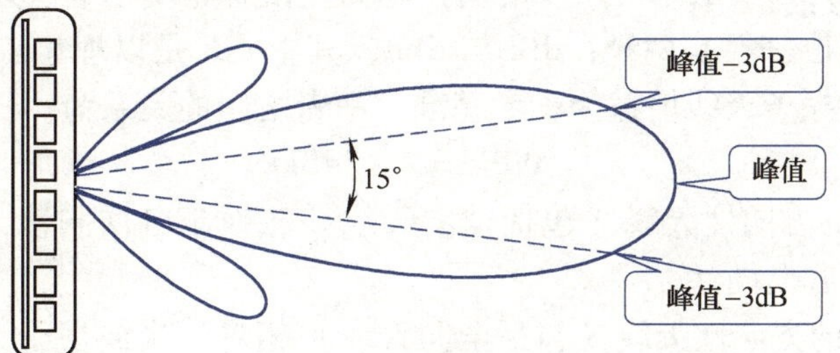

图 2-9　垂直面波瓣宽度

基站天线的垂直面波瓣宽度与天线的高度尺寸有关，垂直面波瓣宽度越宽，天线的高度越小，比如 WCDMA 天线若垂直面波瓣宽度为 6. 5°，天线的高度约为 1. 4m，而垂直面波瓣宽度为 13°的天线其高度约为 0. 66m。

8. 零点填充（Null Fill）

基站天线建在高塔上时，经常会出现“塔下黑”的情况，也就是说塔下近处的无线信号远不如远处的无线信号好，因此满足不了通信需求。这种情况通常和天线的垂直面特性有关，为了避免该情况的发生，要求天线有良好零点填充特性。

基站天线垂直面内采用波束赋形设计时，为了使业务区内的辐射电平更均匀，下副瓣第一零点需要填充，不能有明显的零深。

9. 上副瓣抑制

对于小区制蜂窝系统，为了提高频率复用能力，减少对邻区的同频干扰，基站天线波束赋形时应尽可能降低那些瞄准干扰区的副瓣，上第一副瓣电平应小于 -18dB，对于大区制基站天线无此要求。

10. 波束下倾

由于覆盖或网络优化的需要，基站天线的俯仰面波瓣指向需要调整，如果完全依赖机械调节，当机械调节角度超过垂直面波瓣宽度时，基站天线的水平面波瓣覆盖将变形（要求机械下倾角不超过天线垂直面的波瓣宽度），影响扇区的覆盖控制，目前波束下倾主要有以下几种：

（1）固定波束电下倾

天线设计时，通过控制辐射单元的幅度和相位，使天线主波瓣偏离天线阵列单元取向法线方向一定的角度（如 3°、6°、9°等），并与机械下倾配合，可以使天线下倾角调节到18°~20°。

（2）手动连续可调波束电下倾

基站天线设计时采用可调移相器，获得主波瓣指向连续调节，在0°~10°范围内连续可调，若与机械下倾配合，则天线的下倾角可以调整到更大范围。

（3）可远端控制的波束电下倾

该类型基站天线在设计时增加了微型伺服系统，通过精密电机控制移相器达到遥控调节目的，由于增加了有源控制电路，天线可靠性下降，同时防雷问题变得复杂。

11. 增益

天线的增益是指在输入功率相同的条件下，天线在最大辐射方向上某一点所产生的功率密度与理想点源天线在同一点所产生的功率密度的比值。增益反映了天线将无线电波集中发射到某一方向上的能力，一般来讲天线的增益越高，波瓣宽度越窄，天线发射出的能量也越集中。天线增益的单位一般有两种：dBi 与 dBd，其中 dBi 是以理想点源天线增益为参考基准，而 dBd 是以半波振子天线增益为参考基准。两者之间的关系为

$$0\text{dBd} = 2.15\text{dBi}$$

dBi 定义为实际的方向性天线（包括全向天线）相对于各向同性天线的能量集中能力，“i”（Isotropic）表示各向同性。

dBd 定义为实际的方向性天线（包括全向天线）相对于半波振子天线的能量集中能力，“d”（Dipole）表示偶极子。

天线是一种能量集中的装置，在某个方向辐射的增强意味着其他方向辐射的减弱。通常可以通过水平面波瓣宽度的缩减来增强某个方向的辐射强度以提高天线增益。在天线增益一定的情况下，天线的水平面波瓣宽度与垂直面波瓣宽度成反比，其关系可以表示为

$$G_a \approx 10\lg[32400/(\theta \cdot \beta)]$$

式中，G_a 为天线增益（dBi）；β 为垂直面波瓣宽度（°）；θ 为水平面波瓣宽度（°）。

根据上述公式，当已知某一天线的增益和水平面波瓣宽度时，可以估算出其垂直面波瓣宽度。

例如：某一全向天线，增益 11dBi，水平面波瓣宽度 360°，其垂直面波瓣宽度为

$$\beta \approx \frac{32400}{\theta \times 10^{G_a/10}} = 7.15°$$

由于设计和制造工艺上的差异，实际全向天线的垂直面波瓣宽度往往比上述计算结果要小。两者差别越小，说明天线设计得越好。

图 2-10 分别给出了垂直面波瓣宽度为 6.5°、13°、25°和 78°四种类型的振子天线的天线增益、垂直面波瓣宽度、水平面波瓣宽度三者之间的关系。

由图 2-10 可知，当天线增益较小时，天线的垂直面波瓣宽度和水平面波瓣宽度通常较大；而当天线增益较高时，天线的垂直面波瓣宽度和水平面波瓣宽度通常较小。

另外，天线增益取决于振子的数量。振子越多，增益越高，天线的孔径（天线有效接收面积）也越大。对于全向天线，增益增加 3dB，天线长度约增加 1 倍，因此全向天线通常增益不会超过 11dBi。

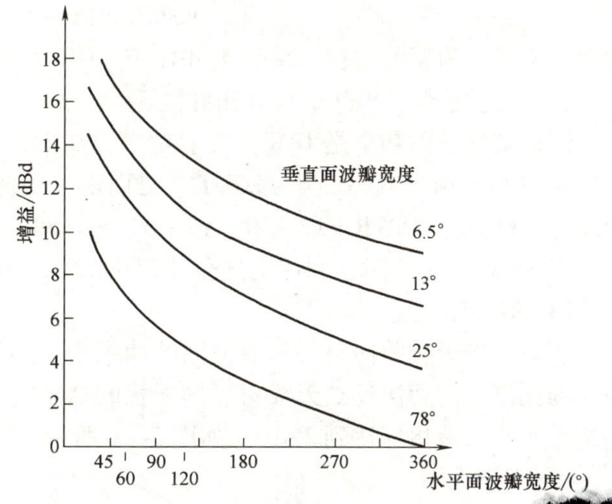

图 2-10　天线增益与垂直面和水平面波瓣宽度的关系

12. 特性阻抗

无限长传输线上各处的电压与电流的比值定义为传输线的特性阻抗。同轴电缆的特性阻抗的计算公式为

$$Z_o = \frac{138}{\sqrt{\varepsilon_r}} \lg \frac{D}{d}$$

式中，Z_o 为特性阻抗；D 为同轴电缆外导体铜网内径（m）；d 为同轴电缆芯线外径（m）；ε_r 为导体间绝缘介质的相对介电常数。

由公式不难看出，馈线特性阻抗只与同轴电缆外导体铜网内径和同轴电缆芯线外径以及导体间介质的相对介电常数 ε_r 有关，而与馈线长短、工作频率以及馈线终端所接负载阻抗无关。

馈线终端所接负载阻抗 Z_L 等于馈线特性阻抗 Z_o 时，称馈线终端是匹配连接的。匹配时，馈线上只存在传向终端负载的入射波，而没有由终端负载产生的反射波，因此，当天线作为终端负载时，匹配能保证天线取得全部信号功率。当天线阻抗为 50Ω 时，与 50Ω 的电缆是匹配的，而当天线阻抗为 75Ω 时，与 50Ω 的电缆是不匹配的。

通常特性阻抗 Z_o = 50Ω 或 75Ω，其中通信行业使用 50Ω 阻抗的馈线，75Ω 的则一般为广播电视系统所采用。

13. 反射损耗与电压驻波比（VSWR）

一般来讲，发射机通过天线发射电磁波，都不会 100% 发送出去，总会因为天线阻抗不匹配而在天线接头处反射回部分功率，反射波与入射波叠加后形成的波称为驻波。反射损耗指在天线的接头处的反射功率与入射功率的比值，反射损耗反映了天线的匹配特性。

电压驻波比（VSWR）是驻波电压最大值（U_{max}）和最小值（U_{min}）的比值。电压驻波比与反射损耗都是描述匹配状态的概念，只不过反射损耗是通过功率来描述，而电压驻波比是通过电压来描述。电压驻波比过大，将缩短通信距离，而且反射功率将返回发射机功放部分，容易烧坏功放管，影响通信系统正常工作。

对于移动通信蜂窝系统的基站天线，在指定的工作频段、温度范围、湿度范围内VSWR最大值应小于或等于1.5，即反射损耗小于等于14dB。

$$\mathrm{R.L.(dB)}=10\lg(P_{in}/P_r)$$

$$\mathrm{R.L.(dB)}=-20\lg|\Gamma|$$

$$\mathrm{VSWR}=(1+\Gamma)/(1-\Gamma)$$

式中，R.L. 为反射损耗，单位为 dB；P_{in}为输入功率，单位为 W；P_r 为反射功率，单位为 W；Γ 为反射系数；VSWR 为电压驻波比。

假设基站发射功率是10W，反射功率为0.5W，由此可算出反射损耗 R.L. $=10\lg(10/0.5)=13$dB。由于 R.L. $=-20\lg\Gamma$，可以求出反射系数 $\Gamma=10^{-(\mathrm{R.L.}/20)}=10^{-0.65}\approx0.224$，所以电压驻波比 VSWR $=(1+\Gamma)/(1-\Gamma)\approx1.58$。

当 VSWR＝1.5 时，利用上述公式得出 R.L. ≈13.98dB。

14. 前后比

前后比指天线前向最大辐射方向的功率密度与后向 ±30°范围内的最大辐射方向的功率密度的比值。前后比反映天线对后向干扰的抑制能力，该参数只对定向天线有意义。一般的基站天线要求该指标达到25dB，如图2-11 所示。

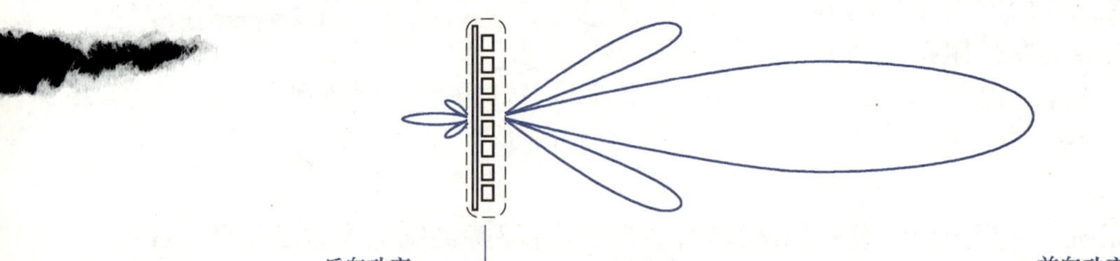

图2-11 前后比物理意义图示

15. 天线隔离度

隔离度为发射天线输入功率与接收天线输出功率的比值，单位为 dB。天线隔离度是天线之间相互作用程度的重要参数。天线间隔离度越大，天线相互作用越小，系统间干扰越小。一般来讲，隔离度越大越好。

对于多端口天线，如双频段双极化天线，收发共用时端口之间的隔离度应大于30dB。

16. 功率容量

功率容量是指天线所能承受的平均功率的容量，天线及其连接装置所承受的功率是有限的，考虑到基站天线的实际最大输入功率（单载波功率为20W），若天线的一个端口最多输入4 个载波，则天线的最大输入功率为 80W，因此，天线的单端口功率容量应大于 80W（环境温度为65℃时）。

17. 无源互调

所谓无源互调，是指接头、馈线、天线、滤波器等无源部件工作在多个载频的大功率信号条件下由于部件本身存在非线性而引起的互调效应。通常都认为无源部件是线性的，但是在大功率条件下无源部件都不同程度地存在一定的非线性，这种非线性主要是由以下因素引起的：

1）不同材料的金属的接触。

2）相同材料的接触表面不光滑。

3）连接处不紧密。

4）存在磁性物质。

目前，学术界对这种非线性产生的机理还不清楚，这种效应有些类似于二极管的工作原理。当只输入一个频率的大功率信号时，这种非线性效应会产生高次谐波；当输入不同频率的大功率信号时，会产生混频效应，导致其他频点信号的产生，这些新产生的信号称为互调产物，见表2-3。

表2-3　互调产物输出信号

输入信号	输出信号
单频率信号：f_1	基波：f_1 高次谐波：$2f_1$、$3f_1$、$4f_1$、...
双频率信号：f_1、f_2（$f_1>f_2$）	基波：f_1、f_2 高次谐波：$2f_1$、$2f_2$、$3f_1$、$3f_2$、$4f_1$、$4f_2$、... 互调产物：f_1-f_2、$2f_2-f_1$、$2f_1-f_2$、$3f_2-2f_1$、$3f_1-2f_2$、...

互调产物的存在会对通信系统产生干扰，特别是落在接收带内的互调产物将对系统的接收性能产生严重影响，因此移动通信系统对接头、电缆、天线等无源部件的互调特性都有严格的要求。一般来说，接头的无源互调指标应≤－150dBc，电缆的无源互调指标≤－170dBc，天线的无源互调指标≤－150dBc。

在接头的加工过程中，为了保证良好的无源互调特性，需要特别控制镀银工艺与装配过程。在天线的生产过程中，为了减小无源互调，厂家会尽量减少天线内部馈电网络的焊接点数量，同时会采用质量良好的接头，每一副天线在出厂前都要经过无源互调指标的检测，以确保这项指标满足要求。

在实际使用过程中，如果接头接触不良（如接头里较脏、里面有金属碎屑）、接头的镀银层被腐蚀氧化严重、天线的焊点开裂等都会导致系统的无源互调特性恶化。

2.4.2　机械参数

天线的机械参数主要包含风载荷、工作温度和湿度、雷电防护以及防潮、防盐雾、防霉菌三防能力。WCDMA天线的主要机械指标见表2-4。

表2-4　WCDMA天线的主要机械指标

天线尺寸/mm	1935×265×141
重量/kg	11
机械下倾角/(°)	0～12
接头类型	7/16 DIN阴头
环境温度/℃	－55～70

（续）

相对湿度	0～100%
风载荷	工作风速 110km/h，极限风速 200km/h
雷电防护	直接接地
三防	设备具有防潮、防盐雾、防霉菌的性能

1. 风载荷

基站天线通常安装在高楼及铁塔上，尤其在沿海地区，常年风速较大，要求天线在风速36m/s时正常工作，在55m/s时不被破坏。

天线本身通常能够承受强风，在风力较强的地区，天线通常由于铁塔、抱杆被破坏等原因而遭到损坏。因此在这些地区，应选择表面积小的天线。

2. 工作温度和湿度

基站天线应在环境温度－40～65℃和相对湿度0～100%范围内正常工作。

3. 雷电防护和三防能力

基站天线所有射频输入端口均要求直流直接接地。

基站天线必须具备三防能力，即防潮、防盐雾、防霉菌。基站全向天线必须允许天线倒置安装，同时满足三防要求。

2.4.3 天线特性对系统性能的影响

由于天线处于通信系统的最前端，所以对整个系统的影响也是最直接的。天线的方向图与天线的下倾角直接决定了系统覆盖区域的形状，而天线的安装高度和天线的增益对系统的覆盖范围有直接的影响，在一定范围内，天线安装高度越高，天线的增益越高，系统所覆盖的范围也越大。天线的特性对系统所受干扰程度也有直接的影响，后瓣比较高的天线就容易将后面来的干扰信号引入系统内，而上副瓣较高的天线在下倾使用时容易对周围小区造成一定的干扰。无源互调产物较高的天线在有大功率信号通过时会成为一个干扰源，对自身的系统或其他系统都会产生干扰。

当天线由于设计缺陷或天线罩品质不良而发生进水问题时，由于水的导电性能比较好，会将天线接头的内外导体短路，导致通信信号发生强烈反射，发射信号不能有效地发射出去，接收信号也无法有效接收下来，引起系统覆盖范围急剧变小，用户无法正常通信。

2.5 基站天线的选择

移动通信天线技术发展很快，早期主要使用普通的定向和全向型移动天线，目前移动网广泛使用电调天线和双极化移动天线。移动通信系统中各种天线的使用频率、增益和前后比等指标一般都符合网络指标要求，下面将重点从天线辐射方向、极化方向、天线下倾角和双频网络共用天线四个方面，对常用天线进行简要分析，以便对基站天线进行选择。

2.5.1 辐射方向

1. 全向天线

全向天线在水平方向图上表现为360°都均匀辐射，也就是平常所说的无方向性；在垂直方向图上表现为有一定宽度的波瓣，一般情况下波瓣宽度越小，增益越大。

适用场景：全向天线在移动通信系统中一般应用于郊县大区制的站型，覆盖范围大。目前工程中应用较少。

2. 定向天线

定向天线在水平方向图上表现为一定角度范围辐射，也就是平常所说的有方向性；在垂直方向图上表现为有一定宽度的波瓣，同全向天线一样，波瓣宽度越小，增益越大。

定向天线在移动通信系统中一般应用于城区小区制的站型，覆盖范围小，用户密度大，频率利用率高。

目前定向天线在工程各场景中普遍使用。在城区，适合使用中等增益（16～18dBi）、水平面半功率波瓣宽度 65°、固定 3°～6°电下倾辅助机械下倾的定向天线。一方面这种增益天线的体积和尺寸比较适合城区使用；另一方面，在较小的覆盖半径内由于垂直面波瓣宽度较大使信号更加均匀，中等增益天线在相邻扇区方向比高增益天线覆盖的信号强度更加合理。在郊区，话务量较大、覆盖半径在 1.5～2km 时，应采用中等增益（16～18dBi）、半功率波瓣宽度 90°或 65°、固定 3°电下倾辅助机械下倾的定向天线，由于基站天线高度通常不大于 50m，因此可以采用全机械下倾天线，若基站天线高度超过 50m，应采用有固定电下倾的天线。公路或铁路的覆盖可以采用窄波瓣天线，如水平面半功率波瓣宽度为 30°～33°、增益高达 21dBi 的窄波瓣天线，这种定向站可以使覆盖距离增加，减少基站数量从而降低建设成本。当然，采用高增益天线，其体积较大，在工程设计与安装时还要考虑天线的风载荷和抱杆的承重。

2.5.2　极化方向

1. 单极化天线

单极化天线在移动通信基站中通常指单一垂直极化天线，实验证明，在开阔地区的山区或平原农村，这种天线的覆盖效果比双极化（±45°）天线更好，平均电平高出 3～10dB。主要原因是在路测或定点测试时，手机的天线取向通常垂直地面，更容易与垂直极化信号匹配。另外，在开阔地区的山区或平原农村，垂直极化信号不容易发生极化旋转，因此在这些区域，得到的覆盖效果更好。而在城市，由于建筑物林立，建筑物内外的金属体很容易使极化发生旋转，因此单极化天线和双极化天线对信号的影响相差不大。

适用场景：在开阔地区的山区或平原农村，建议并推荐使用单极化天线。由于单极化天线需要更多的安装空间，因此选择时需要考虑天线的隔离度。

2. 双极化天线

双极化天线是一种新型天线技术，组合了 45°和 -45°两副极化方向相互正交的天线并同时工作在收发双工模式下，因此其最突出的优点是节省单个定向基站的天线数量。WCDMA 移动通信网的定向基站一般包含三个扇区，要使用 6 副天线，每个扇区使用两副天线，其中一副天线负责发射信号，另一副负责收发信号。如果使用双极化天线，每个扇区只需要一副天线；同时由于在双极化天线中，±45°的极化正交性可以保证 45°和 -45°两副天线之间的隔离度满足互调对天线间隔离度的要求（隔离度≥30dB），因此双极化天线之间的空间间隔仅需 20～30cm；另外，双极化天线具有电调天线的优点，在移动通信网中使用双极化天线同电调天线一样，可以降低呼损（即呼叫损耗），减小干扰，提高全网的服务质量。由于双极化天线对架设安装要求不高，使用双极化天线可节省建设投资，同时使基站布局更加合理，基站站址的选定更加容易。

2.5.3 天线下倾角

1. 机械天线

机械天线是指使用机械方式调整下倾角的移动天线。

机械天线与地面垂直安装好以后，如果因网络优化的要求，可以调整天线下倾角来实现。

实践证明：机械天线的最佳下倾角为1°～5°。当下倾角在5°～10°变化时，其天线方向图稍有变形但变化不大；当下倾角在10°～15°变化时，其天线方向图变化较大；当机械天线下倾15°后，天线方向图形状改变很大，从没有下倾时的鸭梨形变为纺锤形，这时虽然主瓣方向覆盖距离明显缩短，但是整个天线方向图不是都在本基站扇区内，在相邻基站扇区内也会收到该基站的信号，从而造成严重的系统内干扰。

机械天线适用于网络调整不大的郊县区域。

2. 电调天线

电调天线是指使用电子控制方式调整下倾角的移动天线，即通过改变共线阵天线振子的相位、改变垂直分量和水平分量的幅值大小、改变合成分量电场强度，来使天线的垂直方向图下倾。由于天线各方向的电场强度同时增大和减小，保证在改变下倾角后天线方向图变化不大，且主瓣方向覆盖距离缩短，不仅使整个方向图在服务小区扇区内减小覆盖面积而且还不产生干扰。

实践证明，电调天线下倾角在1°～5°变化时，其天线方向图与相同下倾角的机械天线[illegible]方向图大致相同；当下倾角在5°～10°变化时，其天线方向图较相同下倾角的机械天线的方向图稍有改善；当下倾角在10°～15°变化时，其天线方向图较相同下倾角的机械天线的方向图变化较大；当电调天线下倾大于15°后，其天线方向图较相同下倾角的机械天线的方向图明显不同，这时电调天线方向图形状改变不大，主瓣方向覆盖距离明显缩短，整个天线方向图都在本基站扇区内。增加下倾角，可以使扇区覆盖面积缩小，但不产生干扰。因此，采用电调天线能够降低呼损，减小干扰。另外，电调天线允许系统在不停机的情况下对垂直方向图下倾角进行调整，实时监测调整的效果，调整下倾角的步进精度也较高（为0.1°），因此可以对网络实现精细调整。电调天线的三阶互调指标为－150dBc，较机械天线相差30dBc，有利于消除邻频干扰和杂散干扰。

适用场景：主要用于城区。由于城区经常要进行老基站扩容和架设新基站，网络优化和调整较多。采用电调天线极大地缓解了网络优化的劳动强度并节约了时间。另外，电调天线也适用于架设在高处或挂高较高的站点，便于采用电子控制方式调整移动天线的下倾角。

2.5.4 双频网络共用天线

双频网络共用天线是让不同的通信系统共用同一副发射天线，以便有效地节约安装空间。目前双频网络共用定向天线的结构和安装方法与现有的单频段天线相同，但重量有所增加。

双频网络共用天线用于城市或话务量特大的地方，因此以水平面半功率波瓣宽度65°天线为主选，同时要求有6°或9°的固定电下倾角或可调（0～10°）电下倾角，增益采用中等（15～16dBi）即可。

【本章总结】

1. 知识体系

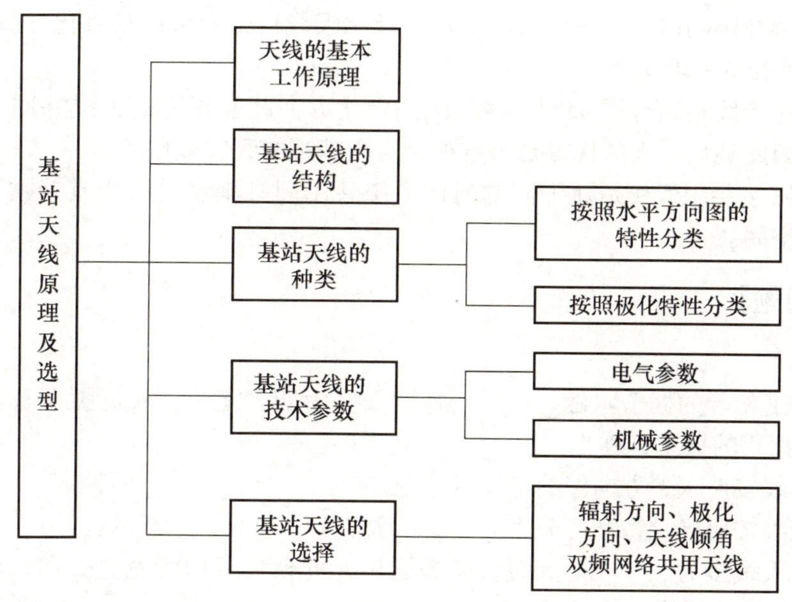

2. 知识要点

1）当导线的长度远小于波长时，导线的电流很小，辐射很微弱；当导线的长度增大到可与波长相比拟时，导线上的电流就大大增加，因而就能形成较强的辐射。通常将上述能产生显著辐射的直导线称为振子。两臂长度相等的振子叫做对称振子。每臂长度为四分之一波长的对称振子称为半波振子；两臂总长与波长相等的振子，称为全波对称振子。将振子折合起来，称为折合振子。

2）基站天线由多个基本单元振子、馈电网络、天线接头和天线罩组成。

3）基站天线按照水平方向图的特性可分为全向天线与定向天线两种；按照极化特性可分为单极化天线与双极化天线两种。

4）影响天线性能的电气参数有很多，如工作频段、极化方向、方向图、半功率角、阻抗、增益、驻波比等。

5）天线的极化方向一般与单元振子的摆放方向一致，当单元振子水平摆放时，天线的极化方向就是水平的；当单元振子垂直摆放时，天线的极化方向就是垂直的。

6）在水平面方向图上，最大辐射方向的两侧辐射功率下降 3dB 的两个方向之间的夹角为水平面波瓣宽度。在垂直面方向图的最大辐射方向的两侧辐射功率下降 3dB 的两个方向之间的夹角为垂直面波瓣宽度。通常所说的 65°天线即指水平面波瓣宽度为 65°的天线。

7）天线的增益是指在输入功率相同的条件下，天线在最大辐射方向上某一点所产生的功率密度与理想点源天线在同一点所产生的功率密度的比值。增益反映了天线将无线电波集中发射到某一方向上的能力，一般来讲天线的增益越高，波瓣宽度越窄，天线发射出的能量也越集中。天线增益的单位一般有两种：dBi 与 dBd。

8）隔离度为发射天线输入功率与接收天线输出功率的比值，单位为 dB。天线隔离度是天线之间相互作用程度的重要参数。天线间隔离度越大，天线相互作用越小，系统间干扰越小。

9）在天线增益一定的情况下，天线的水平面波瓣宽度与垂直面波瓣宽度成反比。

10）在开阔地区的山区或平原农村，垂直极化天线覆盖效果比双极化（±45°）天线更好，平均电平高出 3～10dB。

11）双极化天线是组合了 45°和 -45°两副极化方向相互正交的天线并同时工作在收发双工模式下，因此其最突出的优点是节省单个定向基站的天线数量。

12）双频网络共用天线是让不同的通信系统共用同一副发射天线或接收天线，以便有效地节约安装空间。

【思考与复习题】

一、填空

1. 两臂长度相等的振子叫做______，每臂长度为四分之一波长的振子称为______，两臂总长与波长相等的振子，称为__________。

2. 基站天线按照水平方向图的特性可分为________与________两种。

3. 基站天线按照极化特性可分为________天线与________天线两种。

4. 单极化天线多为________天线，其振子单元的极化方向为垂直方向，而双极化天线多为______度斜极化天线。

5. 主瓣两半功率点间的夹角定义为天线方向图的__________。

6. ________是指在相同输入功率条件下，天线在最大辐射方向上某一点所产生的功率密度与理想点源天线在同一点所产生的功率密度的比值。

7. 天线的增益可用 dBi 和 dBd 表示，17dBi = ________dBd。

8. __________与__________都是描述天线输入阻抗与特性阻抗匹配状态的概念。

9. ________是指在天线的接头处的反射功率与入射功率的比值。

10. 在移动通信蜂窝系统的基站天线中，在指定的工作频段、温度范围、湿度范围内 VSWR 最大值应小于或等于________。

二、判断

1. 当没有特别说明时，通常以电场矢量的空间指向作为电磁波的极化方向，而且是指在该天线的最大辐射方向上的电场矢量来说的。（ ）

2. 天线主瓣波瓣宽度越窄，则方向性越好，抗干扰能力越强。（ ）

3. 天线增益反映了天线将无线电波集中发射到某一方向上的能力，一般来讲天线的增益越高，波瓣宽度越窄，天线发射出的能量也越集中。（ ）

4. 天线增益的单位一般有两种：dBi 与 dBd，其中 dBi 是以理想点源天线增益为参考基准，而 dBd 是以半波振子天线增益为参考基准。（ ）

5. 在天线增益一定的情况下，天线的水平面波瓣宽度与垂直面波瓣宽度成反比。（ ）

三、计算

在工程上，常用 dBm 来表示功率，用 dB 来表示相对倍数，请计算：

（1）10dBm 等于多少 W？（2）43dB 相当于多少倍？

四、简答

1. 常见的基站天线有哪些？它们用于什么场合？
2. 天线的基本工作原理是什么？
3. 什么是半波振子？什么是天线阵列？
4. 什么是天线的极化方向？
5. 什么是天线的水平面波瓣宽度和垂直面波瓣宽度？
6. 什么是天线的增益？
7. 什么是 VSWR？它与反射损耗有何关系？

第 3 章　WCDMA 相关技术

【学习目标】

知　识	重点	1. WCDMA 系统结构和各个网元的功能； 2. WCDMA 空中接口主要物理信道的种类及作用； 3. 扩频通信原理； 4. 自相关性和互相关性的含义； 5. OVSF 码和扰码的作用； 6. 闭环功率控制过程； 7. 软切换的概念、分类和优点； 8. WCDMA 无线网络软切换过程； 9. RAKE 接收机的作用。
	难点	1. WCDMA 空中接口分层结构； 2. 自相关性和互相关性的含义； 3. OVSF 码和扰码的作用。
建议学时	12 课时	

3.1　WCDMA 系统网络结构

通用移动通信系统（Universal Mobile Telecommunications System，UMTS）是采用 WCDMA 空中接口技术的第三代移动通信系统，通常也把 UMTS 系统称为 WCDMA 系统。

3.1.1　WCDMA 系统网络构成

WCDMA 系统采用了与第二代移动通信系统类似的结构，包括用户设备（User Equipment，UE）、无线接入网络（Radio Access Network，RAN）和核心网（Core Network，CN）。其中无线接入网络用于处理所有与无线有关的功能，而核心网络处理 WCDMA 系统内所有的话音呼叫和数据连接，并实现与外部网络的交换和路由功能。CN 从逻辑上分为电路交换域（Circuit Switched Domain，CS）和分组交换域（Packet Switched Domain，PS），如图 3-1 所示。

1. UE（User Equipment）

UE 是用户设备，它通过 Uu 接口与网络设备进行数据交互，为用户提供电路交换域和分组交换域内的各种业务功能，包括普通话音、数据通信、移动多媒体、Internet 应用（如 E-mail、WWW 浏览、FTP 等）。

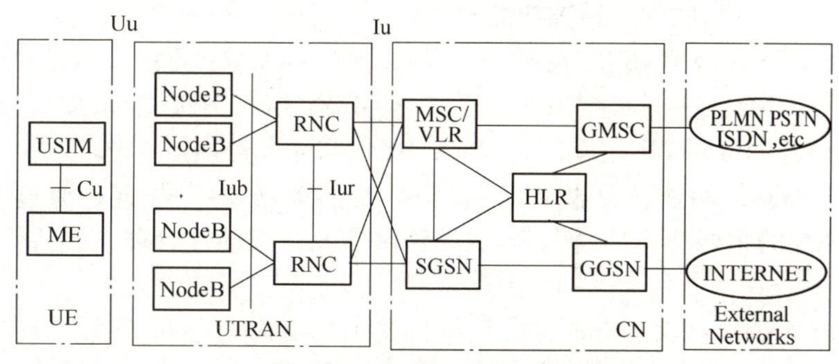

图 3-1　WCDMA 系统结构

UE 包括两部分：终端（The Mobile Equipment，ME）和用户识别模块（The UMTS Subscriber Identity Module，USIM）。ME 用来提供应用和服务；USIM 用于提供用户身份识别。

2. UTRAN（UMTS Terrestrial Radio Access Network）

UTRAN 即陆地无线接入网，包括基站（NodeB）和无线网络控制器（RNC）两部分。

（1）NodeB

NodeB 是 WCDMA 系统的基站（即无线收发信机），通过标准的 Iub 接口和 RNC 互连，主要完成 Uu 接口物理层协议的处理。它的主要功能包括信道编码、扩频、调制及解调、解扩、信道解码，还包括基带信号和射频信号的相互转换等。同时，它还完成一些如内环功率控制等的无线资源管理功能。

（2）RNC（Radio Network Controller）

RNC 是无线网络控制器，主要完成连接建立和断开、切换、宏分集合并、无线资源管理控制等功能。具体如下：

1）执行系统信息广播与系统接入控制功能；

2）切换和 RNC 迁移等移动性管理功能；

3）宏分集合并、功率控制、无线承载分配等无线资源管理和控制功能。

（3）CN（Core Network）

CN 即核心网，负责与其他网络的连接和对 UE 的通信和管理。在 WCDMA 系统中，不同协议版本的核心网设备有所区别。从总体上来说，WCDMA 的 R99 版本的核心网分为电路交换域和分组交换域两大块，R4 版本的核心网也一样，只是把 R99 电路域中的 MSC 功能改由两个独立的实体：MSC Server 和 MGW 来实现。R5 版本的核心网相对 R4 版本来说增加了一个 IP 多媒体域，其他的与 R4 版本基本一样。R99 版本核心网的主要功能实体如下：

1）MSC/VLR。MSC/VLR 是 WCDMA 核心网 CS 域功能节点，它通过 Iu-CS 接口与 UTRAN 相连，通过 C/D 接口与 HLR/AUC 相连，通过 E 接口与其他 MSC/VLR、GMSC 或 SMC 相连，通过 CAP 接口与 SCP 相连，通过 Gs 接口与 SGSN 相连，当核心网中不设 GMSC 时，可以通过 PSTN/ISDN 接口与外部网络（PSTN、ISDN 等）相连。MSC/VLR 的主要功能是提供 CS 域的呼叫控制、移动性管理、鉴权和加密等功能。

2）GMSC。GMSC 是 WCDMA 核心网 CS 域与外部网络之间的网关节点，属于可选节点，它通过 PSTN/ISDN 接口与外部网络（PSTN、ISDN、其他 PLMN）相连，通过 C 接口与 HLR 相连，通过 CAP 接口与 SCP 相连。它的主要功能是完成 VMSC 功能中的呼入呼叫的路由功能及与固定网等外部网络的网间结算功能。

3）SGSN。SGSN（服务 GPRS 支持节点）是 WCDMA 核心网 PS 域功能节点，它通过 Iu-PS 接口与 UTRAN 相连，通过 Gn/Gp 接口与 GGSN 相连，通过 Gr 接口与 HLR/AUC 相连，通过 Gs 接口与 MSC/VLR 相连，通过 CAP 接口与业务控制点（SCP）相连，通过 Gd 接口与短信中心（SMC）相连，通过 Ga 接口与计费网关（CG）相连，通过 Gn/Gp 接口与 SGSN 相连。SGSN 的主要功能是提供 PS 域的路由转发、移动性管理、会话管理、鉴权和加密等功能。

4）GGSN。GGSN（网关 GPRS 支持节点）是 WCDMA 核心网 PS 域功能节点，通过 Gc 接口与 HLR 相连，通过 Gn/Gp 接口与 SGSN 相连，通过 Gi 接口与外部数据网络（Internet/Intranet）相连。GGSN 提供数据包在 WCDMA 系统和外部数据网之间的路由和封装。GGSN 需要提供 UE 接入外部分组网络的关口功能。从外部网的观点来看，GGSN 就好像是可寻址 WCDMA 网络中所有用户 IP 的路由器，需要同外部网络交换路由信息。

5）HLR。HLR（归属位置寄存器）是 WCDMA 核心网 CS 域和 PS 域共有的功能节点，它通过 C 接口与 MSC/VLR 或 GMSC 相连，通过 Gr 接口与 SGSN 相连，通过 Gc 接口与 GGSN 相连。HLR 的主要功能是提供用户的签约信息存放、新业务支持、增强的鉴权等功能。

3.1.2 UTRAN 的基本结构

UTRAN 包含一个或几个无线网络子系统（RNS），一个 RNS 由一个无线网络控制器（RNC）和一个或多个基站（NodeB）组成。UTRAN 的结构如图 3-2 所示。

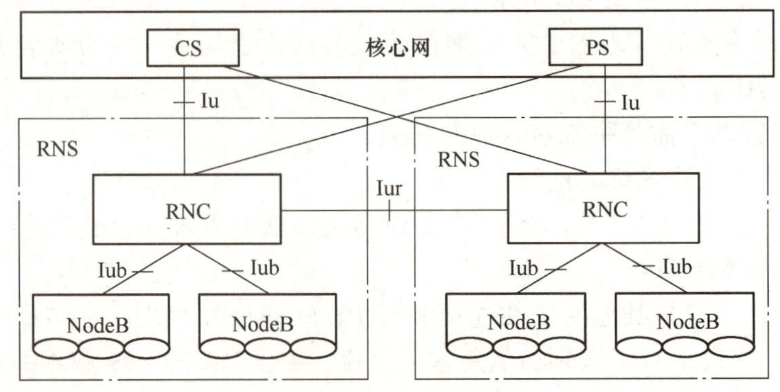

图 3-2 UTRAN 结构

1. Iu 接口

RNC 与 CN 之间的接口是 Iu 接口，Iu 接口是一个开放的标准接口，使得通过 Iu 接口相连接的 UTRAN 与 CN 可以分别由不同的设备制造商提供，Iu 接口可以分为电路交换域的 Iu-CS 接口和分组交换域的 Iu-PS 接口。

2. Iub 接口

NodeB 和 RNC 通过 Iub 接口连接。Iub 接口也是一个开放的标准接口。

3. Iur 接口

在 UTRAN 内部，无线网络控制器（RNC）之间通过 Iur 互连，Iur 接口是连接 RNC 之间的接口，用于对 RAN 中 UE 的移动管理。比如在不同的 RNC 之间进行软切换时，UE 所有数据都是通过 Iur 接口从正在工作的 RNC 传到候选 RNC，Iur 接口也是一个开放的标准接口。

3.2　WCDMA 空中接口技术

3.2.1　空中接口的协议结构

从协议结构上看，WCDMA 空中接口由层一（L1）、层二（L2）、层三（L3）组成，分别称为物理层（Physical Layer）、数据链路层（Data Link Layer）、无线资源控制层（Radio Resource Control Layer），其中层二分为媒体接入控制层（MAC）、无线链路控制层（RLC）、分组数据汇聚层（PDCP）和广播/多播控制层（BMC），如图 3-3 所示。

从协议层次的角度看，WCDMA 空中接口上存在三种信道：物理信道、传输信道、逻辑信道。图 3-3 中不同层/子层间的圆圈部分为业务接入点（SAP）。

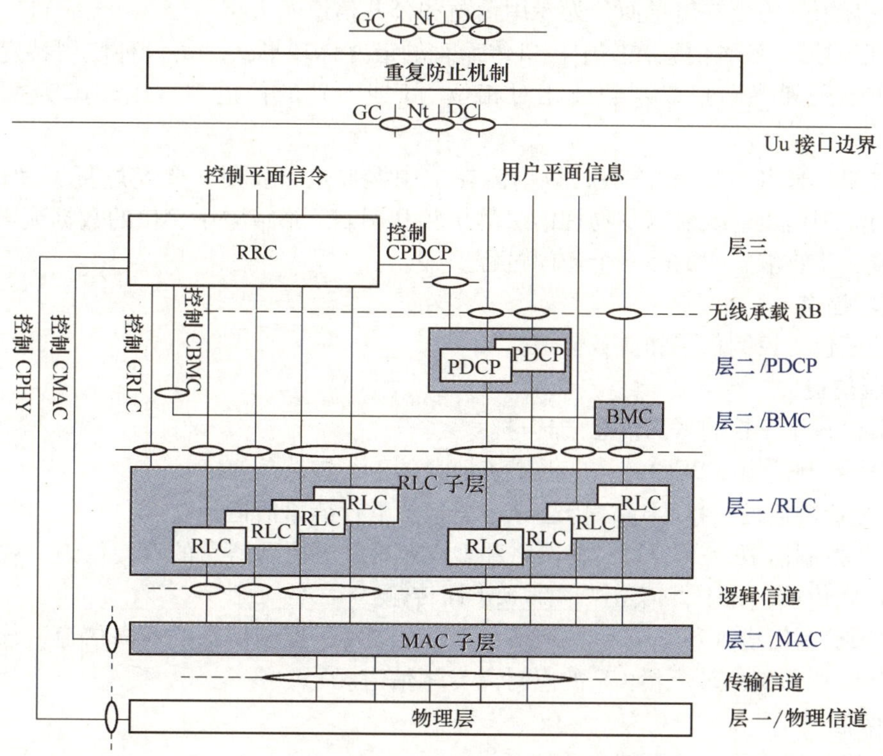

图 3-3　WCDMA 空中接口的物理结构

物理层提供了高层所需的数据传输业务。物理层提供的服务可以按照使用何种特性和何种方式在空中传输信息来描述。物理层通过传输信道向 MAC 层提供业务，而传输数据本身的属性决定了使用什么种类的传输信道和如何传输。

MAC 层通过逻辑信道向 RLC 层提供业务，而发送数据本身的属性决定了逻辑信道的种类。在 MAC 层中，逻辑信道被映射为传输信道。MAC 层负责根据逻辑信道的瞬间源速率为每个传输信道选择适当的传输格式（TF）。传输格式的选择和每个连接的传输格式组合集（由接纳控制定义）紧密相关。

RLC 层提供 UE 与 UTRAN 之间端到端传输特性的协议，也就是在两个端点之间进行传输控制。RLC 具有三种传输模式，分别是确认模式（AM）、非确认模式（UM）和透明模式（TM），不同的传输模式分别对应不同的传输特性要求。

RRC 层通过业务接入点（SAP）向高层（非接入层）提供业务。业务接入点在 UE 侧和 UTRAN 侧分别由高层协议和 Iu 接口的 RANAP 协议使用。所有的高层信令（包括移动性管理、呼叫控制、会话管理）都首先被压缩成 RRC 消息，然后再在空中接口发送。

RRC 层通过其与低层协议间的控制接口来配置低层的协议实体，包含物理信道、传输信道和逻辑信道等参数。RRC 层还将使用控制接口进行实时命令控制，例如 RRC 层命令低层进行特定类型的测量，低层使用相同的控制接口向 RRC 层报告测量结果或错误信息。

1）逻辑信道：直接承载用户业务。根据承载的是控制平面业务还是用户平面业务分为两大类，即控制信道和业务信道。

2）传输信道：空中接口层二和物理层的接口。根据传输的是针对一个用户的专用信息还是针对所有用户的公共信息而分为专用信道和公共信道两大类。

3）物理信道：各种信息在空中接口传输时的最终体现形式。每一种使用特定的载波频率、码（扩频码和扰码）以及载波相对相位（I 或 Q）的信道都可以理解为一类特定的信道。

在发射端，来自 MAC 和高层的数据流在空中接口进行发射，要经过复用和信道编码、传输信道到物理信道的映射以及物理信道的扩频和调制，形成空中接口的数据流再在空中接口进行传输。接收端发生的是一个逆向过程。

3.2.2 逻辑信道

逻辑信道包含控制信道和业务信道。

1. 控制信道

控制信道只用于控制平面信息的传送。

1）广播控制信道（BCCH）：广播系统消息的下行链路信道。

2）寻呼控制信道（PCCH）：传送寻呼消息的下行链路信道。

3）公共控制信道（CCCH）：在网络和 UE 之间发送控制信息的双向信道，在上行信道映射到 RACH 传输，在下行信道映射到 FACH 传输。

4）专用控制信道（DCCH）：在网络和 UE 之间发送控制信息的双向信道，该信道是在 RRC 建立的时候由网络分配给 UE 的点对点专用信道。

2. 业务信道

业务信道只用于用户平面信息的传送。

1）专用业务信道（DTCH）：是传输用户信息的专用于一个 UE 的点对点双向信道。

2）公共业务信道（CTCH）：向全部或者一组特定 UE 传输专用用户信息的点对多点的下行链路。

3.2.3 传输信道

传输信道实现了由物理层对 MAC 层提供的服务。传输信道定义了在空中接口上数据传输的方式和特性。

传输信道分为两类：专用传输信道和公共传输信道。公共传输信道是由小区内的所有用户或一组用户共同分配使用的资源，而专用传输信道是由特定频率上特定的编码确定的，只能为单个用户专用。

1. 专用传输信道

仅存在一种专用传输信道，即专用信道（DCH）。专用信道（DCH）是一个上行或下行传输信道。DCH 在整个小区或小区内的某一部分使用波束赋形的天线进行发射。

2. 公共传输信道

公共传输信道主要包含六类：BCH、FACH、PCH、RACH、CPCH 和 DSCH。

1）BCH：即广播信道，是一个下行传输信道，用于广播系统或小区特定的信息。BCH 总是在整个小区内发射，并且有一个单独的传输格式。

2）FACH：即前向接入信道，是一个下行传输信道。FACH 在整个小区或小区内某一部分使用波束赋形的天线进行发射。

3）PCH：即寻呼信道，是一个下行传输信道。PCH 总是在整个小区内进行发送。PCH 的发射与物理层产生的寻呼指示的发射是相随的。

4）RACH：即随机接入信道，是一个上行传输信道。RACH 总是在整个小区内进行接收。RACH 的特性是带有碰撞冒险，使用开环功率控制。

5）CPCH：即公共分组信道，是一个上行传输信道。CPCH 与一个下行链路的专用信道相随，该专用信道用于提供上行链路 CPCH 的功率控制和 CPCH 控制命令（例如：紧急停止）。CPCH 的特性带有初始的碰撞冒险并使用内环功率控制。

6）DSCH：即下行共享信道，是一个被一些 UE 共享的下行传输信道。DSCH 与一个或几个下行 DCH 相随。DSCH 使用波束赋形天线在整个小区内发射，或在一部分小区内发射。

3. 指示符

WCDMA 协议中为传输信道定义了一系列的指示符功能，实际上指示符是一种快速的低层信令实体，它们没有在传输信道上占用任何实体信息块，而是由物理信道在物理层直接完成的。

相关的指示符有：捕获指示（AI）、接入前缀指示（API）、信道分配指示（CAI）、冲突检测指示（CDI）、寻呼指示（PI）和状态指示（SI）。指示符可以是二进制的，也可以是三进制的。它们到指示信道的映射是由物理信道决定的。发射指示符的物理信道叫做指示信道（ICH）。

3.2.4　物理信道

物理信道是由一个特定的载频、扰码、信道化码（可选的）、开始和结束的时间段（有一段持续时间）及上行链路中相对的相位（0 或 π/2）定义的。持续时间由开始和结束时刻定义，用 chip（码片）的整数倍来测量。

无线帧是一个包括 15 个时隙的处理单元，一个无线帧的长度是 38400chip。时隙是由包含一定比特的字段组成的一个单元，时隙的长度是 2560chip。

物理信道包含下行物理信道和上行物理信道。WCDMA 空中接口主要物理信道如图 3-4 所示。

1. 下行物理信道

下行物理信道分为下行公共物理信道和下行专用物理信道。

（1）主公共导频信道（P-CPICH）

1）扩频码采用第 1 个信道码。

2）每小区仅有一个，并在全小区广播。

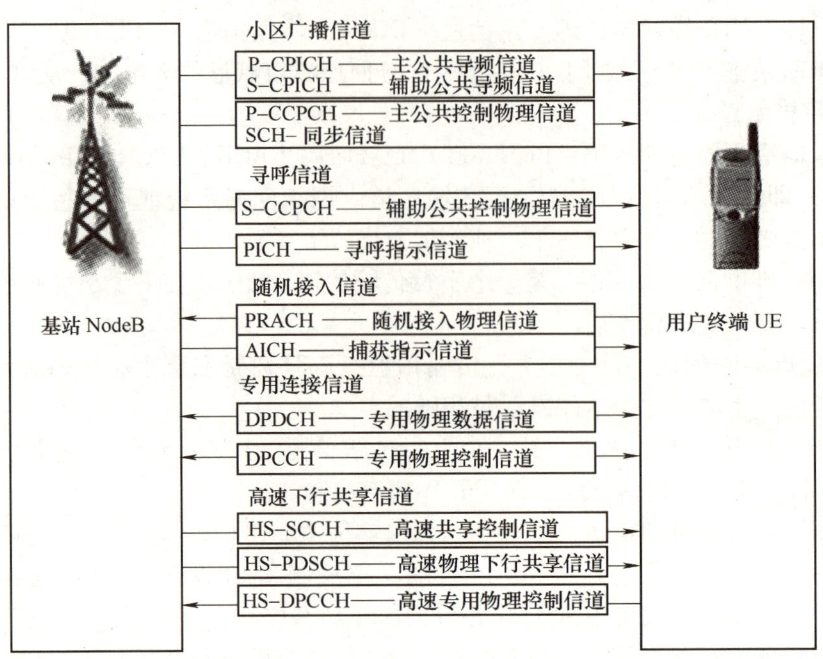

图 3-4 WCDMA 空中接口主要物理信道

3）为 SCH、P-CCPCH、AICH、PICH、AP-AICH、CD/CA-ICH、CSICH、CPCH 附带的下行 DPCCH 和 S-CCPCH 信道提供相位参考和信道估计；P-CPICH 作为下行 DPCH 及 PD-SCH 信道相位参考和信道估计。

4）切换测量和小区选择/重选。

5）通过调节主导频功率来调节邻小区间的负载平衡。

（2）辅助公共导频信道（S-CPICH）

1）每个小区中可以没有 S-CPICH，也可以有几个 S-CPICH，在整个小区或部分小区中发送（智能天线）；

2）由高层信令控制，也可以作为下行 DPCH 信道的相位参考；

3）辅助公共导频信道也可以替代主公共导频信道作为开环发送分集情况下，下行物理链路的相位参考。

（3）主公共控制物理信道（P-CCPCH）

1）与同步信道 SCH 时间复用；

2）固定速率为 30kbit/s，使用第 2 个信道码；

3）只发送与第一层无关的高层控制消息——广播控制消息。

（4）同步信道（SCH）

1）SCH 与 P-CCPCH 时分复用；每个时隙的前 256chip 并行发送主同步信道（P-SCH）和辅助同步信道（S-SCH），后 2304chip 发送 P-CCPCH；

2）每个时隙主同步信道（P-SCH）发送 256chip 的主同步码（PSC），且对于 WCDMA 系统的每个小区主同步码（PSC）相同；

3）辅助同步信道（S-SCH）由重复发送的 16 个 256chip 的辅助同步码构成，16 个辅助同步码（SSC）从长 256bit 的码组中选出，构成 64 个组合；每个小区采用其中的一种组合，代表本小区采用的下行链路主扰码所属的主扰码组。

（5）辅助公共控制物理信道（S-CCPCH）

1）单小区最多有 16 个 S-CCPCH 信道；

2）S-CCPCH 承载前向接入信道（FACH）、寻呼信道（PCH）。

（6）寻呼指示信道（PICH）

1）寻呼指示信道（PICH）总是伴随包含寻呼信道（PCH）的 S-CCPCH 发送；

2）UE 可知道自己寻呼指示的下标，这样 UE 可以仅监视 PICH 中与自己关联的比特，一旦发现它们被置为“1”时，UE 就知道自己被寻呼了，这时它从该 PICH 无线帧结束后 7680chip 开始，在 S-CCPCH 上接收寻呼消息并解析。

3）每个 PICH 帧携带 NP 个寻呼指示，NP 定义了 PICH 信道上每帧支持的最多寻呼指示数，UE 在小区系统消息中获取 NP 的值，NP 的取值为 18、36、72、144。

（7）捕获指示信道（AICH）

1）AICH 是一个用于传输捕获指示（AI）的物理信道；

2）AICH 由重复的 15 个连续的接入时隙（AS）的序列组成。每个接入时隙长为 5120chip，每个接入时隙由两部分组成，一部分是接入指示部分，由 32 个实数值符号 a0、…、a31 组成，另一部分是持续 1024 bit 的空闲部分。捕获指示携带了对应于 PRACH 上的特征码。

（8）下行专用物理信道（DPCH）

1）下行专用物理信道 DPCH 由 DPDCH 和 DPCCH 时分复用构成；

2）DPDCH 用于传输层二或更高层产生的用户数据；

3）DPCCH 包括支持信道估计以进行相干检测的已知导频比特（Pilot），发射功率控制指令（TPC），反馈信息（FBI）以及一个可选的传输格式组合指示（TFCI）。

（9）高速共享控制信道（HS-SCCH）

HS-SCCH 在下行链路上承载必需的物理层控制信息，以确保终端能够对 HS-PDSCH 上的数据进行解码。

（10）高速物理下行共享信道（HS-PDSCH）

HS-PDSCH 在下行链路上承载用户数据，单载波峰值速率可以达到 10Mbit/s 以上。

（11）高速专用物理控制信道（HS-DPCCH）

承载上行链路中必要的控制信息，主要是对 ARQ 的响应（ACK 或 NACK）以及下行链路质量的反馈信息（CQI）。

2. 上行物理信道

上行物理信道分为上行专用物理信道和上行公共物理信道。在 WCDMA R99 版本，上行专用物理信道分为上行专用物理数据信道（上行 DPDCH）和上行专用物理控制信道（上行 DPCCH），上行专用物理信道 DPDCH 和 DPCCH 的功能与对应的下行 DPDCH 和下行 DPCCH 功能类似。在 WCDMA R5 版本引入了 HSUPA 功能，增加了 E-DCH 专用物理控制信道（E-DPCCH）和 E-DCH 专用物理数据信道（E-DPDCH）。

上行公共物理信道分为物理随机接入信道（PRACH）和物理公共分组信道（PCPCH）。

（1）物理随机接入信道（PRACH）

1）随机接入是基于快速捕获指示的时隙 ALOHA 算法；

2）发射包括一个或多个长为 4096chip 的前缀和一个长为 10ms 或 20ms 的消息部分；

3）10ms 的消息被分作 15 个时隙，每个时隙的长度为 $T_{slot}=2560$chip。每个时隙包括两部分，一个是数据部分，RACH 传输信道映射到这部分；另一个是控制部分，用来传输层一控制信息；

4）一个 20ms 的消息部分是由两个连续的 10ms 无线帧组成。

（2）E-DPDCH 和 E-DPCCH

1）E-DPDCH 用于上行传输数据，支持多码道传输，最大速率 $2\times SF2+2\times SF4=5.76$Mbit/s；

2）支持两种 TTI：2ms 或 10ms；

3）E-DPDCH 不能独立传输，需要同时传送 E-DPCCH，依据其导频进行信道估计和功率控制；

4）E-DPCCH 用于上行传输和 E-DPDCH 相关的物理层控制信息。

3.3 WCDMA 物理层关键技术

3.3.1 扩频技术

1. 相关性原理

相关性用来描述的是码字之间的相似程度，用相关系数 ρ 来定量表述。假设 A 是两个码序列相同码元的数目，D 是两个码序列不同码元的数目，P 是码序列的周期，即 $P=A+D$，则两个码序列的相关系数为 $\rho=|A-D|/P$，如图 3-5 所示。

图 3-5a 中参与计算的两个码序列分别是（-1，1，-1，1）和（-1，1，-1，1），也就是说两个码序列是相同的。对这两个码序列进行相关运算，得到相关系数的值为 1，这表示两个码序列 100% 相关。图 3-5b 中参与计算的两个码序列分别是（-1，1，-1，1）和（1，1，1，1），对这两个码序列进行相关运算，得到相关系数的值为 0，表示两个码序列之间是正交的关系，即完全不相关。

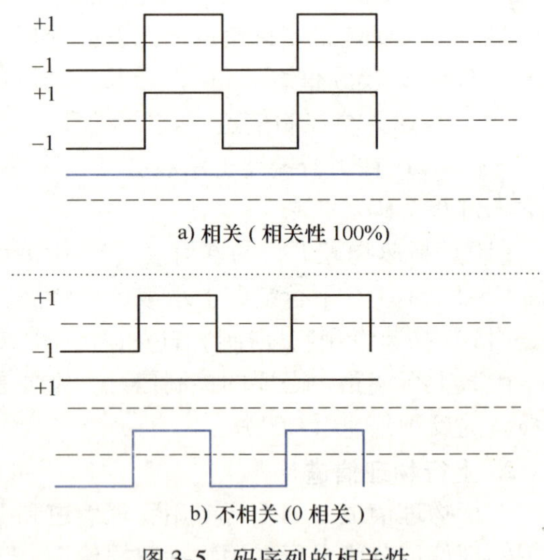

图 3-5　码序列的相关性

如果参与相关性运算的是两个不同的码序列，那么计算得到的结果反映了两个码序列之间的互相关性。两个序列正交指的是两个码序列之间的相关性运算结果为 0，也就是说两个码序列完全不相关。采用这样的正交码序列来区分不同的物理信道，可以使得不同物理信道之间的信号互不相关，保证各个物理信道之间的多址干扰会尽可能小。所以说互相关性决定了多址干扰的特性。

自相关性用来表示码序列和它自身延迟一定时间后的相关程度，通常用一个码序列与自己存在一位或多位时延后的码序列作相关运算后，得到的相关性的定量表述。

自相关性好，就是指当码序列没有时延时，其相关性运算结果为 1（两个相同的码序列，相关运算的结果一定是1），在有时延时（时延大于 1chip），其相关性运算结果为 0 或接近于 0。现实的无线传播环境是多径环境，不同路径的信号到达接收端的时间不同，采用自相关性好的码字来区分不同的信源，可以保证各个路径之间的信号在存在时延的情况下互不相关，干扰较小，有利于在接收端进行有效合并。所以说自相关性决定了多径干扰的特性。

2. 扩频原理

扩展频谱通信（Spread Spectrum Communication）简称扩频通信，其原理就是在发送端以扩频编码进行扩频调制，在接收端用相关解调技术解扩信息。扩频通信具有抗干扰性能好、隐蔽性强、干扰小、易于实现码分多址等诸多优良特性。

在 WCDMA 系统中，扩频又叫做信道化操作，用一个高速数字序列与数字信号相乘，把一个一个的数据符号转换为一系列码片，大大提高了数字符号的传输速率，增加了信号带宽。在接收端，用相同的高速数字序列与接收符号相乘，进行相关运算，将扩频符号解扩。扩频与解扩如图 3-6 所示。用来转换数据的数字序列符号叫做扩频码，在 WCDMA 系统中扩频码也称信道化码。

假定用户数据是二进制移相键控（BPSK）调制的速率为 R 的比特序列，用户数据比特取值为 +1 或者 -1。在图 3-6 中，扩频操作就是将每一个用户数据比特与一个 8bit 的扩频码序列相乘。可以看出，得到的扩展后的数据速率为 $8R$。这种情况下，称其扩频因子为 8。扩频后得到的宽带信号将通过无线信道传送到接收端。

在解扩时，把扩展的用户码片序列与扩频这些比特时所用的相同的 8bit 扩频码序列逐位相乘，只要能在扩展后的用户信号和扩频码（解扩码）之间取得很好的同步，就能准确地恢复出原始的用户比特序列。

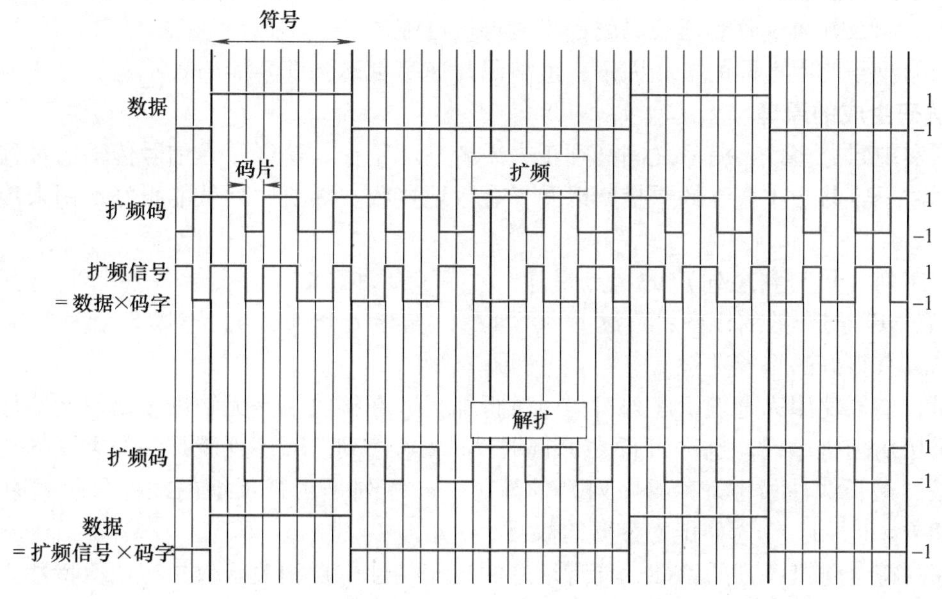

图 3-6　WCDMA 系统中的扩频与解扩

在这个过程中，传信速率增加 8 倍，相当于扩展的用户数据信号占有的带宽扩展了 8 倍，因此 WCDMA 系统被称为扩频系统。解扩就是将信号带宽按比例地恢复到 R 值。

3. WCDMA 使用的扩频码

WCDMA 使用的扩频码是 OVSF（Orthogonal Variable Spreading Factor，正交可变扩频因子），其作为信道化码，主要用于物理信道的信道化操作，对物理信道比特进行扩频，以保证不同物理信道之间的正交性。OVSF 码可以用码树生成，如图 3-7 所示，OVSF 码树在同一层的各个码字之间是相互正交的。

信道化码可以用“$C_{ch,SF,k}$”来表示，其中 SF 是码的扩频因子，k 是码的序号，k 的取值范围是 $0 \leqslant k \leqslant SF-1$，码树的每一级定义了长度为 SF 的信道化码，对应于扩频因子 SF。例如“$C_{ch,4,3}$”，定义了扩频因子为 4 的第 4 个码字。

每个码字直接派生出两个码，这两个码叫做延长码；每个延长码又是由其他码生成的，生成延长码的码叫做前置码。例如，对于“$C_{ch,2,1}$”，它的延长码是“$C_{ch,4,2}$”和“$C_{ch,4,3}$”，它的前置码是“$C_{ch,1,0}$”。第一个延长码派生的原则是对它的前置码重复两次，第二个延长码派生的原则是首先重复其前置码，然后再加上对其前置码的反转。

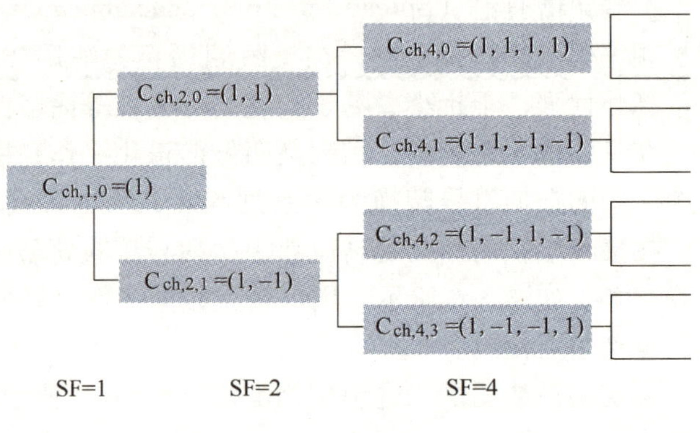

图 3-7　OVSF 码树

每个码字与它的非前置码，非延长码都是正交的，而与它的前置码，延长码都不正交。在码树上选择所使用的码字时，尽量选择正交码字。因此在分配 OVSF 码时，一个码字若是被分配了，那么其前置码和延长码就都不能再被分配了。

不同的业务使用不同的扩频因子，最终码片速率都达到 3. 84Mchip/s。

4. 扰码生成的原理

为了实现码分多址，信号之间必须正交或者基本正交，这样，在信号传输的过程中各个信号之间才不容易产生相互的干扰，以利于有效地接收。随机序列就能很好地用来传输信号的码。

随机序列（贝努利序列）的特点是序列中“0”和“1”的个数各占一半，连续出现“1”或者“0”的个数的概率：连续 1 个为 1/2，连续 2 个为 1/4，连续 3 个为 1/8，……，随机序列具有很好的自相关性。

但是，如果使用完全随机序列对信号进行加扰，在接收端是无法恢复出原始信号的，因此需要采用伪随机序列，也称为 PN（Pseudo-Noise）序列。m 序列就是一类重要的伪随机序列，它是“最长线性移位寄存器序列”的简称。m 序列是由带反馈的线性移位寄存器生成的，周期 $P=2^n-1$，n 为移位寄存器的数目。

m 序列符合随机序列的特性，具有很好的自相关性，自相关函数具有二值特性。设 τ 为 m 序列延迟的码元数，当 $\tau \bmod P=0$ 时，其自相关函数 $R(\tau)=1$；当 $\tau \bmod P \neq 0$ 时，其自相关函数 $R(\tau)=-1/P$。从这里可以看出，周期 P 越大，且 τ 不是 P 的整数倍时，m 序列的自相关系数越接近于 0，其自相关性就越好。

m 序列的互相关函数是一个多值函数，有些 m 序列之间的互相关函数特性比较好，而另一些 m 序列之间的互相关函数特性则比较差，将两个互相关函数特性比较好的 m 序列称为优选对。

由于 m 序列的个数比较少，且 m 序列之间的互相关函数是多值的，并不理想，因此在实际使用当中，多采用 Gold 序列作为扰码。Gold 序列就是由两个长度相同的 m 序列优选对模 2 相加而成，具有良好的自相关性和互相关性，能够有效地降低多径干扰和多址干扰。Gold 序列的自相关特性没有 m 序列好，但是 Gold 序列的数量相对 m 序列来说非常多。

5. 信道化码和扰码的作用

信道化码用于区分来自同一信源的传输，即一个扇区的下行链路连接，以及上行中同一个终端的不同物理信道。使用 OVSF 可以改变扩频因子并保持不同长度的不同扩频码之间的正交性。码字从图 3-7 所示的码树中选取。如果一个连接使用可变扩频因子，可根据最小扩频因子正确利用码树进行解扩，只需从以最小扩频因子码指示的码树分支中选取信道化码。

加扰的作用是为了把终端或基站各自相互区分开，扰码是在扩频之后使用的，因此不改变信号的带宽，而只是把来自不同信源的信号区分开，经过加扰，解决了多个发射机使用相同码字扩频的问题。

下行链路中通常使用 8192 个扰码，序号分别为 0 ~ 8191，这些扰码分成 512 个组，每个组包含 1 个主扰码（PSC）和 15 个从扰码（SSC）。对下行链路的 512 个主扰码还可以进一步划分为 64 个扰码组，每组含 8 个主扰码。

在 WCDMA 中采用 OVSF 码的互相关性好，但自相关性不是很好，而 Gold 序列的自相关性比较好，通过扩频后的加扰操作，就能够满足自相关性的要求，这样就同时满足了对抗多址干扰和多径干扰的要求。

扰码和信道化码的功能和特点见表 3-1。

表 3-1　扰码和信道化码的功能和特点

	信道化码	扰　码
用途	上行链路：区分同一终端的物理数据信道（DPDCH）和物理控制信道（DPCCH） 下行链路：区分同一小区中不同用户的下行链路	上行链路：区分终端 下行链路：区分小区
长度	4 ~ 256chip（1.0 ~ 66.7μs） 下行链路可达到 512chip	上行链路：10ms = 38400chip 或 66.7μs = 256chip 下行链路：10ms = 38400chip
码字数目	码字数目等于扩频因子的值	上行链路：2^{24} 个 下行链路：512 个
码族	正交可变扩频因子	上行链路：Gold 码的序列长度为 $2^{25}-1$ 下行链路：在 WCDMA 系统中，Gold 码的序列长度为 $2^{18}-1$，实际使用中，Gold 码序列长度被截取为 38400chip
扩频	是，增加了传输带宽	否，没有影响传输带宽

3.3.2 功率控制

功率控制是WCDMA系统的关键技术之一。由于远近效应和自干扰问题，功率控制是否有效，直接决定了WCDMA系统是否可用，并且很大程度上决定了WCDMA系统性能的优劣，对于系统容量、覆盖、业务的QoS（系统服务质量）都有重要影响。

1. 功率控制的优点

1）通过功率控制，可以有效地克服远近效应。远近效应现象是指如果没有功率控制，距离基站近的一个UE就能阻塞整个小区，而距离基站远的UE信号将被“淹没”。采用功率控制后，每个UE到达基站的功率基本相当，这样，每个UE的信号到达基站后，都能被正确地解调出来。

2）克服阴影衰落和快衰落。阴影衰落是由于建筑物的阻挡而产生的衰落，衰落的变化比较慢；而快衰落是由于无线传播环境的恶劣，UE和NodeB之间的发射信号可能要经过多次的反射、散射和折射才能到达接收端而造成。对于阴影衰落，可以提高发射功率来克服；而快速功率控制的速度是1500次/s，功率控制的速度可能高于快衰落，从而克服了快衰落，给系统带来增益，并保证了UE在移动状态下的接收质量，同时也能减小对相邻小区的干扰。

3）降低网络干扰，提高系统的质量和容量。功率控制的结果使UE和NodeB之间的信号以最低功率发射，这样系统内的干扰就会最小，从而提高了系统的容量和质量。

4）由于手机以最小的发射功率和NodeB保持联系，这样手机电池的使用时间将会大大延长。

2. 功率控制的分类

在WCDMA系统中，功率控制按方向分为上行（或称为反向）功率控制和下行（或称为前向）功率控制两类；按UE和基站是否同时参与又分为开环功率控制和闭环功率控制两大类。闭环功率控制是指发射端根据接收端送来的反馈信息对发射功率进行控制的过程；而开环功率控制不需要接收端的反馈，发射端根据自身测量得到的信息对发射功率进行控制。

（1）开环功率控制

开环功率控制是根据上行链路信道功率大小和干扰情况估算下行链路，或是根据下行链路的导频信道的大小和干扰情况估算上行链路，是单向不闭合的，如图3-8所示。

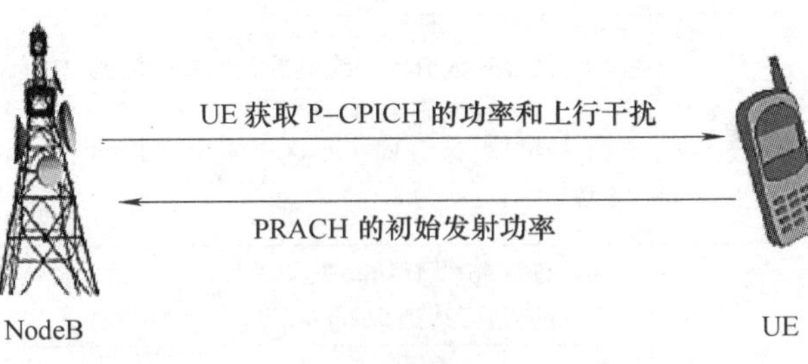

图3-8 开环功率控制

上行开环功率控制主要目的是设置物理随机接入信道前导的初始发射功率。设置方法如公式所示：

$$\text{Preamble\_initial\_Power} = \text{P-CPICH\_DL\_Tx\_Power} - \text{RSCP} + \text{UL\_Interference} + \text{Constant Value}$$

式中，Preamble_Initial_Power为UE初始发射功率；P-CPICH_DL_TX_Power为主公共导频信道发射功率；RSCP为UE测得的P-CPICH的信道码功率；UL_Interference为上行链路的干扰水平；Constant Value为设备厂家设定的常数。

WCDMA 系统采用的 FDD 模式，上行采用 1920～1980MHz、下行采用 2110～2170MHz，上下行的频段相差 190MHz。由于上行和下行链路的信道衰落情况是完全不同的，所以，开环功率控制只能起到粗略控制的作用。但开环功率控制却能相对准确地计算初始发射功率，从而加速了其收敛时间，降低了对系统负载的冲击；而且，在 3GPP 协议中，要求开环功率控制的控制方差在 10dB 内就可以接受。

（2）上行内环功率控制

上行内环功率控制是快速闭环功率控制，在 NodeB 与 UE 之间的物理层进行，上行内环功率控制的目的是使 NodeB 接收到每个 UE 信号的比特能量相等，如图 3-9 所示。

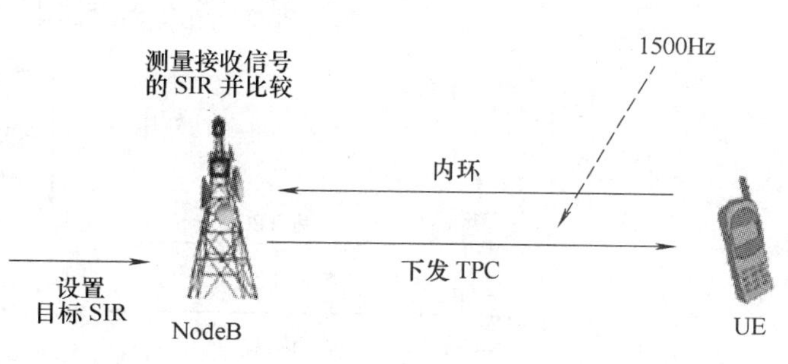

图 3-9　上行内环功率控制

首先，NodeB 测量接收到的上行信号的信干比（SIR），然后与设置的目标 SIR（目标 SIR 由 RNC 下发给 NodeB）相比较，如果测量 SIR 小于目标 SIR，NodeB 在下行物理信道 DPCH 的 TPC 标识中通知 UE 提高发射功率，反之，通知 UE 降低发射功率。

因为 WCDMA 在空中传输以无线帧为单位，每一帧包含有 15 个时隙，传输时间为 10ms，则每时隙传输的频率为 1500 次/s；而 DPCH 是在无线帧中的每个时隙中传送，所以其传送的频率为 1500 次/s，而且上行内环功率控制的标识位 TPC 是包含在 DPCH 里面的，因此内环功率控制的频率也是 1500 次/s。

（3）上行外环功率控制

上行外环功率控制是 RNC 动态地调整内环功率控制的 SIR 目标值，其目的是使每条链路的通信质量基本保持在设定值，使接收到数据的 BLER 满足 QoS 要求，如图 3-10 所示。

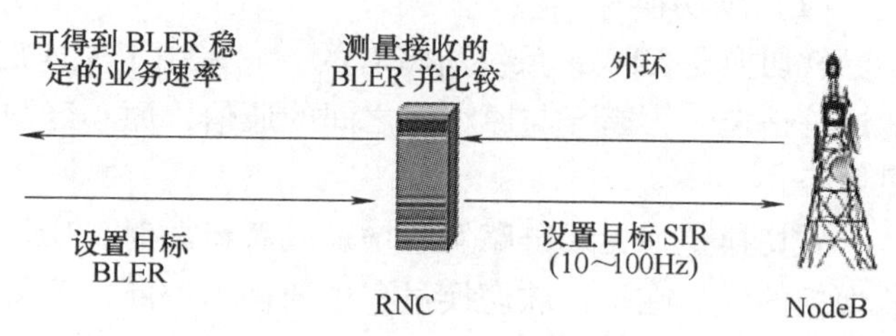

图 3-10　上行外环功率控制

上行外环功率控制由 RNC 执行。RNC 测量从 NodeB 传送来数据的 BLER（误块率）并和目标 BLER（QoS 中的参数，由核心网下发）相比较，如果测量 BLER 大于目标 BLER，RNC 重新设置目标 BLER（调高目标 BLER）并下发到 NodeB；反之，RNC 调低目标 BLER 并下发到 NodeB。外环功率控制的周期一般在一个 TTI（10ms、20ms、40ms、80ms）的量级，即外环功率控制的频率范围为 10～100Hz。

由于无线环境的复杂性，仅根据 SIR 值进行功率控制并不能真正反映链路的质量。而且，网络的通信质量是通过 QoS 来衡量，而 QoS 的表征量为 BLER，而非 SIR。所以，上行外环功率控制是根据实际的 BLER 值来动态调整目标 SIR，从而满足 QoS 质量要求。

（4）下行闭环功率控制

下行闭环功率控制的原理与上行闭环功率控制的原理相似。下行内环功率控制由手机控制，目的是使手机接收到 NodeB 信号的比特能量相等，以解决下行功率受限；下行外环功率控制是由 UE 的层三控制，通过测量下行数据的 BLER 值，进而调整 UE 物理层的目标 SIR 值，最终达到 UE 接收到数据的 BLER 值满足 QoS 要求，如图 3-11 所示。

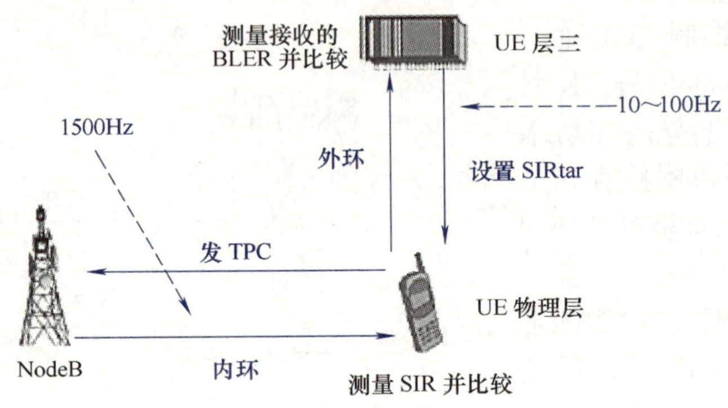

图 3-11 下行内环和外环功率控制

3.3.3 切换技术

1. 切换的基本概念

在移动通信系统中，切换是一个不可回避的问题。对 WCDMA 系统来说，切换则显得尤为重要。它是实现通信连续性、提高通信质量的最重要的手段之一。简而言之，切换就是将用户的连接从一个无线链路转换到另一个无线链路。切换的目的是处理由移动而造成的越区、负载调整或由其他原因引起的无线链路的改变。在 WCDMA 系统中，切换分成软切换、更软切换和硬切换。

（1）软切换

软切换是 CDMA 系统所特有的。它采用了先连后断的方式，先接通 UE 与目的小区之间的通信信道，再断开与原小区之间的通信，原小区与目的小区在一定的时间内同时为 UE 提供服务。

软切换是当无线链路发生增加或者释放时，UE 同 UTRAN 始终至少保持一条无线链路。软切换的优点在于：软切换过程中通信不中断，能够提高切换成功率；软切换在上行采用选择性合并，下行采用了最大比合并，提供分集增益，可以加强覆盖，提高了无线链路的性能；软切换的切换性能好、切换失败不容易掉话，有助于提高处于小区边沿 UE 通话质量。但是软切换只能发生在切换目标小区和源小区使用同一频点的情况，而且处于软切换状态的 UE 和两个（几个）小区同时保持通信，软切换可以避免通话“缝隙”，但是占用过多的系统前向无线资源。

软切换是同频之间的切换，软切换的目标小区与原小区必须是下列两种情况之一：

1）属于同一 RNC 下的不同基站；

2）不同 RNC，但 RNC 之间存在 Iur 接口。

（2）更软切换

更软切换是发生在一个基站（NodeB）的同一个频率内的不同小区间的切换，其合并在 NodeB 内完成，更软切换是软切换的一种特例。更软切换在上行链路和下行链路都采用最大比合并，相对于软切换具有更大的合并增益和更好的链路质量，并且更软切换无需占用额外的 Iub/Iur 口传输资源。

（3）硬切换

硬切换采用先断后连的方式，先切断 UE 与原小区之间的通信信道，再接通与目的小区之间的通信信道。UE 在硬切换过程中的任何时刻都只与一个小区有业务信道通信。由于硬切换采用先断后连的方法，因此硬切换会造成通信的短时中断。

在 WCDMA 系统中，硬切换又分成异频硬切换、同频硬切换和系统间切换。

2. 软切换过程

（1）切换测量

测量由无线资源管理模块（RRM）发起，分为专用资源测量和公用资源测量两种，其中在 UE 上完成的都是专用资源的测量。测量是针对物理层进行的，物理层为高层提供各种项目的测量，以触发完成包括切换在内的多种功能。

在 UE 中，将测量小区分为激活集（Active set）小区、监视集（Monitored set）小区和检测集（Detected set）小区三类：

1）激活集小区：激活集小区是指与某个移动台建立连接的小区的集合。激活集（也称为活动集）中的小区可以包含多个小区，激活集中的小区与 UE 同时进行通信，在 UE 处被解调和相关合并，在 FDD 模式，就是软切换和更软切换中与 UE 同时通信的小区。激活集里的小区肯定是同频小区。

2）监视集小区：监视集小区是指不在激活集中，但是根据 UTRAN 分配的相邻小区列表而被监视的小区，属于监视集。监视集小区属于 RNC 下发的邻区列表中包括的小区集，软切换时某些邻区可能已经进入激活集，剩下的邻区就在监视集中。监视集分为同频监视集、异频监视集和异系统监视集。

3）检测集小区：检测集小区是指既不在激活集里也不在监视集里，但根据某种算法被认为很快可以进入监视集的小区集合。UE 对于列在该检测集小区里的小区要继续搜索和测量。

（2）测量事件

1）同频测量事件。同频测量主要针对物理层 P-CPICH RSCP 或者 P-CPICH Ec/No（许多厂商习惯用 Ec/Io），报告方式可以采用周期报告方式或者事件报告方式。事件报告方式的种类有：

① 1A 事件：一个主导频信道进入报告范围，表示一个小区的质量已经接近最好小区或者激活集质量，当 UE 的激活集满后，停止报告 1A 事件。

② 1B 事件：一个主导频信道离开报告范围，表示一个小区的质量比最好小区或激活集质量差得较多。

③ 1C 事件：替换事件，表示一个非激活集的主导频信道电平或信道质量好过一个激活集里的主导频信道；当 UE 的激活集满后，1C 开始报告。

④ 1D 事件：最好小区变化事件，包括激活集内最好小区发生变化，也可以包括监视集的一个小区比当前激活集最好小区好。

⑤ 1E 事件：测量值高于绝对门限事件，主要定义了保证基本 QoS 的一个信号质量要求，对于切换条件来说，是一个必要而不是充分的条件。

⑥ 1F 事件：测量值低于绝对门限事件。

2）异频和异系统测量事件。

异频测量事件用 2X 来标识。

① 2B 事件：当前使用频率的小区质量低于某一绝对门限，非使用频率的小区质量高于另一绝对门限。

② 2C 事件：非使用频率的小区质量高于一个绝对门限。

③ 2D 事件：当前使用频率的小区质量低于某一绝对门限，用于启动压缩模式。

④ 2F 事件：当前使用频率的小区质量高于某一绝对门限，用于停止压缩模式。

异系统测量事件用 3X 标识。

① 3A 事件：当前使用频率的小区质量低于一个绝对门限，而 GSM 小区质量高于另一个绝对门限。

② 3C 事件：GSM 小区质量高于一个绝对门限。

为了防止乒乓上报上述事件，减少测量报告的信令流量，WCDMA 网络使用了“延迟触发时间”参数。

（3）切换判决

目前华为技术公司的 RNC 实现了两种切换判决算法，根据实际情况，可以考虑一些更优的判决算法：

算法一：1A 或 1E 加入激活集，1B 和 1F 退出激活集。

算法二：1A 加入激活集，1B 退出激活集。

另外，如果在 Monitored set 中的小区比激活集的质量还好，在激活集还没有满的情况下，UE 就触发 1D 事件要求把该小区加入激活集中。如果 Monitored set 中的小区比激活集中的某个小区质量还好，但激活集已满，此时 UE 触发 1C 事件要求把该小区加入激活集。

（4）软切换执行

软切换执行时可有以下三个过程：

1）无线链路增加（Radio Link Addition）；

2）无线链路删除（Radio Link Removal）；

3）同时增加和删除（Combined Radio Link Addition and Removal）。

服务小区（即激活集内的小区）应当知道 UE 使用的服务。将被加入激活集的小区应被通知需要新的连接，且由 RNC 向目标小区发送请求，该请求信息至少包括以下信息：

1）连接参数，如编码方式、并行码信道个数等，构成描述不同的上下行传输信道配置的参数集合。

2）UE 标识（ID）、上行扰码。

3）新小区相对已有连接的时序关系（UE 在自己位置上测量）。在此基础上，新 NodeB 决定相对于新小区的公共信道（P-CPICH）的发送时序关系。从而，UE 将通过已有的连接获取以下信息：使用的信道化码和相对时序信息。

3. 1A 测量事件过程

UE 处于 Cell_ DCH 状态时，当一个主导频信道进入报告范围，UE 就要发测量报告。

对于 1A 事件，根据协议，UE 可以在一个测量报告中上报触发事件的多个小区，这些小区包含在事件触发列表中，并按照质量（P-CPICH Ec/No）从优到差排序。当测量值满足下列公式时，UE 认为一个主导频信道进入报告范围：

$$10 \times \lg M_{\text{New}} \geqslant W \times 10 \times \lg\left(\sum_{i=1}^{N_A} M_i\right) + (1 - W) \times 10 \times \lg M_{\text{Best}} - (R - H_{1a}/2)$$

式中，M_{New}是进入报告范围的小区的测量结果；M_i是激活集内小区的测量结果；N_A是当前激活集内小区数；M_{Best}是当前激活集内最好小区的测量结果；W 是加权因子；R 是 1A 事件的相对门限，以信号强度为例，等于当前激活集内最好小区的信号强度减去一个值；H_{1a}是事件 1A 的磁滞值。

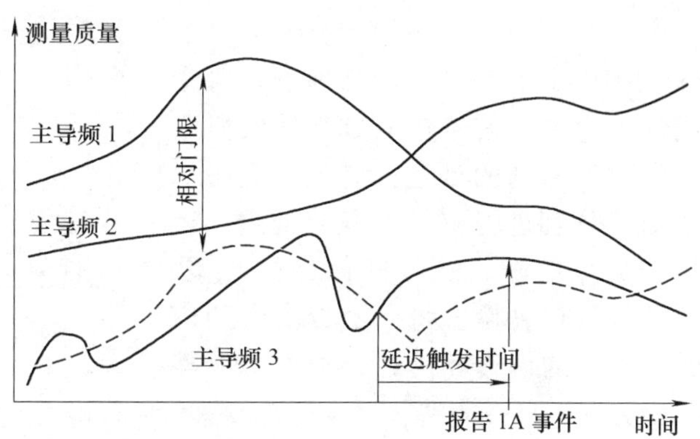

图 3-12　1A 事件触发的详细过程

图 3-12 中假设 $H_{1a}=0$，当主导频 3 的信号质量达到报告范围的门限时，还需要经历“延迟触发时间”，UE 才触发测量上报。

一般情况下，如果 1A 事件被触发，UE 将发送一个测量报告给 UTRAN，UTRAN 将下发一个 Active set UPDATE 信令进行激活集更新。但是有可能 UE 发送测量报告后 UTRAN 没有任何回应（比如因为容量不够），此时 UE 从事件触发报告转向周期报告机制，测量报告的内容包含激活集内小区的信息和进入报告范围的监视集内小区的信息。只有当此小区被成功加入激活集或者离开报告范围时，UE 才停止周期性发送测量报告，如图 3-13所示。

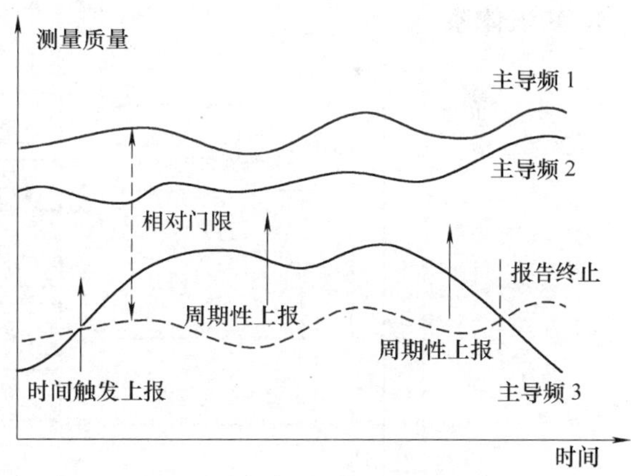

图 3-13　1A 事件触发的周期上报

4. 1B 测量事件过程

当满足下面公式时，UE 认为一个主导频信道离开报告范围。对于 1B 事件的事件触发列表中的小区，如果活动集多于 1 条链路则判决删除链路，如果活动集仅有 1 条链路，则不进行任何处理。

$$10 \times \lg M_{\text{old}} \leqslant W \times 10 \times \lg\left(\sum_{i=1}^{N_A} M_i\right) + (1 - W) \times 10 \times \lg M_{\text{Best}} - (R + H_{1b}/2)$$

式中，M_{old}是离开报告范围的小区的测量结果；M_i是激活集内小区的测量结果；N_A是当前激活集内小区数；M_{Best}为当前激活集内最好小区的测量结果；W 是加权因子；R 是 1B 事件的相对门限；H_{1b}是事件 1B 的磁滞值。

如果同时有几个小区满足上报条件，并达到触发时延，UE 将各小区按照测量值的大小排序，并全部上报。

3.3.4　RAKE 接收机

当两个信号的多径时延相差大于一个扩频码片宽度时，可以认为这两个信号是不相关的，或者说两个信号的路径是可分离的，对应于频域上，即当信号的传输带宽大于信号的相干带宽时，可以认为这两个信号是不相关的。RAKE 接收机通过多个相关检测器接收多径信号中的各路信号，并把它们合并在一起来改善接收信号的信噪比。

图 3-14 是一个包含 3 个分支的 RAKE 接收机接收和合并原理图。每个分支输入的数字信号在 RAKE 接收机中都要经过一系列的处理。首先，对每一分支信号分别进行解扩、积分处理，得到用户数据符号；然后进行相位调整；最后进行延迟补偿。每一个分支中的信号经过相位的偏转和延迟补偿两步调整后，输入到信号合成器，在信号合成器中进行最大比合并，然后输出最终的合并信号。

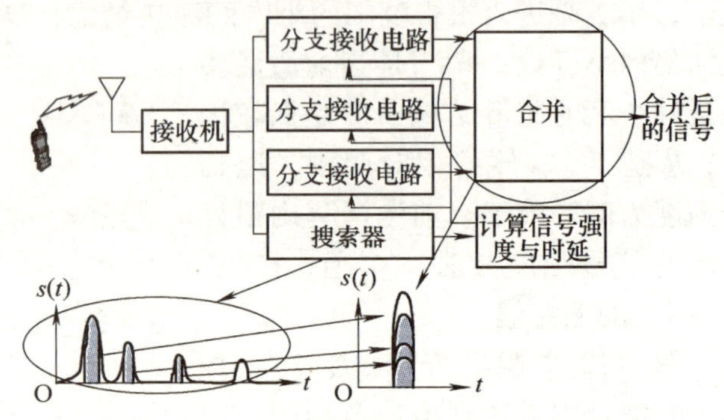

图 3-14　RAKE 接收机接收和合并原理图

RAKE 接收机实现了多径分集接收，能够很好地抵抗快衰落。在一定条件下，多径分集的径数越多，抵抗衰落的效果越好。

【本章总结】

1. 知识体系

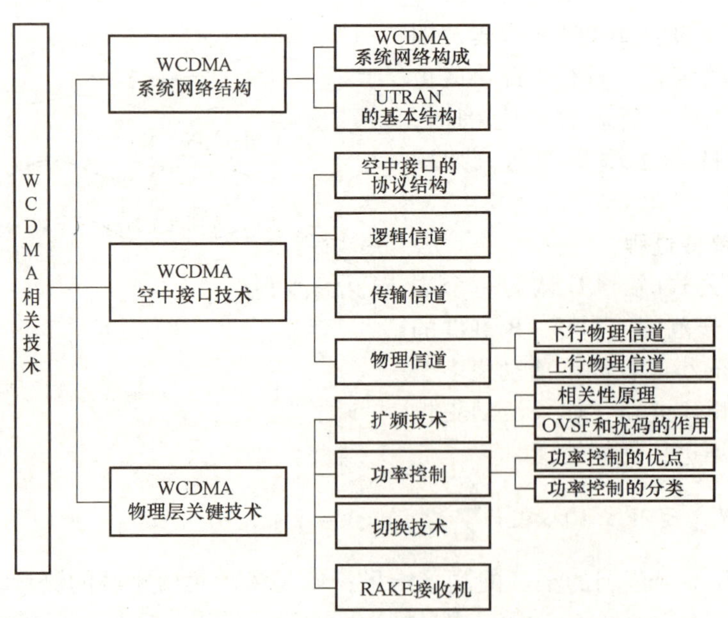

2. 知识要点

1）WCDMA 系统包括无线接入网络（Radio Access Network，RAN）和核心网（Core

Network，CN）。

2）UTRAN 即陆地无线接入网，分为基站（NodeB）和无线网络控制器（RNC）两部分。

3）核心网的主要功能实体有 MSC/VLR、GMSC、SGSN、GGSN、HLR。

4）RNC 与 CN 之间的接口是 Iu 接口，NodeB 和 RNC 通过 Iub 接口连接，RNC 之间通过 Iur 接口互联。

5）WCDMA 空中接口由层一、层二、层三组成，分别称为物理层、数据链路层、无线资源控制层。

6）无线帧是一个包括 15 个时隙的处理单元，一个无线帧的长度是 38400chip。时隙是由包含一定比特的字段组成的一个单元，时隙的长度是 2560chip。

7）下行物理信道分为下行公共物理信道和下行专用物理信道。包含主公共导频信道（P-CPICH）、辅助公共导频信道（S-CPICH）、主公共控制物理信道（P-CCPCH）、同步信道（SCH）、辅助公共控制物理信道（S-CCPCH）、寻呼指示信道（PICH）、捕获指示信道（AICH）、下行专用物理信道（DPCH）、高速共享控制信道（HS-SCCH）、高速物理下行共享信道（HS-PDSCH）、高速专用物理控制信道（HS-DPCCH）。

8）下行专用物理信道 DPCH 由 DPDCH 和 DPCCH 时分复用构成。

9）上行物理信道分为上行专用物理信道和上行公共物理信道。上行专用物理信道分为上行专用物理数据信道（上行 DPDCH）和上行专用物理控制信道（上行 DPCCH）；上行公共物理信道分为物理随机接入信道（PRACH）和物理公共分组信道（PCPCH）。

10）对两个码序列进行相关运算，如果得到的结果是 0，表示这两个码序列之间是完全正交的关系，即完全不相关。

11）在 WCDMA 系统中，采用 OVSF 码作为扩频码，采用 Gold 序列作为扰码。OVSF 码的互相关性好，但自相关性不是很好，而 Gold 序列的自相关性比较好。

12）信道化码用于区分来自同一信源的传输，即一个扇区的下行链路连接，以及上行中同一个终端的不同物理信道；扰码在上行链路用来区分终端，下行链路用来区分小区。

13）在 UE 中，将测量小区分为三类：激活集、监视集和检测集。激活集中的小区与 UE 同时进行通信，在 UE 处被解调和相关合并，在 FDD 模式，就是软切换和更软切换中与 UE 同时通信的小区。激活集里的小区肯定是同频小区。监视集小区是由 RNC 下发的邻区列表中包括的小区，软切换时某些邻区可能已经进入激活集，剩下的邻区就在监视集中。监视集分为同频监视集、异频监视集和异系统监视集。检测集小区是除去激活集和监视集中的小区外，UE 自己检测到的小区。

14）在多径信号中含有可以利用的信息，所以 CDMA 接收机可以通过合并多径信号来改善接收信号的信噪比。其实 RAKE 接收机所做的就是：通过多个相关检测器接收多径信号中的各路信号，并把它们合并在一起。

【思考与复习题】

一、填空

1. WCDMA 系统包括____________和____________。
2. UTRAN 分为________________和________________两部分。
3. WCDMA 空中接口的三层分别称作____________、____________和____________。

4. WCDMA 空中接口上存在三种信道，分别是________、________和________。

5. 下行物理信道分为________和________。

6. 快速功率控制的速度是________，功率控制的速度可能高于快衰落，从而克服了快衰落，给系统带来增益，并保证了 UE 在移动状态下的接收质量，同时也能减小对相邻小区的干扰。

7. 硬切换又分成________、________和________。

8. ________事件是指当前使用频率质量低于一个绝对门限，而 GSM 小区质量高于另一个绝对门限。

二、判断

1. 主公共控制物理信道只发送与第一层无关的高层控制消息——广播控制消息。 （ ）

2. 下行专用物理信道 DPCH 由 DPDCH 和 DPCCH 时分复用构成。 （ ）

3. 高速专用物理控制信道（HS-DPCCH）承载上行链路中必要的控制信息，主要是对 ARQ 的响应（ACK 或 NACK）以及下行链路质量的反馈信息（CQI）。 （ ）

4. 自相关性用来表示码序列和它自身延迟一定时间后的相关程度，自相关性好，就是指当码序列没有时延时，其相关性运算结果为 1，在有时延时（时延大于 1chip），其相关性运算结果为 0 或者很小。 （ ）

5. OVSF 码和 Gold 序列自相关性都很好。 （ ）

6. 开环功率控制是根据上行链路信道功率大小和干扰情况估算下行链路，或是根据下行链路的导频信道功率大小和干扰情况估算上行链路，是单向不闭合的。 （ ）

7. 上行内环功率控制的目的是使 NodeB 接收到的每个 UE 信号的比特能量相等。上行外环功率控制是 RNC 动态地调整内环功率控制的 SIR 目标值，其目的是使每条链路的通信质量基本保持在设定值，使接收到数据的 BLER 满足 QoS 要求。 （ ）

8. 软切换是 CDMA 系统所特有的。它采用了先连后断的方式，先接通 UE 与目的小区之间的通信信道，再断开与原小区之间的通信，原小区与目的小区在一定的时间内同时为 UE 提供服务。 （ ）

9. 硬切换进一步可分成同频硬切换、异频硬切换和系统间切换。 （ ）

10. 更软切换在上下行都采用最大比合并。 （ ）

11. 相对于软切换，更软切换具有更大的合并增益和更好的链路质量，并且更软切换无需占用额外的 Iub/Iur 口传输资源。 （ ）

12. 激活集中的小区与 UE 同时进行通信，在 UE 处被解调和相关合并，在 FDD 模式，就是软切换和更软切换中与 UE 同时通信的小区。 （ ）

13. 激活集里的小区肯定是同频小区。 （ ）

14. 监视集（Monitored set）小区是由 RNC 下发的邻区列表中包括的小区，软切换时某些邻区可能已经进入激活集，剩下的邻区就在监视集中。监视集分为同频监视集、异频监视集和异系统监视集。 （ ）

15. 检测集（Detected set）小区是除去激活集和监视集中的小区外，UE 自己检测到的小区。 （ ）

16. RAKE 接收机实现了多径分集接收，能够很好地抵抗快衰落。多径分集的径数越多，抵抗衰落的效果越好。 ( )

三、选择

1. 软切换的优点在于（ ）。

A. 软切换过程中通信不中断，能够提高切换成功率

B. 软切换实现了选择合并，提供分集增益，可以加强覆盖，提高了无线链路的性能

C. 软切换具有切换性能好、切换失败不容易掉话的优点，有助于提高处于小区边沿 UE 通话质量

D. 软切换状态的 UE 和两个（几个）小区同时保持通信，占用过多的系统前向无线资源

2. 关于硬切换特点的说法错误的是（ ）。

A. 先中断源小区的链路，后建立目标小区的链路

B. 通话会产生“缝隙”

C. 非 CDMA 系统都只能进行硬切换

D. 仅用于 GSM 系统

四、问答

1. NodeB 的主要功能是什么？
2. RNC 的主要功能是什么？
3. CN 包含哪些设备？它们各有什么作用？
4. 主公共导频信道有何作用？
5. 请详细描述信道化码和扰码的功能和特点。
6. WCDMA 系统采用功率控制有哪些好处？
7. 请描述 WCDMA 系统上行内环功率控制的过程。
8. 什么是软切换？它有何优点？
9. 在 WCDMA 的软切换过程中，将测量小区分为几类？它们各自的特点是什么？
10. 在 WCDMA 的软切换过程中，同频测量事件有哪些？系统是如何定义这些测量事件的。
11. 在 WCDMA 的软切换过程中，异频测量事件有哪些？系统是如何定义这些测量事件的。
12. 在 WCDMA 的软切换过程中，异系统事件有哪些？系统是如何定义这些测量事件的。
13. 请画图并简要描述 1A 测量事件过程。
14. 请画图并简要描述 1B 测量事件过程。
15. 请简述 RAKE 接收机的工作原理。

第2篇　规　划　篇

第4章　WCDMA基站勘察

【学习目标】

<table>
<tr><td rowspan="2">知　识</td><td>重点</td><td>1. 基站选址的主要步骤和注意事项；
2. 基站机房室内勘察的主要内容；
3. 基站室外勘察的主要内容。</td></tr>
<tr><td>难点</td><td>1. 基站机房室内勘察的主要内容；
2. 基站室外勘察的主要内容。</td></tr>
<tr><td>建议学时</td><td colspan="2">2课时</td></tr>
</table>

基站勘察是WCDMA无线网络规划工作中的一部分，要做好基站勘察工作需要基站勘察人员掌握基站设备的技术性能、天馈系统知识、无线传播理论的基础知识、CAD基本操作，还要了解基站电源和传输基础知识、基站承重基础知识等。

基站勘察设计包含基站选址和基站机房室内外勘察两部分内容，基站勘察设计流程如图4-1所示。基站机房室内外勘察的主要目的是经过前期机房选址确定机房是否可用，如果可用，要对基站室内外进行详细的勘察，并且出具勘察图样，以便施工人员按图施工。

4.1　基站选址

基站选址合理与否直接影响到网络性能的好坏，对通信项目建设的经济性和建成后的生产效益，都起着举足轻重的作用，也直接反映了设计质量的好坏和水平的高低。选址的主要步骤如下：

1）前期针对地形地貌进行必要的传播模型校正或选择适当的传播模型进行模拟仿真；

2）结合当地经济、人口情况判断是否具备建站条件，确定是否需要新增基站；

3）依据网络覆盖现状分析是否可以通过网络优化方式解决问题，若可以，则取消建站计划；

4）对于待建站点，应参照典型数据，结合现场地形、地物分布，估计能否达到覆盖效果，确定该站址是否满足通信需求；

5）根据现场调查判断该站址是否满足工程施工条件；

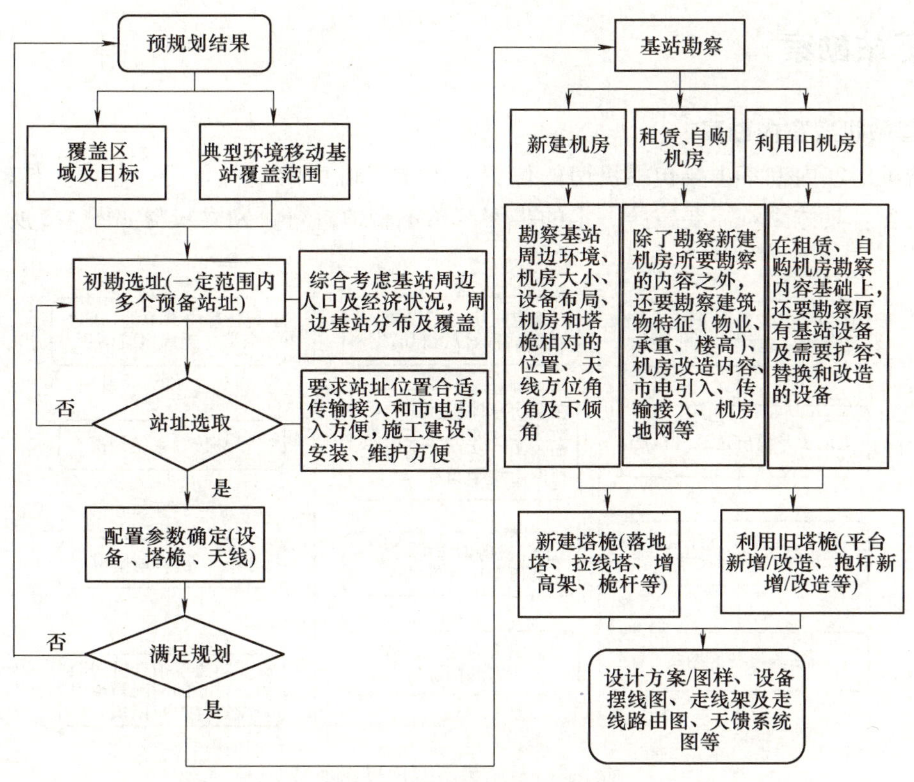

图 4-1　基站勘察设计流程

6）满足工程施工条件的站址在施工时是否符合通信工程工艺方面的规范要求；

7）确认站址。

基站选址在完成以上步骤之后，还应注意以下事项：

1）远离加油站；

2）不宜在大功率无线发射台、大功率电视发射台、大功率雷达站以及有电焊设备、X光设备或产生强脉冲干扰的热和机、高频炉的企业或医疗单位附近设站；

3）站址不应选择在易燃、易爆的仓库和材料堆积场，以及在生产过程中容易发生火灾和爆炸危险的工业、企业附近；

4）基站尽可能避免设在雷击区；

5）严禁将基站设置在矿山开采区和易受洪水淹灌、易塌方的地方；

6）基站站址不宜设置在生产过程中散发较多粉尘或有腐蚀性排放物的工业、企业附近；

7）当基站需要设置在飞机场附近时，其天线高度应符合机场净空高度要求，并且需经相关部门批准；

8）高压线附近设站时，通信机房应与之保持 20m 以上的距离，铁塔离开高压线距离必须在自身塔高以上；

9）不同通信铁塔间距离应保证在 50m 以上，如果小于 50m，则必须在不同地网间保证三点以上互连。

4.2　基站勘察

4.2.1　基站机房室内勘察

基站机房室内勘察主要包括机房的位置、承重、机房内设备布局、走线、传输、供电、接地等内容。具体勘察需要按照一定的步骤有条不紊地进行，勘察步骤如图 4-2 所示。

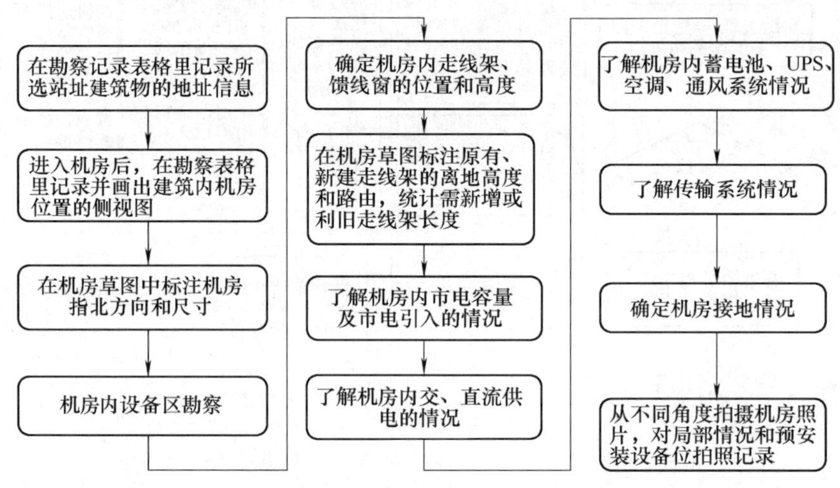

图 4-2　基站机房室内勘察步骤

1）进入机房前，在勘察记录表格里记录所选站址建筑物的地址信息。

2）进入机房后，在勘察表格里记录建筑物的总层数、机房所在楼层，并结合室外天面草图画出建筑内机房所在位置的侧视图。

3）在机房草图中标注：机房的指北方向；机房长、宽、高（梁下净高）；门、窗、立柱和主梁等的位置和尺寸；其他障碍物位置、尺寸。

4）机房内设备区勘察：根据机房内现有设备的摆放图、走线图，在机房草图上标注原有、本期新建设备（含蓄电池）摆放位置。机房内部是否需要加固需经有关土建部门核实。

5）确定机房内走线架、馈线窗的位置和高度，在机房草图上标注馈线窗位置尺寸、馈线孔使用情况。

6）在机房草图上标注原有、新建走线架的离地高度、走线架的路由，统计需新增或利旧的走线架长度。

7）了解机房内市电容量及市电引入的情况，对于新建站需明确市电容量和引入位置，并根据典型基站的电源容量判断是否需要市电增容，在机房草图标注引入点的位置和引入长度。

8）了解机房内交、直流供电的情况，对于已有机房，在勘察表格中记录开关电源整流模块、断路器、熔断器等使用情况，判断是否需要新增，并做好标记，拍照存档。

9）了解机房内蓄电池、UPS、空调、通风系统情况，对于已有机房，在勘察表格中记录这些设备的一些参数，判断是否需要新增或替换，并现场拍照存档。

10）了解传输系统情况，对于已有基站，需了解现有基站的传输情况，包括传输的方式、容量、路由和 DDF 端子板使用情况等。

11）确定机房接地情况，对于租用机房，尽可能了解租用机房接地点的信息，在机房草图中标注室内接地铜排安装位置、接地母线的接地位置、接地母线的长度。

12）在机房时应从不同角度拍摄机房照片，必要时对局部特别情况（馈线窗、封洞板、室内接地铜排、走线架、馈线路由、原有设备和预安装设备位置）拍照记录。

4.2.2　基站室外勘察

对于室外勘察，天面、塔桅勘察中比较复杂的是楼顶塔桅勘察，需要综合考虑天面大小、结构、承重，包括天面上已有其他运营商的塔桅现状，以确保足够的隔离度。楼顶塔桅的勘察步骤如下：

1）准确记录勘察时间、基站编号、名称、站型、经纬度、海拔、共址情况、区域类型等基本信息；

2）准确记录新建塔桅类型、高度，并在天馈草图中准确标注塔桅与机房的相对位置；

3）如果是利旧塔桅，需要记录原有塔桅类型、归属、已用与可用平台高度、可用支架高度与方位角，并在天馈草图中标注利旧塔桅与机房的相对位置；

4）记录本期工程所有天线（包括 GPS 天线）的安装位置、安装高度、方位角和下倾角；

5）记录馈线的数量与长度、室外走线架的长度，并在天馈草图中标注室外走线架路由、馈线爬梯位置、馈线走线路由、机房馈线入口洞的位置；

6）初步了解大楼地网情况，提供给土建部门，以供参考；

7）草图绘制，依照要求，绘制室外天馈草图，包括塔桅位置、馈线路由（室外走线架及爬梯）、共址塔桅、主要障碍物等，尺寸应尽可能详细，如屋顶的楼梯间、水箱、太阳能热水器、女儿墙等的位置及尺寸（含高度信息）、梁或承重墙的位置、机房的相对位置等；

8）自正北方向，每隔 30°～60°拍摄基站周边环境照一张，不少于 6 张，应尽可能真实记录基站周围环境，以及新建塔桅、机房位置、主要障碍物的照片，如果是利旧塔桅，需要从不同角度拍摄利旧塔桅及已安装天线的照片。

4.3　勘察输出报告

基站现场勘察完成之后，需要有详细的勘察输出报告，勘察输出报告包括两类：一类是勘察信息的整理记录；一类是设计图样的输出。

勘察信息一般记录在专用、规范的表格中，表格基本上涵盖了基站勘察时需记录的全部信息。由于运营商和每期工程的要求不同，项目组可根据工程情况进行调整和简化，在勘察前加以统一规范并报相关领导及部门批准和备案。表格类型分为两种：

1）不共址基站勘察表格：主要用于新建基站的勘察，包括自建、新建、租用机房，在这些机房内无任何运营商的基站设备。

2）共址基站勘察表格：主要用于原有基站机房的勘察，包括对原有基站扩容、增加基站机柜、改动天馈、新上另一套通信系统设备等。

设计图样输出在满足通信规范的基础上，同样会根据每期工程的不同做出调整，一般单站需要出 4 份图样：机房设备平面图、机房走线架图、室内走线路由图和天馈安装走线图。

WCDMA 基站机房的布局同 2G 基站类似，需要注意的是为了减少馈线的损耗，同时少占用走线架空间，一般情况下，要求基站设备安装位置尽量靠近馈线窗。在机房布局中，需要考虑强电区、弱电区、信号区的协调和隔离。机房走线合理整齐，避免电源线、接地线等对信号线产生不良的干扰。

【本章总结】

1. 知识体系

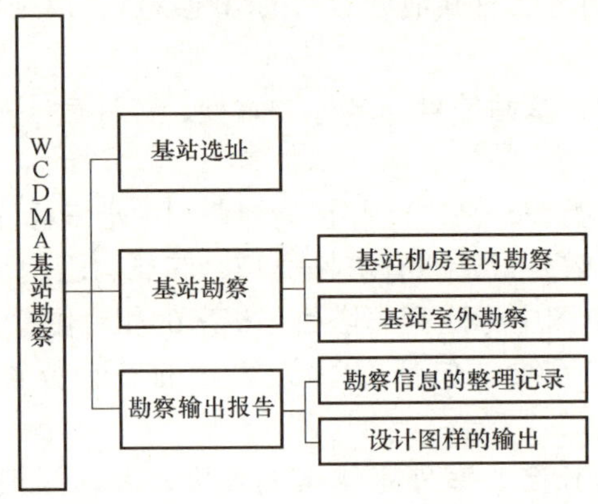

2. 知识要点

1）基站勘察设计包含基站选址和基站机房室内外勘察两部分内容。

2）基站机房室内勘察主要包括机房的位置、称重、机房内设备布局、走线、传输、供电、接地等内容。

3）基站现场勘察完成之后，需要有详细的勘察输出报告，包括两类：一类是勘察信息的整理记录；一类是设计图样的输出。

【思考与复习题】

一、填空

1. 设计图样输出在满足通信规范的基础上，同样会根据每期工程的不同作出调整，一般单站需要出 4 份图样：＿＿＿＿＿＿、＿＿＿＿＿＿、＿＿＿＿＿＿和＿＿＿＿＿＿。

2. 3G 基站机房的布局同一般基站类似，需要注意的是为了减少馈线的损耗，同时少占用走线架空间，一般情况下，要求基站设备安装位置尽量靠近＿＿＿＿＿＿。

3. 在机房布局中，需要考虑强电区、弱电区、信号区的协调和隔离。机房走线合理整齐，避免电源线、接地线等对＿＿＿＿＿＿产生不良的干扰。

二、问答

1. 基站选址要注意哪些方面？

2. 基站机房室内勘察内容有哪些？

3. 请简述基站机房天面、塔桅勘察要注意哪些方面？

第 5 章　WCDMA 无线网络覆盖和容量规划

【学习目标】

<table>
<tr><td rowspan="2">知　识</td><td>重点</td><td>1. WCDMA 无线网络规划流程；
2. 上下行无线链路最大允许路径损耗；
3. 室外小区覆盖范围估计；
4. 室内小区覆盖范围估计；
5. 室内传播路径损耗；
6. 上下行链路极限容量。</td></tr>
<tr><td>难点</td><td>1. 上下行无线链路最大允许路径损耗；
2. 上下行链路极限容量。</td></tr>
<tr><td>建议学时</td><td colspan="2">6 课时</td></tr>
</table>

5.1　WCDMA 网络规划概述

简单地说，WCDMA 网络规划就是根据建网的目标和要求，并结合成本确定网络建设的规模和方式，指导工程建设。WCDMA 网络规划包含无线、传输和核心网三大部分。无线网络规划侧重于 RAN 网元数目和配置规划。传输网络规划侧重于各网元之间的链路需求和连接方式规划。核心网规划侧重于 CN 网元数目和配置规划。其中以无线网络规划最为困难和重要，无线网络规划的结果将直接影响传输和核心网的规划。

对于 WCDMA 网络运营商来说，如何经济有效地建设一个 WCDMA 网络，保证网络建设的性价比是运营商所关心的问题。新建的 WCDMA 网络应支持多种业务，满足一定时间和位置概率下的无线覆盖需求，并在设定的 QoS 条件下，获得良好的网络容量，同时通过调整容量和覆盖之间的均衡关系使网络提供最佳的业务质量。无线网络规划的目标就是在满足运营商的上述基本要求前提下，达到容量、覆盖和质量的平衡，实现最优化设计。

5.2　WCDMA 无线网络规划流程

WCDMA 无线网络规划大致分为三大步骤，分别是无线网络估算、无线网络预规划和无线网络小区规划，如图 5-1 所示。

无线网络估算是整个无线网络规划的第一个环节，通过无线网络估算获得对未来网络的一个粗略的定量分析，从而获得网络的建设规模（大致的基站数目和基站配置情况），并由此得到建设周期、经济成本和人力成本预算等信息。

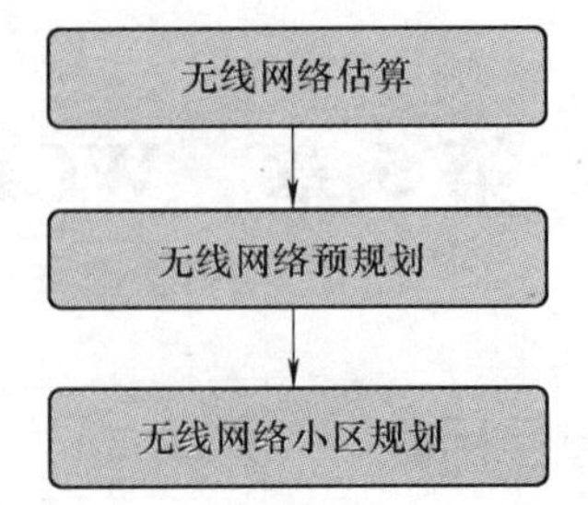

图 5-1 WCDMA 无线网络规划流程

无线网络估算的前提是已经确定建网策略和规划目标。无线网络估算分为两大部分，分别是容量估算和覆盖估算，通过无线网络规划软件完成估算工作。估算的方法是综合考虑覆盖、容量、质量三方面的要求和制约因素，从容量和覆盖两个角度着手，计算需要的网络规模。容量方面，主要考虑的要素有话务模型、用户密度、硬件资源情况等；覆盖方面，主要考虑的要素有覆盖面积、传播模型、覆盖概率等；质量方面，主要考虑的要素有 QoS（服务质量）、Eb/Nt（解调门限）等。当然由于 WCDMA 的覆盖和容量是密切相关的，在进行覆盖估算时，也要预先设定一个初始的系统负荷门限。

如果覆盖需要的基站数目比容量需要的基站数目多，那么结果就是覆盖受限；如果容量需要的基站数目比覆盖需要的基站数目多，那么结果就是容量受限。最终的估算结果需要对覆盖和容量的结果通过一定的算法进行折中，使其能够同时满足覆盖和容量的要求。当覆盖受限时，直接以覆盖估算的结果作为最终网络估算结果；当容量受限时，首先检查小区负荷因子是否可以进一步提高，如果可以提高，则重新进行覆盖和容量估算，如果不能提高，则以容量估算的结果作为最终网络估算结果。

无线网络规划的第二个阶段是无线网络预规划。无线网络预规划就是利用无线网络估算得到的网络规模（大致的基站数目和基站配置情况）、容量、满足的服务质量，运用无线网络规划软件，对将来的网络做进一步的详细规划，进行 NodeB 站址、配置和工程参数的规划，确定更加精确的网络规模和理论站址位置，为后期网络建设提供参考依据。需要说明的是，在预规划中得到的规划方案，是在理想情况下假设的，可能会受到实际情况的制约，在网络建设之前，还要进行后续步骤，进行基站选址和勘察，并在此基础上最终确定网络规划方案。

无线网络小区规划是无线网络规划的第三个阶段。规划项目的后期，根据预规划输出的结果，对每一个站点的选择进行实地勘察验证，确定指导工程建设的各项网规相关小区工程参数。如果实地勘察结果与预规划结果出入较大，还需要通过仿真验证小区参数设置及规划效果。所输出报告为能够指导工程建设的最终无线网络规划方案。

在得到无线网络预规划方案的基础上，将开展站址选择和勘察工作。在网络规划基站选址中，应该配合工程设计人员考虑机房内、铁塔、屋顶施工的可行性，考虑到天线高度、隔离度、方向对网络质量的影响。

实际的网络规划参数包括两个部分：工程参数和小区参数。工程参数包括基站的名称、基站的经纬度信息、基站天线的高度、方位角和俯仰角、基站扰码等信息，在站址选址阶段，已经完全确定了基站的工程参数。无线网络规划涉及的小区参数大致可以分为：系统消息参数（如小区选择、重选参数）、基本信道配置参数（如公共信道的功率配置、专用信道的功率配置、扰码规划等）和 RRM 算法配置参数（如功率控制参数、切换参数等）。小区参数配置的合理与否，直接影响网络的运行指标。在进行参数规划时，基本信道配置参数主要来自前期的无线网络预规划方案，包括不同信道的功率配比和扰码的设置等。系统消息参数主要是来自网络规划的研究成果。通过对典型网络结构和典型覆盖环境的分析，可以得到不同情况下的系统消息参数配置原则。RRM 算法参数主要是对用户在连接模式下的各种控制策略，直接影响到网络的质量和性能。

5.3　WCDMA 无线网络估算

无线网络估算是根据运营商提供的覆盖目标、用户规模、业务比例、质量要求进行网络估算，来获得网络的规模，包括基站的数目、基站的配置、CE 数、Iub 带宽等。无线网络估算结果直接影响到运营商的投资成本，也关系到网络能否满足运营商的预定目标，因此，无线网络估算的目的是要获得满足运营商预定的覆盖、容量、质量要求下的最合理的网络规模。

如果估算结果偏大，网络规模过大，那么运营商投入过大，实际收益小于投资成本，在很长时间内无法收回投资。反之，如果估算结果偏小，网络规模过小，那么会导致网络覆盖比较差或者容量比较小，用户满意度降低，容量比预期低，很快就需要扩容。

在 WCDMA 系统中，小区的实际覆盖范围取决于 UE 与 NodeB 之间的最大允许路径损耗和目标区域的无线传播环境。最大允许路径损耗可由无线链路预算分析求取；无线传播环境主要通过传播模型描述。不同目标区域的传播模型会受到 UE 与基站间的距离、基站天线高度、UE 天线高度和载波频率等因素的约束，工程中需要通过无线传播电磁环境测试对之进行校正处理，以更准确地反映传播中路径损耗的变化。

5.3.1　无线链路预算

链路预算是通过对系统中前反向信号传播途径中各种影响因素进行考察，对系统的覆盖能力进行估计，获得保持一定呼叫质量下链路所允许的最大传播损耗。

简单地说，无线链路预算是对一条无线通信链路中的各种损耗和增益的核算，无线网络规划和设计都需要进行无线链路预算。

对于上行无线链路，在确定的阻塞概率和区域覆盖概率需求下，不同业务承载的最大允许路径损耗取决于用户间的干扰水平、UE 最大发送功率、基站接收机灵敏度、穿透损耗等因素。

$$P_{L\_UL} = P_{out\_UE} + G_{a\_BS} + G_{a\_UE} - L_{f\_BS} - M_f - M_I - L_p - L_b - S_{BS}$$

式中，P_{L_UL}为上行链路最大传播损耗；P_{out_UE}为 UE 业务信道最大发射功率；G_{a_BS}为基站天线增益；G_{a_UE}为 UE 的天线增益；L_{f_BS}为馈线损耗；M_f 为阴影衰落余量（与传播环境相关）；M_I 为干扰余量（与系统设计容量相关）；L_p 为建筑物穿透损耗（要求室内覆盖时使用）；L_b 为人体损耗；S_{BS}为基站接收机的灵敏度（与业务、多径条件等因素相关）。

对于下行无线链路的预算如下：

$$P_{L\_DL} = P_{out\_BS} - L_{c\_BS} - L_{f\_BS} + G_{a\_BS} + G_{a\_UE} - M_f - M_I - L_p - L_b - S_{UE}$$

式中，P_{L_DL}为下行链路最大传播损耗；P_{out_BS}为基站业务信道最大发射功率；L_{c_BS}为基站内合路器的损耗；L_{f_BS}为馈线损耗；G_{a_BS}为基站天线增益；G_{a_UE}为 UE 天线增益；M_f 为阴影衰落余量；M_I 为干扰余量；L_p 为建筑物穿透损耗；L_b 为人体损耗；S_{UE}为 UE 接收机灵敏度。

1. 链路预算中参数的取定

（1）UE 额定发射功率

在 3GPP 的规范中对移动终端的发射功率做出了详细规定，具体见表 5-1。

表 5-1 移动终端的发射功率

工作频段	发射功率/dBm			
	功率等级 1	功率等级 2	功率等级 3	功率等级 4
频段 I	33	27	24	21

根据终端的实际应用情况，移动终端的最大发射功率均取定为 21dBm，即 125mW。

（2）UE 天线增益

UE 天线一般采用类似偶极子天线，有一定的天线增益，增益约为 2dBi。但是在通话过程中，UE 未必能使得最大天线增益正对基站接收天线，而且 UE 天线连接器也有一定的损耗，所以取平均增益为 0dBi。

（3）天线挂高

参考《中国联通 3G 网络建设总体方案》，在密集市区、普通市区、郊区和农村天线挂高分别取定为 30m、30m、40m 和 50m。

（4）噪声系数 N_f

噪声系数 N_f 代表接收机自身存在的噪声导致的接收信号信噪比的下降。基站接收机的噪声系数综合取定 4dB。

（5）基站天线增益

根据天线的实际应用情况，取定基站天线主瓣增益为 18dBi。

（6）总馈线损耗

综合考虑基站馈线的百米损耗为 6dB，密集市区、普通市区、郊区和农村的主馈线长度分别取定为 50m、50m、60m 和 60m。跳线和接头以及避雷器等总的损耗为 1dB。

（7）人体损耗

人体损耗代表在通话过程中，由于人体对电磁波的吸收导致的损耗。对于话音业务来说，一般 UE 是贴近人耳的，UE 发射的功率有一半被吸收，所以有 3dB 损耗。对于数据业务来说，UE 一般离人体有一定距离，损耗要小，基本上可以忽略，取定为 0dB。

（8）快衰落余量

为了保持适当的闭环快速功率控制，在 UE 发送功率中需要有一定的余量，用于补偿慢速移动台的快衰落。对于慢速移动的用户来说，密集市区和普通市区快衰落余量的典型值取为 4dB，郊区取值为 1dB。

（9）系统负荷规划值与干扰余量（Interference_Margin）

在链路预算中需要干扰余量，因为小区负载直接影响到覆盖效果，随着系统负载的增加，系统的背景噪声会随之加大，干扰余量反映了 UE 之间的干扰程度，其与负载（L_d）的关系是

$$\text{Interference\_Margin} = -10\lg(1 - L_d)$$

依据《中国联通 3G 网络建设总体方案》确定的系统负荷规划值，密集市区、普通市区、郊区、农村与交通干线的干扰余量计算结果见表 5-2。

表 5-2　不同区域类型下的干扰余量

区域类型	密集市区	普通市区	郊区	农村与交通干线
系统负荷规划值(%)	50	50	40	30
干扰余量/dB	3.0	3.0	2.2	1.5

(10) 热噪声密度

工程中取定值为 -174dBm/Hz，代表电子热运动产生的固有的噪声。

(11) 软切换增益

在 WCDMA 系统中，软切换采用多个基站同时接收 UE 信号，RNC 对接收到的信号进行合并，会带来 3dB 左右的软切换增益。

(12) 穿透损耗

根据实际穿透损耗测试结果，不同地貌类型下的穿透损耗取值见表 5-3。

表 5-3　不同地貌类型下的穿透损耗取值

地貌类型	密集市区	普通市区	郊区	农村	车体
穿透损耗/dB	20	18	12	10	8

(13) 对数正态衰落余量

链路预算的衰落方差依赖于对数正态衰落标准差 σ 的正态分布，正态分布余量依赖于边缘覆盖概率，$Pr\{G(0,\sigma)<$衰落余量$\}=$边界覆盖概率。参考厂家提供的典型值，对数正态衰落标准差分别取定为密集市区：10dB；普通市区：8dB；郊区和农村：6dB。

依据《中国联通 3G 网络建设总体方案》确定的边界覆盖概率需求，密集市区，普通市区、郊区、农村与交通干线的衰落余量计算结果见表 5-4。

表 5-4　不同区域类型下的衰落余量

区域类型	密集市区	普通市区	郊区	农村与交通干线
对数正态衰落标准差/dB	10	8	6	6
边界覆盖概率(%)	75	75	75	75
对数正态衰落余量/dB	6.7	5.36	4.02	4.02

(14) 上行链路 Eb/No 解调门限

参照厂家建议的典型值和《中国第三代移动通信网无线网络规划参考资料》中建议值，在各种典型信道模型下，不同业务信道 Eb/No 解调门限取定值见表 5-5。

表 5-5　典型信道模型下不同业务信道 Eb/No 解调门限

信道模型	AMR12.2K Eb/No/dB	CS64K Eb/No/dB	PS64K Eb/No/dB
TU3	4.8	2.9	2.7
TU50	5.6	3.8	3.4
RA120	5.9	4.1	3.6

2. 不同业务无线链路预算

在上行链路信号传输和处理过程中，信号的损耗包括发送端人体损耗、UE 天线接头损耗和墙体穿透损耗，无线传播环境中的路径损耗以及接收端基站馈线损耗、接头损耗等；信号的处理增益包括 UE 天线发射增益、基站天线接收增益、软切换增益和扩频处理增益等。为了在接收端成功解调业务信道的用户信号，链路预算中还需考虑快速功率控制、信号衰落变化、系统自干扰和接收机噪声的影响，并相应预留功率余量，以满足业务信道解调的 Eb/No 门限要求。基于以上分析，上行链路信号传送和处理的链路等级图如图 5-2 所示。

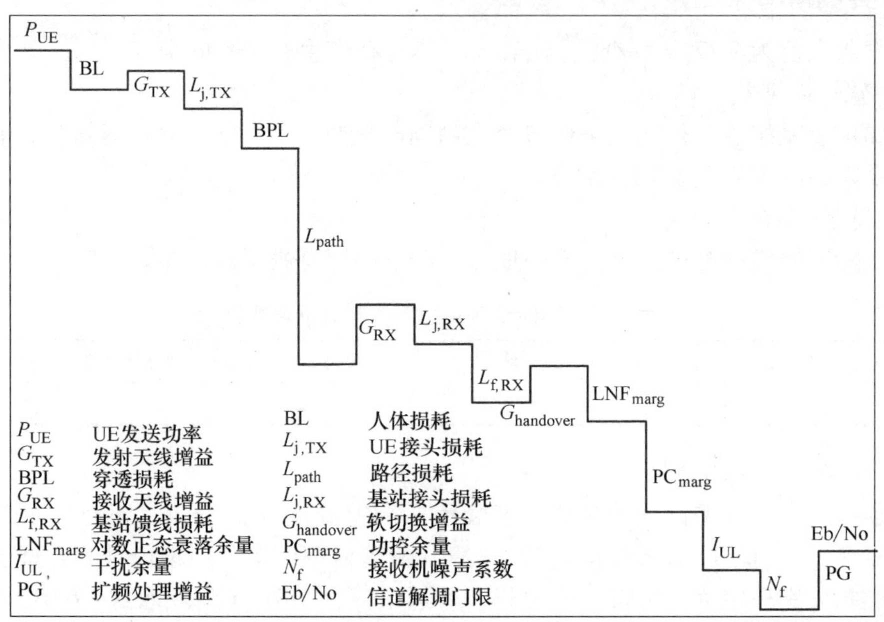

图 5-2 上行链路信号传送和处理链路等级图

依据图 5-2 所示的链路等级图，对于不同业务的 Eb/No 解调门限要求，上行链路最大允许路径损耗可由下式表示：

$$L_{pathmax} = P_{UE} + G_{ant} - RBS_{sens} - La - Ma$$

式中，P_{UE}、G_{ant}、RBS_{sens}、La 和 Ma 分别为 UE 发射功率、天线增益、接收机灵敏度、传输损耗和链路余量，各项对应表达式如下：

$$G_{ant} = G_{TX} + G_{RX}$$

式中，G_{TX}和 G_{RX}分别为发射天线增益和接收天线增益。

$$RBS_{sens}(loaded) = Eb/No + N_f - G_{handover} - PG$$

式中，Eb/No、N_f、$G_{handover}$和 PG 分别为信道解调门限、接收机噪声系数、软切换增益和扩频处理增益。

$$La = BL + BPL + L_{j,TX} + L_{j,RX} + L_{f,RX}$$

式中，BL、BPL、$L_{j,TX}$、$L_{j,RX}$和 $L_{f,RX}$分别为人体损耗、穿透损耗、UE 接头损耗，基站接头损耗和基站馈线损耗。

$$Ma = LNF_{marg} + PC_{marg} + I_{UL}$$

式中，LNF_{marg}、PC_{marg}和 I_{UL}为对数正态衰落余量、功控余量和干扰余量。

依据以上链路预算表达式和本规划取定的参数，可以计算出不同区域的上行链路预算结果，表 5-6 为密集市区的不同业务类型的最大允许路径损耗。

表 5-6　密集市区的不同业务类型的最大允许路径损耗

区域类型	密集市区		
系统参数	AMR12.2	CS64	PS64
发射机(UE)			
信息速率/(kbit/s)	12.2	64	64
系统速度/(kbit/s)	3840	3840	3840
UE 最大发射功率/W	0.125	0.125	0.125
UE 最大发射功率/dBm	21.0	21.0	21.0
移动天线增益/dBi	0	0	0
人体损耗/dB	3	0	0
UE 连接器损耗/dB	0	0	0
UE 有效全向辅助功率/dBm	18.0	21.0	21.0
接收机(基站)			
热噪声密度/(dBm/Hz)	-174	-174	-174
接收机噪声系数/dB	3	3	3
接收机噪声密度/(dBm/Hz)	-171	-171	-171
接收机噪声功率/dB	-105.16	-105.16	-105.16
小区负荷(%)	50	50	50
干扰储备/dB	3.0	3.0	3.0
总有效噪声+干扰/dBm	-101.25	-101.25	-101.25
处理增益/dB	25.0	17.8	17.8
Eb/No 的值/dB	4.8	2.9	2.7
接收机灵敏度/dBm	-122.33	-117.03	-117.23
基站天线增益/dBi	18	18	18
百米馈损/(dB/100m)	6	6	6
基站馈缆长度/m	50	50	50
基站馈损/dB	3	3	3
跳线及避雷器损耗/dB	1	1	1
快衰落余量/dB	1.8	1.8	1.8
最大路径损耗/dB	152.5	150.2	150.4
覆盖需求(环境)			
边缘覆盖概率(%)	75	75	75
对数正态衰落标准差/dB	11.7	11.7	11.7
对数正态衰落余量/dB	7.84	7.84	7.84
软切换增益/dB	3	3	3
穿透损耗/dB	20	20	20
最大允许路径损耗/dB	127.66	125.36	125.56

但是需要说明的是，链路预算是大量的经验数据，对不同的地区来说，每个地区的无线环境情况都会存在差别，包括建筑物的密集程度、建筑物的材质，甚至是环境的背景噪声等都不相同，所以链路预算的结果只能提供粗略的路径损耗值，在实际的工程设计中，只能作为参考值，而不能用来指导工程建设。要得到比较准确的反映无线环境对电信号的影响结果，必须在本地进行模型修正来得到。

5.3.2 无线覆盖范围估算

1. 室外小区覆盖范围估算

在小区最大允许路径损耗已知的情况下，利用无线传播模型就可以估算小区的覆盖范围。在1500~2000MHz 频段，通用宏小区模型是一个典型的传播路径损耗预测模型，它受UE 与基站间距离、基站和 UE 天线高度、载波频率等因素的约束，工程表达式如下：

$$L_p(\mathrm{dB}) = K_1 + K_2\lg d + K_3 H_{ms} + K_4 \lg H_{ms} + K_5 \lg H_b + K_6 \lg H_b \lg d + K_7 \mathrm{diffn} + K_{clutter}$$

式中，L_p、H_{ms}、H_b、diffn 和 d 分别为路径损耗、UE 高度、基站高度、衍射损耗和基站与UE 间距离，其他参数 K_1、K_2、K_3、K_4、K_5、K_6、K_7 和 $K_{clutter}$ 为待定参数。

密集市区、普通市区、郊区和农村通用宏小区模型校正与小区覆盖范围估算结果见表5-7。

表 5-7 通用宏小区模型校正

通用宏小区模型校正结果				
射频频率/MHz	1950			
校正因子	密集市区	普通市区	郊区	农村
K_1	138.78	147.69	140.83	131.20
K_2	42.72	52.23	61.59	35.73
K_3	-2.55	-2.55	-2.55	-2.55
K_4	0	0	0	0
K_5	-4.32	-8.43	-15.24	-19.16
K_6	-7.06	-7.96	-5.49	-8.74
K_7	0.8	0.8	0.8	0.8
最大允许路径损耗/dB	125.36	128.90	137.36	142.40
小区覆盖半径/km	0.53	0.71	1.82	9.19

2. 室内小区覆盖范围估算

由于室内情况复杂，目前室内并没有专门的传播模型，一般利用电场的传播模型加纠正因子的方式计算室内信号传输情况，并根据实测得出经验模型。

（1）由基站至发射天线

$$P_{ANTENNA} = P_{NodeB} - L_1 + G_{ANTENNA}$$

式中，P_{NodeB} 为基站载波的发射功率；$P_{ANTENNA}$ 为天线发射功率；L_1 为缆线及功分、耦合器件、接头等的损耗；$G_{ANTENNA}$ 为天线增益。

（2）由发射天线至 UE 接收

$$P_r = P_{ANTENNA} - L(d) - L(\text{建筑}) + G_r$$

式中，P_r 为 UE 接收功率；$P_{ANTENNA}$ 为天线的发射功率；$L(d)$ 为传播路径损耗；L（建筑）为由于建筑结构造成的损耗；G_r 为 UE 接收增益。

在理想的自由空间中，收、发均为无方向的全向天线，此时发射功率与接收功率之比称为自由空间传播损耗。

几种典型距离损耗见表 5-8。

表 5-8　典型距离损耗

距离/m	1	5	10	20	25
损耗/dB	38.27	52.25	58.27	64.29	66.23

3. 室内传播路径损耗

在移动通信中，当距离很小且有直射波时，如在微小区中或收发都在同一室内时，其传播损耗非常接近自由空间的情况，约与距离的二次方成正比。因此，将室内传播路径损耗视为自由空间传播损耗。则室内路径损耗为

室内路径损耗 L = 室内传播路径损耗 ［$L(d)$］ + 建筑损耗 ［L（建筑）］

根据实测，普通大楼建材和结构对信号的平均损耗见表 5-9。

表 5-9　普通大楼建材和结构对信号的平均损耗

材料类型	混凝土墙	混凝土楼板	天花板管道	金属楼梯
损耗/dB	13～20	10	1～8	5

例如：WCDMA 系统某室内天线的输出功率取 10dBm，假设建筑损耗取值 13dB 计算，且不考虑 UE 天线增益，在边缘场强为 －80dBm 的情况下，可以计算出室内传播距离 d 的大小。

室内传播路径损耗 = 室内路径损耗 － 建筑损耗［L(建筑)］ = 10dBm －（－80dBm）－ 13dB = 77dB。

再利用自由空间传播损耗公式 $L_0 = 32.45\text{dB} + 20\lg f + 20\lg d$，可以计算出距离约 $d = 85\text{m}$。

上述室内路径损耗公式为室内覆盖系统的电场强度计算提供理论依据，实际中室内情况非常复杂，室内多径衰耗同样不容忽视，在实际中应根据计算公式和测试资料共同考虑。

对于内部较复杂的建筑，为了使设计值更接近实际测试值，更准确地计算信号在建筑物内的传播损耗，可以结合室内传播路径损耗计算公式和以下模型共同考虑。下面的公式也是经常使用的室内空间传输损耗模型：

$$L = P_L + 10N\lg d + \text{FAF}$$

式中，L 为室内路径损耗；P_L 为距天线 1m 处的路径衰减，典型值为 38.27dB；N 为同层衰减指数，办公楼 $N = 3.25$，一般建筑 $N = 2.76$，商场 $N = 1.28$；d 为传播距离，单位为 m；FAF 为路径损耗附加值，玻璃 8dB，一般墙体 10～15dB，预制板 20～30dB。

对于一般建筑而言，假设天线输出功率取 10dBm，设隔墙损耗取 13dB，在 5m 处的电场强度值根据上述公式可得出：

$$P(5\text{m}) = 10\text{dBm} - L$$

$$= 10\text{dBm} - (P_L + 10N\lg d + FAF)$$
$$= 10\text{dBm} - (38.27\text{dB} + 10 \times 2.76 \times 0.699\text{dB} + 13\text{dB})$$
$$= -60.56\text{dBm}$$

实际中的室内信号传播情况非常复杂，为了更准确地掌握室内信号的电场强度分布情况，对不同楼宇的建筑结构损耗测试及模拟测试必不可少。在实际中，对室内传播路径损耗的估算应综合考虑公式计算和数据的实际测试值。

5.3.3 ATOLL 规划软件介绍

对于下行无线链路，小区内所有用户共享同一 NodeB 的功率资源，NodeB 依据系统负荷和用户地理位置分布动态地将下行功率分配给每一用户；此外，由于多径传播的原因，下行信道不可能通过正交码完全区分，而且，相邻基站的干扰也在随机地变化，这就意味着在不同传播环境下，UE 接收到的部分功率将被处理为干扰，系统的总体干扰水平难以评估。实际网络中，由于基站发送功率和系统的总体干扰随机地变化，下行链路很难与上行链路一样通过链路预算分析求取最大允许路径损耗，其覆盖范围也无法准确估算。另外，工程测试和系统仿真结果表明无线覆盖主要为上行链路受限，实际覆盖范围取决于上行链路。因此，无线规划小区覆盖范围可由上行链路的覆盖半径确定，下行链路的覆盖效果主要通过无线规划软件的仿真来分析。

1. 关于 ATOLL 软件

ATOLL 是由法国 Forsk 公司开发的无线规划工具。经过近 30 年的发展，ATOLL 逐步被其在欧洲、美国、南美洲、日本、大洋洲、中国和其他一些亚洲国家的遍及全球的客户和合作伙伴用于指导移动通信网络设计，其中包括重量级的运营商和设备供应商如：阿尔卡特、华为、和记、Vodafone 等。

ATOLL 具有特殊的功能，如多分辨率预测、经优化的干扰计算、分布式计算、全面的共网规划功能和无法比拟的 Monte Carlo 仿真功能。Forsk 公司在开发专业的软件工程上的丰富经验，使 ATOLL 可提供较高速度的计算和 GIS 显示，容易安装和使用，且基于 ATOLL 软件开发工具箱具有客户化性能。

ATOLL 基于 Windows 操作系统，用户界面友好，其为移动运营商提供了整个网络生命周期的无线网络规划环境。使用分布式结构和并行算法，从单机配置到基于企业服务器的网络配置，ATOLL 支持全程的项目执行。ATOLL 不仅具有强大的工程建设能力，而且是一个开放的、可升级的和灵活的技术信息系统，可以非常容易地和其他 IT 系统相集成。

2. ATOLL 软件的主要特点

1）专业的无线网络设计工具，完全支持 GSM/TDMA、GPRS-EDGE、WCDMA、CDMA2000/1x RTT/EVDO 以及 TD-SCDMA 等多种技术。

2）ATOLL 真正实现规划设计的移动性，支持广泛的项目应用，既支持单机配置，亦支持基于企业服务器的网络配置。单机版无需要连接外部数据库，用户仍可共享工程数据。

3）现代化的软件结构，开放的可扩展的平台。

4）模块化的结构，主要模块包括基础核心模块、3G 模块、测量模块、AFP 模块、微波模块，用户可以根据需要选择不同模块配置。

5）用户界面友好，无论是安装、操作、模型校准，还是报告生成，均简易方便。

6）ATOLL 支持中文的输入（如基站名称等），支持中文地理数据库的中文实时显示。

7）平均每 9 个月推出 1 个新版本，ATOLL 保持在技术上的领先地位。

5.4　WCDMA 无线网络的容量分析

在 WCDMA 系统中，所有小区可共用相同频谱，这一点对提高 WCDMA 系统容量非常有利。但也正是同频复用的原因，系统存在多用户间的干扰，这种多址干扰则又限制了系统的容量。

如果将系统最大允许的干扰记为 I_{TOT}，每个连接产生的电平（对其他用户为干扰）记为 I_i，任一时刻网上有 n 个用户，则该时刻形成的干扰为 $\sum_{i=1}^{n} I_i$，负荷系数为 $\eta = \sum_{i=1}^{N} I_i / I_{TOT}$。当 η 为 1 时，n 达到最大，即达到极限容量，记为 N。

5.4.1　上行链路极限容量分析

上行干扰由小区内干扰、邻小区干扰和热噪声三部分构成，即

$$I_{TOT} = P_N + I_{own} + I_{other}$$

式中，P_N 为接收机底噪；I_{own}为来自本小区用户的干扰；I_{other}为来自邻近小区用户的干扰。

1. 接收机背景噪声 P_N

$$P_N = 10\lg(KTW) + \mathrm{NF}$$

式中，K 为波尔兹曼常数，1.38×10^{-23}J/K；T 为开氏温度，常温为 290K；W 为信号带宽，WCDMA 信号带宽为 3.84MHz；NF 为接收机噪声系数，宏蜂窝基站典型值为 3dB。

以上各值代入，得 $P_N = -105\mathrm{dBm}$。

2. 小区内的用户间干扰 I_{own}

对于码分多址系统，有

$$\mathrm{Eb/No} = (S/I)G_p$$

式中，$S/I = P_j/(I_{TOT} - P_j)$；$G_p = W/R_j$。

由于干扰只在业务比特传送时存在，所以当激活系数为 V 时，干扰只有原来的 V 倍。假设功率控制理想，则有　$(\mathrm{Eb/No})_j = \dfrac{P_j}{I_{ToT} - P_j} \times \dfrac{W}{R_j} \times \dfrac{1}{V}$，则

$$P_j = \frac{I_{TOT}}{1 + \dfrac{1}{(\mathrm{Eb/No})_j} \times \dfrac{W}{R_j} \times \dfrac{1}{V}}$$

本小区用户干扰为所有用户到达接收机功率的和，由此得

$$I_{own} = \sum_{j=1}^{N} P_j = \sum_{j=1}^{N} \frac{I_{TOT}}{1 + \dfrac{1}{(\mathrm{Eb/No})_j} \times \dfrac{W}{R_j} \times \dfrac{1}{V}}$$

3. 邻区用户干扰 I_{other}

邻区用户干扰难以进行理论分析，与用户分布、小区布局方式、天线方向图等相关。把来自其他小区的干扰与本小区干扰的比值定义为邻区干扰因子 i，即 $i = \dfrac{I_{other}}{I_{own}}$。一般情况下，采用全向天线的宏小区邻区干扰因子为 0.55，采用三扇区天线的宏小区邻区干扰因子

为0.65。

$$I_{\mathrm{TOT}}=I_{\mathrm{own}}+I_{\mathrm{other}}+P_{\mathrm{N}}=(1+i)I_{\mathrm{own}}+P_{\mathrm{N}}=(1+i)\sum_{j=1}^{N}\frac{I_{\mathrm{TOT}}}{1+\frac{1}{(\mathrm{Eb/No})_j}\times\frac{W}{R_j}\times\frac{1}{V}}+P_{\mathrm{N}}$$

若定义 $L_j=\frac{1}{1+\frac{1}{(\mathrm{Eb/No})_j}\times\frac{W}{R_j}\times\frac{1}{V}}$，则有

$I_{\mathrm{TOT}}=I_{\mathrm{TOT}}\left[(1+i)\sum_{j=1}^{N}L_j\right]+P_{\mathrm{N}}$，求得

$$I_{\mathrm{TOT}}=P_{\mathrm{N}}\frac{1}{1-\left[(1+i)\sum_{j=1}^{N}L_j\right]}$$

每个连接需要使基站接收到的有用功率和整体噪声之比满足该业务对应的 Eb/N_o 基本要求，可以推导出上行链路负荷系数公式如下：

$$\eta_{\mathrm{UL}}=(1+i)\sum_{j=1}^{N}L_j=(1+i)\sum_{j=1}^{N}\frac{1}{1+\frac{1}{(\mathrm{Eb/No})_j}\times\frac{W}{R_j}\times\frac{1}{V}}$$

当负荷系数等于1时，I_{TOT}达到无穷大，此时对应的容量称为极限容量。

5.4.2 下行链路极限容量分析

小区下行发射功率分为公共信道发射功率和专用（业务）信道发射功率。

$$P_{\mathrm{T}}=P_{\mathrm{cch}}+\sum_{j=1}^{N}P_j$$

式中，P_{T} 为小区下行发射功率；P_{cch}为所有公共信道的发射功率；P_j 配给某个用户的专用（业务）信道发射功率。

小区分配给每个用户的发射功率因业务解调门限、传播路径损耗和用户受到的干扰情况不同而不同。小区下行发射功率被小区内所有用户共享。

下行链路需要通过增加下行功率克服干扰，当下行功率耗尽时就意味着小区下行容量达到极限容量。

用上行链路类似的推导方法可以得到总的下行链路干扰，与上行链路类似，下行链路也有同样的负荷系数，但其参数有所差别：

$$\eta_{\mathrm{DL}}=\sum_{1}^{N}\left[(1-\alpha_j+i_j)(\mathrm{Eb/No})_j\frac{R_j}{W}v_j\right]$$

可以看出：下行链路极限容量与上行链路极限容量的最大区别在于，下行增加了 α_j 和 i_j，α_j 表示下行链路正交因子，i_j 表征由于多径和时延而不能完全正交情况下的不同码分信道。当下行负荷系数达到1时，此时对应的容量为极限容量。

与上行容量理论计算不同，下行容量计算公式中的 α_j 和 i_j 都是与用户位置有关的变量。也就是说，下行容量与用户的空间分布相关，因而只能通过系统仿真确定。下行链路的容量还需要考虑软切换的影响，处于软切换的用户与多个基站建立连接，需占用更多的信道，因

此基站需要留出一定比例的信道。

【本章总结】

1. 知识体系

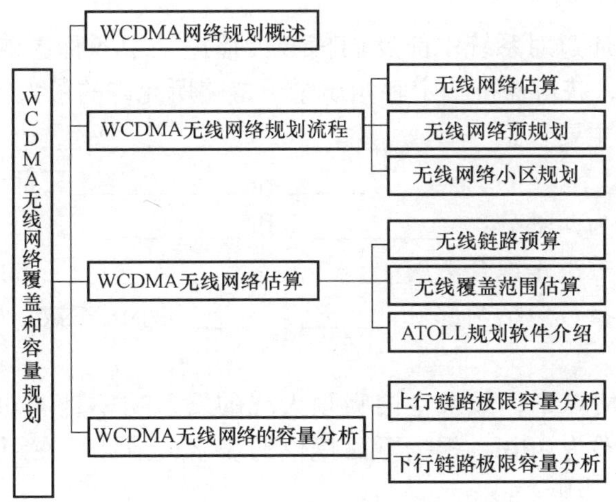

2. 知识要点

1）WCDMA 网络规划包含无线、传输和核心网三大部分。无线网络规划侧重于 RAN 网元数目和配置规划。

2）WCDMA 无线网络规划大致分为三大步骤，分别是无线网络估算、无线网络预规划和无线网络小区规划。

3）无线网络估算要综合考虑覆盖、容量、质量三方面的要求和制约因素。

4）链路预算是通过对系统中前反向信号传播途径中各种影响因素进行考察，对系统的覆盖能力进行估计，获得保持一定呼叫质量下链路所允许的最大传播损耗。

5）对于上行无线链路，在确定的阻塞概率和区域覆盖概率需求下，不同业务承载的最大允许路径损耗取决于 UE 最大发送功率、馈线损耗、基站天线增益、UE 的天线增益、阴影衰落余量、干扰余量、建筑物穿透损耗、人体损耗和基站接收机灵敏度等因素。

6）下行无线链路最大允许路径损耗取决于基站业务信道最大发射功率、基站内合路器的损耗、馈线损耗、基站天线增益、UE 天线增益、阴影衰落余量、干扰余量、建筑物穿透损耗、人体损耗和 UE 接收机灵敏度等因素。

7）在上行链路信号传输和处理过程中，信号的损耗包括发送端人体损耗、UE 天线接头损耗和墙体穿透损耗，无线传播环境中的路径损耗以及接收端基站馈线损耗、接头损耗等；信号的处理增益包括 UE 天线发射增益、基站天线接收增益、软切换增益和扩频处理增益等。

8）上行干扰由小区内干扰、邻小区干扰和热噪声三部分构成。

9）下行发射功率分为两部分：公共信道发射功率和专用（业务）信道发射功率。下行链路需要通过增加下行功率克服干扰，当下行功率耗尽时就意味着小区下行容量达到极限容量。

【思考与复习题】

一、填空

1. WCDMA 无线网络规划大致分为三大步骤，分别是____________、____________和____________。

2. ____________是通过对系统中前反向信号传播途径中各种影响因素进行考察，对系统的覆盖能力进行估计，获得保持一定呼叫质量下链路所允许的最大传播损耗。

3. 信号的处理增益主要包括__________、__________、__________和__________。

4. 上行干扰由____________、____________和____________三部分构成。

5. 下行发射功率分为两部分：____________和____________。

6. 无线网络估算的方法是综合考虑______、______、______三方面的要求和制约因素。

7. 实际的网络规划参数包括两部分：____________和小区参数。

二、计算

在对室内小区覆盖估算中，如果室内吸顶天线的发射功率是 10dBm，建筑物的损耗是 10dB，手机接收天线增益为 0dBi，根据下面提供的表格，请计算在距离发射天线 10m 处的接收电平是多少？

传播距离/m	1	5	10	20	25
路径损耗/dB	38. 27	52. 25	58. 27	64. 29	66. 23

三、问答

1. 影响上行链路信号传送的因素有哪些？影响下行链路信号传送的因素有哪些？
2. 自由空间传播损耗与哪些因素有关？
3. 简述 ATOLL 软件的特点。
4. 上行链路的极限容量即最大信道数与哪些因素有关？

第3篇 优 化 篇

第6章 WCDMA 小区选择和小区重选

【学习目标】

知 识	重点	1. UE 进行小区搜索的过程； 2. 小区选择的过程和 S 准则； 3. 小区重选的过程和 R 准则； 4. 小区选择和小区重选的相关参数。
	难点	1. S 准则和 R 准则； 2. 小区选择和小区重选的相关参数。
建议学时	6 课时	

UE 有两种基本的运行模式：空闲模式和连接模式。在空闲模式下，WCDMA 系统通过非接入层标识如 IMSI、TMSI 或 P-TMSI 等标志来区分不同的用户。UTRAN 不保存空闲模式 UE 的信息，但可分别寻呼所有开机并驻留小区的 UE 或同一时刻寻呼一个 RNC 中所有处于空闲模式的 UE。当 UE 完成 RRC 连接建立时，UE 才从空闲模式转移到连接模式的 CELL_FACH 或 CELL_DCH 状态。当 RRC 连接释放时，UE 从连接模式转移到空闲模式。

从接入层看，接入过程就是指 UE 由空闲模式转移到连接模式的过程，包括小区搜索、接收小区系统广播信息、小区选择和小区重选、随机接入这四个基本过程。一旦 UE 处于连接模式，就可以进行 PLMN 选择和重选、位置登记、业务申请、鉴权等非接入层的活动。

UE 在开机后，首先要寻找和选择一个 PLMN，当选中了一个 PLMN 后，就开始选择属于这个 PLMN 的小区，当找到这样的一个小区后，UE 就可以从系统信息中知道邻近小区（neighboring cell）的信息，这样，UE 就可以在本小区和这些邻近小区中选择一个信号最好的小区驻留下来。紧接着，UE 通过网络中最好的小区进行注册和位置更新。注册的目的是为了判断用户和网络的合法性，位置更新的目的是让网络可以在某个范围内找到 UE，从而能够正确完成对 UE 的寻呼。

6.1 PLMN 选择

当 UE 开机时，非接入层（NAS）会请求发起 PLMN 的选择，目的是选择一个可用的、最好的公共陆地移动网络（PLMN）。PLMN 选择有两种模式，自动模式和手动模式。自动模式的 PLMN 选择就是 UE 按照维护的 PLMN 列表的优先级顺序自动选择一个 PLMN 报给 NAS 层。手动模式的 PLMN 选择就是将当前的所有可用网络呈现给用户，由用户选择一个 PLMN。不论自动模式还是手动模式，PLMN 选择的具体过程是一样的。如果 UE 事先存储有频点信息，则直接在此频点上搜索最强的小区。如果 UE 没有存储频点信息，则 UE 需要在支持的全频段上搜索可用的 PLMN。在每一个频段上，UE 只需要搜索最强的小区，并接收它的系统信息，从主信息块（MIB）里即可以读出当前小区属于哪个 PLMN。如果该小区的 RSCP 满足一定的条件，则把 PLMN 作为高质量的 PLMN 上报给 NAS；如果找到的 PLMN 不满足高质量 PLMN 准则，但是能从系统信息中读出 PLMN ID，也要向 NAS 报告，同时附上其相应的 RSCP 值。在频点上对 PLMN 的搜索完成之后，NAS 层根据接入层报告的所有 PLMN 信息，来选择一个 PLMN，至此 PLMN 选择过程结束。

6.2 小区搜索

当 UE 中没有存储关于 UTRA 载频的信息时，UE 将扫描所有 UTRA 频段内的所有频点，以便找到在所选 PLMN 下的一个适合驻留的小区，在每个载频下，UE 仅需要搜索信号最强的小区。

当 UE 从以前接收的测量控制信息中获得并存储了 UTRA 载频信息、小区参数信息（如小区主扰码）时，UE 就直接尝试该小区是否可以驻留，如果无法驻留，也要扫描所有 UTRA 频段内的所有频点，以便找到在所选 PLMN 下的一个适合驻留的小区。

UE 锁定频点以后，需要经过时隙同步、帧同步和扰码组识别、小区主扰码识别三个步骤来进行小区搜索。

第一步：时隙同步

由于在 UTRAN 中所有的 primary SCH 的同步码都是相同的，并且在每个时隙的前 256chip 中发送，每个时隙均相同。UE 使用一个 matched filter 或者类似的技术就可以很容易获得时隙同步。

第二步：帧同步和扰码组识别

帧同步是使用 secondary SCH 的同步码实现的。secondary SCH 的同步码一共有 16 个，在每个时隙中是不同的，按照在每个时隙中码字的不同形成 64 组码序列。该 64 组码序列有一个特性：它们循环移位后的结果是唯一的。对辅同步信道进行 SSC 相关、FWHT（快速沃尔什变换）和 RS 译码可以确定小区的扰码组和帧同步。

第三步：小区主扰码识别

在上一步骤中，UE 获得的扰码组中有 8 个主扰码，UE 按照符号进行相关运算，相关运算结果最大的一个即为该小区使用的主扰码。小区主扰码识别后，由于 P-CPICH 和 P-CCPCH 的信道码是固定的，此时，UE 就可以读广播信道消息了。

6.3 小区选择

刚开机的 UE 搜索到小区后，就会根据自己接收到的系统信息内容来判断当前的 PLMN

是否适合，如果当前的 PLMN 适合，UE 就根据 S 准则来判断当前小区是否适合驻留，这就是小区选择的过程。如果当前小区不满足 S 准则，就开始小区重选的过程，即先在当前 PLMN 下进行小区重选，如果没有符合条件的小区，再进行 PLMN 搜索，进入其他 PLMN 下的小区重选的过程。

下面介绍小区选择的触发时机以及判断合适小区的 S 准则。

（1）触发时机

小区选择的触发时机主要包含如下四种情况：

1）当 UE 开机时；

2）从连接模式回到空闲模式时；

3）连接模式过程中，当失去小区信息时；

4）当根据测量控制系统消息提供的小区列表进行小区重选没有找到可正常驻留的小区时。

（2）S 准则

如果当前 PLMN 是 UE 要找的 PLMN，UE 在空闲模式下读取 SIB3 中的内容后，获得 $Q_{qualmin}$，$Q_{rxlevmin}$ 和 Maximum allowed UL TX power（UE_TXPWR_MAX_RACH），然后依据 S 准则来判断当前小区是否适合驻留。

S 准则就是要求：$S_{qual}>0$ 并且 $S_{rxlev}>0$，其中：

$S_{qual}=Q_{qualmeas}-Q_{qualmin}$；

$S_{rxlev}=Q_{rxlevmeas}-Q_{rxlevmin}-P_{compensation}$。

S 准则中的相关参数说明见表 6-1。

表 6-1　S 准则中的相关参数说明

参数	描　述	单位
S_{qual}	小区选择的质量评测值，S_{qual} 只用于 WCDMA 小区，以 P-CPICH Ec/No 作为测量值的情况	dB
S_{rxlev}	小区选择 RX 电平值	dBm
$Q_{qualmeas}$	小区质量的测量值，接收信号的质量用 P-CPICH Ec/Io 表示	dB
$Q_{rxlevmeas}$	小区接收电平的测量值，该参数适用于 WCDMA 小区的 P-CPICH RSCP、GSM 小区的 RXLEV	dBm
$Q_{qualmin}$	小区的最低质量要求，不适用于 GSM 系统	dB
$Q_{rxlevmin}$	小区接收电平的最低要求	dBm
$P_{compensation}$	max(UE_TXPWR_MAX_RACH - P_MAX,0)	dBm
UE_TXPWR_MAX_RACH	UE 在小区的 RACH 上的最大发射功率	dBm
P_MAX	UE 的最大输出功率，属于 UE 的能力	dBm

如果满足 S 准则，则 UE 认为此小区为一个“合适小区”，并驻留下来，读其所需要的系统信息，随后 UE 将发起位置登记过程。

如果不满足 S 准则，UE 读 SIB11，获取同频/异频邻区信息，测得邻区的 $Q_{qualmeas}$ 和 $Q_{rxlevmeas}$，算出邻区的 S_{qual} 和 S_{rxlev}，并判断邻区是否满足 S 准则。如果 UE 发现任何一个邻区满足 S 准则，UE 就驻留在此小区中，并读系统信息，随后 UE 开始随机接入，发起位置登记过程。

如果 UE 发现没有一个小区满足 S 准则，UE 就认为没有覆盖，就会继续 PLMN 选择和重选过程。

6.4 小区重选

UE 选择合适小区驻留下来以后，除了要监视 PCH 和 PICH 之外，还要读取 SIB11 消息内容，获得相邻小区的信息，随时测量当前小区和相邻小区的信号质量，以选择一个最好的小区提供服务，这就是小区重选（cell reselection）过程。小区重选的目的是从候选小区列表中找到更“合适小区”。

下面介绍小区重选的触发时机和测量规则，以及进行小区重选评价的 R 准则。

（1）触发时机

小区选重的触发时机主要包含如下三种情况：

1）在空闲模式，当前服务小区质量测量值低于同频测量门限时；

2）空闲模式下，连续 Nserv 个 DRX 内服务小区不满足 S 准则时；

3）当 UE 检测到处于“非服务区”时。

（2）测量规则

如果小区广播系统消息中指示不采用分层网络结构（HCS），UE 按以下规则决定启动相应的测量。

1）同频测量。

如果 $S_x > S_{intrasearch}$，UE 无需启动同频测量；

如果 $S_x \leqslant S_{intrasearch}$，UE 启动同频测量；

如果系统消息中没有给出 $S_{intrasearch}$，则总是启动同频测量。

2）异频测量。

如果 $S_x > S_{intersearchm}$，UE 无需启动异频测量；

如果 $S_x \leqslant S_{intersearchm}$，UE 启动异频测量；

如果系统消息中没有给出 $S_{intersearch}$，则总是启动异频测量。

3）系统间测量。

如果 $S_x > S_{searchRATm}$，UE 无需对系统测量；

如果 $S_x \leqslant S_{searchRATm}$，UE 启动系统“m”测量；

如果系统消息中没有给出 $S_{searchRATm}$，则总是启动对系统“m”的小区测量。

通常的策略是：UE 优先进行同频测量，然后发起异频测量，最后发起系统间测量，因此，$S_{intrasearch} > S_{intersearch} > S_{searchRATm}$。

（3）R 准则

启动相邻小区测量后，UE 将服务小区和所有相邻小区信号强度进行对比排列，从中选择信号强度最大的小区进行驻留。

$\mathrm{Rs} = Q_{meas,s} + Q_{hysts}$；

$\mathrm{Rn} = Q_{meas,n} - Q_{offsets,n}$。

式中，Rs 对应当前服务小区的质量；Rn 对应邻区的质量；$Q_{meas,s}$ 为服务小区接收信号质量测量值；$Q_{meas,n}$为相邻小区接收信号质量测量值；Q_{hysts}为小区重选磁滞；$Q_{offsets,n}$为两个小区接收信号质量要求的差值。

如果系统消息中指明不使用HCS，小区发生重选，要满足在$T_{reselection}$时间内，某个小区的信号强度Rn持续超过服务小区的信号强度Rs，这就是小区重选的R准则，如图6-1所示。

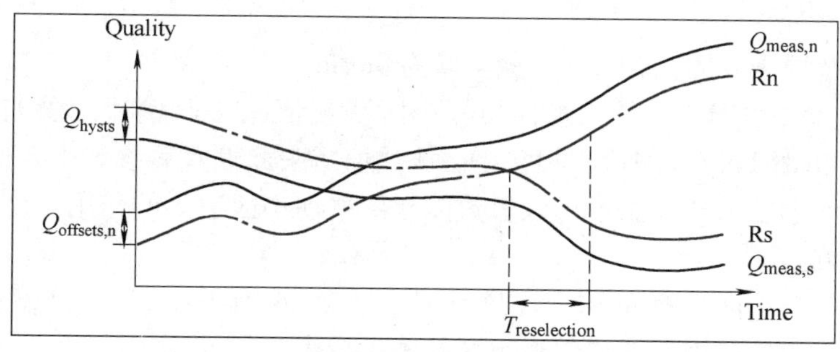

图6-1　小区重选

6.5　小区选择和小区重选参数

1. 测量迟滞Q_{hyst1s}和Q_{hyst2s}

（1）参数含义

测量迟滞包括测量迟滞1（Q_{hyst1s}）和测量迟滞2（Q_{hyst2s}），分别用于UE对服务小区P-CPICH RSCP（Q_{hyst1s}）和P-CPICH Ec/No（Q_{hyst2s}）的测量。

（2）设置及影响

测量迟滞的参数取值范围为0~20；物理表示范围为0~40dB，步长为2dB。

Q_{hyst1s}的默认值为2（4dB），Q_{hyst2s}的默认值为1（2dB）。Q_{hyst2s}为可选配置，如果没有配置，则其值为测量迟滞1参数的值。

根据R准则，当前服务小区测量值加上迟滞后参与小区重选排序。参数值的大小与小区所在地区的慢衰落特性相关。

该参数主要防止当UE处于小区边缘时，由于慢衰落使得小区重选结果出现乒乓效应，从而可能导致频繁的位置更新（空闲模式）、URA更新（URA_PCH）或小区更新（CELL_FACH，CELL_PCH），增加网络信令负载，同时也增加了UE的电池损耗。

该参数的设置应在保证UE小区更新及时的前提下尽可能减少慢衰落的影响，参考异频硬切换的P-CPICH RSCP仿真报告，当慢衰落方差为8dB，相关距离为20m时，该值通常取4~5dBm，因此该参数默认取4dBm。

对于慢衰落方差大、用户平均移动速度慢的小区，可增大该参数，以减少小区重选的乒乓效应。

对于慢衰落方差小、用户平均移动速度快的小区，比如郊区、农村，可减小该参数，以保证UE位置更新的及时性。

迟滞值越大，发生各类小区重选的概率越小，抗慢衰落的能力越好，但对环境变化的反应能力也越慢。

2. 负载等级偏置 $Q_{Offset1sn}$、$Q_{Offset2sn}$

(1) 参数定义

该参数为邻近小区的 P-CPICH 测量值偏移量，用于小区选择与重选的小区偏置。在小区选择重选过程中，P-CPICH RSCP 测量值对应的小区偏置为 $Q_{Offset1sn}$，P-CPICH Ec/No 测量值对应的小区偏置为 $Q_{Offset2sn}$。

(2) 设置及影响

该参数取值范围为 -50 ~ 50dBm，默认值为 0dBm。

$Q_{Offset1sn}$用于 P-CPICH RSCP 测量，相邻小区测量值减去此偏置后参与小区重选排序；$Q_{Offset2sn}$用于 P-CPICH Ec/No 测量，相邻小区测量值减去此偏置后参与小区重选排序。

在小区选择和小区重选算法中，该参数能起到移动小区边界的作用。该参数由网络规划根据实际环境配置。

注意：在异系统小区选择重选中，只有 $Q_{Offset1sn}$，没有 $Q_{Offset2sn}$。该值越大，选择邻近小区的概率越小；该值越小，选择邻近小区的概率越大。

3. 最低质量标准 $Q_{qualmin}$

(1) 参数定义

该参数为 P-CPICH Ec/No 的最低接入门限。只有当 UE 测得的 P-CPICH Ec/No 大于该门限时，UE 才有可能驻留到该小区。

(2) 设置及影响

该参数取值范围为 -24 ~ 0dB，默认值为 -18dB。

对于 FDD 模式，协议中小区选择 S 准则的定义如下：

该参数设置的越大，UE 选择该小区驻留越困难，设置越小则越容易，但是有可能造成 UE 驻留该小区之后不能正确接收 P-CCPCH 承载的系统消息。

4. 最低接入电平 $Q_{rxlevmin}$

(1) 参数定义

该参数为 P-CPICH RSCP 的最低接入电平门限。只有当 UE 测得的 P-CPICH RSCP 大于该门限时，UE 才有可能驻留到该小区。

(2) 设置及影响

该参数取值范围为 -58 ~ -13；物理表示范围为 -115 ~ -25dBm。步长为 2dBm。其中 -58 对应 -115dBm，-57 对应 -113dBm，……，-13 对应 -25dBm。默认值为 -58，即 -115dBm。

$Q_{rxlevmin}$和 $Q_{qualmin}$的设置应统一考虑。该参数设置的越大，UE 选择该小区驻留越困难，设置越小则越容易，但是有可能造成 UE 驻留该小区之后不能正确接收 PCCPCH 承载的系统消息。

5. 小区重选启动门限 $S_{intrasearch}$、$S_{intersearch}$、$S_{searchrat}$

小区重选启动门限包括同频小区重选启动门限（$S_{intrasearch}$）、异频小区重选启动门限（$S_{intersearch}$）、异系统小区重选启动门限（$S_{searchrat}$）。

该参数取值范围为 -16 ~ 10；物理表示范围为 -32 ~ 20dB，步长为 2dB。$S_{intrasearch}$默认值为 5（即 10dB），$S_{intersearch}$默认值为 4（即 8dB），$S_{searchrat}$默认值为 2（即 4dB）。

启动小区重选的门限，协议中的定义如下：

如果 $S_x \leqslant S_{intrasearch}$，UE 执行同频测量，开始同频小区重选；

如果 $S_x \leqslant S_{intersearch}$，UE 执行异频测量，开始异频小区重选；

如果 $S_x \leqslant S_{searchrat}$，UE 执行异系统测量，开始异系统小区重选。

其中，S_x = UE 测量值 - $Q_{qualmin}$。

当 UE 检测到服务小区的质量（UE 测量的 P-CPICH Ec/No）低于服务小区的最低质量标准（即 $Q_{qualmin}$）加上该门限时，启动同频/异频/异系统小区重选过程。

同频小区重选优于异频/异系统的小区重选，设置这三个参数时应使得同频小区重选启动门限大于异频/异系统小区重选启动门限。

该参数设置过小，有可能使得小区重选频繁启动，消耗 UE 电池；设置过大，则有可能使得小区重选启动困难，不能及时更新驻留到质量好的小区，影响 UTRAN 和 UE 之间可能通信的质量。

6. 异系统小区最低接入电平 $Q_{rxlevmin}$

（1）参数定义

该参数为异系统（比如 GSM）小区最低接入电平门限。只有当 UE 测得的信号强度大于该门限时，UE 才有可能驻留到该小区。

（2）设置及影响

该参数取值范围为 -58 ~ -13；物理表示范围为：-115 ~ -25dBm，步长为 2dBm。其中 -58 对应 -115dBm，-57 对应 -113dBm，……，-13 对应 25dBm。默认值为 -58，即 -115dBm。

该参数设置的越大，UE 选择该小区驻留越困难，设置越小则越容易，但是有可能造成 UE 不能正确接收该小区的系统消息和寻呼消息等。

7. 触发时间 $T_{reselection}$

（1）参数定义

$T_{reselection}$是指 cell reselection triggering timer，也就是小区重选的触发时间。当目标小区在 $T_{reselection}$的触发时间内一直满足小区重选的标准时，UE 将执行小区重选。

（2）设置及影响

$T_{reselection}$属于小区级参数，参数取值范围为 0 ~ 31s。如果设置为 0s，当目标小区满足小区重选的标准，也就是目标小区的 Ec/No 增强到和当前服务小区 Ec/No 相同时，就重选到新的小区。如果 $T_{reselection}$设置的时间较长，则要求目标小区的信号比较稳定地保持大于当前服务小区的质量后，才重选到新的小区；如果 $T_{reselection}$设置的时间较短，UE 会尽快地重选到质量好的小区，UE 能获得比较好的 Ec/No，但是，也容易造成 UE 乒乓进行小区重选。因此，要合理的设置 $T_{reselction}$，避免乒乓进行小区重选。

$T_{reselection}$参数对小区重选边界影响比较明显，$T_{reselction}$值的增加时，小区重选边界距离源小区位置将加大。

该参数对同频邻小区重选和异频邻小区重选作用相同。目标小区的 Ec/No 增强到和当前服务小区 Ec/No 相同时就重选到新的小区。如果 $T_{reselection}$设置的时间较长，则要求目标小区的信号比较稳定地保持大于当前服务小区的质量后，才重选到新的小区。通过该参数的不同设置，可以影响小区重选边界。如果该参数设置较大，则 UE 容易驻留在该小区，小区范围相对较大。

【本章总结】

1. 知识体系

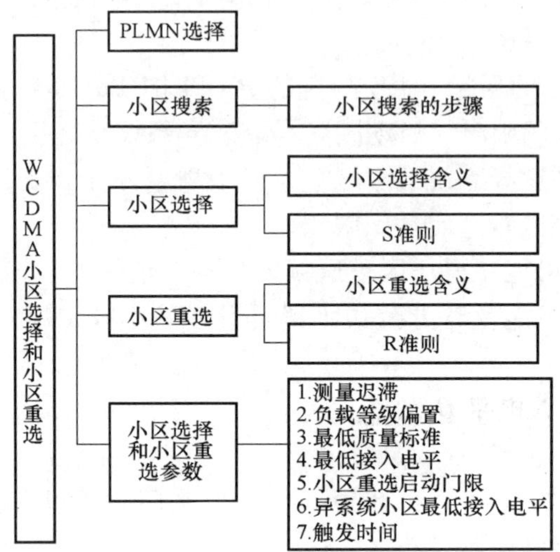

2. 知识要点

1）UE有两种基本的运行模式：空闲模式和连接模式。当UE完成RRC连接建立时，UE才从空闲模式转移到连接模式的CELL_FACH或CELL_DCH状态。当RRC连接释放时，UE从连接模式转移到空闲模式。

2）小区搜索要经历时隙同步、帧同步和扰码组识别、小区主扰码识别三个步骤。

3）刚开机的UE，搜索到小区后，就会根据自己接收到的系统信息内容判断当前的PLMN是否适合，如果当前PLMN适合就进行小区测量，根据S准则判断当前小区是否适合驻留，这就是小区选择的过程。

4）S准则就是要求：$S_{qual}>0$并且$S_{rxlev}>0$，其中$S_{qual}=Q_{qualmeas}-Q_{qualmin}$；$S_{rxlev}=Q_{rxlevmeas}-Q_{rxlevmin}-P_{compensation}$。

5）UE选择合适小区驻留下来以后，就会产生一个候选小区列表，包括已经被选的小区和相邻小区。相邻小区的信息，UE可从当前驻留小区的SIB11信息中获得。UE在一个小区驻留后，要检测相应的系统广播信息，执行测量过程，根据测量过程进行小区重选。小区重选的目的是从候选小区列表中找到更合适的小区。

6）小区发生重选，要同时满足下面三个条件：①满足Rn > Rs；②Rn > Rs还持续$T_{reselection}$时间以后才行；③如果不止一个小区，则按照Rn的大小来排优先级。

7）测量迟滞包括测量迟滞1（Q_{hyst1s}）和测量迟滞2（Q_{hyst2s}），分别用于UE对服务小区P-CPICH RSCP（Q_{hyst1s}）和P-CPICH Ec/No（Q_{hyst2s}）的测量。

8）在小区选择重选过程中，P-CPICH Ec/No测量值对应的小区偏置为$Q_{Offset2sn}$，P-CPICH RSCP测量值对应的小区偏置为$Q_{Offset1sn}$。

9）$T_{reselection}$是指小区重选的触发时间。当目标小区在$T_{reselection}$的触发时间内一直满足小区重选的标准时，UE将执行小区重选。如果$T_{reselection}$设置的时间较长，则要求目标小区的信号比较稳定地保持大于当前服务小区的质量后，才重选到新的小区；如果$T_{reselection}$设置的时间较短，UE会尽快地重选到质量好的小区，UE能获得比较好的Ec/No，但是，也容易造成 UE 乒乓进行小区重选。因此，要合理地设置 $T_{reselction}$，避免乒乓进行小区重选。

【思考与复习题】

一、填空

1. UE 有两种基本的运行模式：空闲模式和__________。

2. 小区搜索要经历__________、__________以及__________三个步骤。

3. UE 执行小区测量过程，优先执行__________测量，其次执行__________测量，最后执行__________测量。

二、判断

UE 在空闲模式下，就可以进行 PLMN 选择和重选。(　　)

三、简答

1. 请简述小区选择的 S 准则。

2. 请简述小区重选的 R 准则。

3. 小区选择和小区重选的主要参数有哪些？这些参数的设置对网络有何影响？

第 7 章　WCDMA 系统消息

【学习目标】

<table>
<tr><td rowspan="2">知　识</td><td>重点</td><td>1. 系统消息的广播过程和更新过程；
2. 系统消息构成；
3. MIB 承载的信息；
4. SIB 包含的类型；
5. SIB1、SIB2、SIB3、SIB5、SIB7、SIB11 中的内容。</td></tr>
<tr><td>难点</td><td>1. 系统消息构成；
2. SIB1、SIB2、SIB3、SIB5、SIB7、SIB11 中的内容。</td></tr>
<tr><td>建议学时</td><td colspan="2">4 课时</td></tr>
</table>

7.1　WCDMA 系统消息介绍

WCDMA 系统消息（System Information）是一系列参数的集合，按一定的序列与格式在空中接口上循环发送。

系统消息在 WCDMA 系统中非常重要，它包含着大量的参数信息，如网络属性信息、UE 所需的定时器、公共信道信息、小区选择、小区重选以及小区测量等。这些参数决定了 UE 在小区中的驻留、重选以及呼叫等操作。只有接收了必要的系统消息，UE 才能在这个小区驻留。

1. 系统消息的广播过程

NodeB 通过 BCH 信道将系统信息周期性地广播给小区中的所有 UE，实时地告知终端当前网络的具体情况，所广播的系统信息主要涉及接入网和核心网的公共信息。

BCH 信道的 TTI 为 20ms，也就是说 NodeB 每 20ms 发送一次系统消息给 UE。

2. 系统消息的更新过程

当网络规划、优化人员对小区的网络参数进行规划或优化时，可能导致系统消息中某些字段的变化。此时，小区需要通过发布系统消息更改信息时，通知驻留在当前小区下的用户采用新的系统消息参数。

使用 Value Tag 的系统信息块发生改变时，需将 BCH modification info 中 MIB 的 Value Tag 设为新值，并且用以下三种方式通知 UE：

1）UE 处于 IDLE、Cell_PCH、URA_PCH 状态下，UTRAN 通过发送 Paging Type1 消息通知 UE 重新读取新的系统消息。

2）UE 处于 Cell_FACH 状态下，UTRAN 发送系统消息变更指示消息（System Information Change Indication）通知 UE 重新读取新的系统消息。

3）UE 处于 Cell_DCH 状态下（例如正处于通话或执行数据交互业务的用户），系统消息的改变不会立即通知 UE，用户将继续按原系统参数执行，直至业务结束并返回到 CELL_FACH 或 Idle 状态。

7.2　系统消息构成

系统消息包含 MIB（Master Information Block）、SB（Scheduling Block）和 SIB（System Information Block）三个层级，如图 7-1 所示。MIB 用于承载一定数目 SIB 或 SB（最多 2 个 SB）的调度信息，SB 用于存放 MIB 剩余 SIB 的调度信息，SIB 用于存放具体的系统消息。

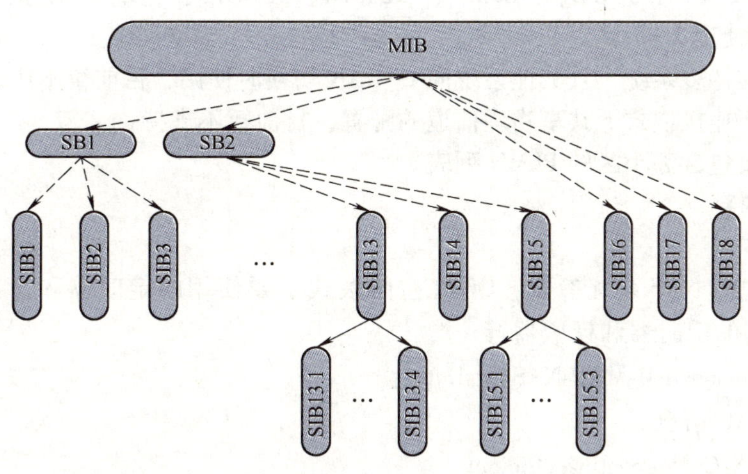

图 7-1　系统消息

7.3　系统参数

7.3.1　MIB

MIB 主要包含值卷标（Value Tag）、所支持的 PLMN 类型和标识、SB 和 SIB 调度信息。

1）MIB-Value Tag：MIB 值标签，为 1 ~ 8 之间的整数，在系统信息修改时值会变；

2）Support PLMN-Type：所支持的 PLMN 类型；

3）PLMN identity：服务小区的 PLMN 类型，包括 MCC 和 MNC 两部分。

7.3.2　SIB 的类型

SIB 是包含具体的系统消息的块，其调度信息是由 SB 来承载的，总共有 18 种类型：

SIB1～SIB18，列举如下：

SIB1：主要包含非接入层（NAS）消息，定时器信息和 DRX Cycle Length Coefficient；

SIB2：主要包含 URA id；

SIB3：主要包含小区选择/重选门限参数；

SIB4：主要包含小区选择/重选门限参数（仅在连接状态下有效）；

SIB5：主要包含公共信道配置信息；

SIB6：主要包含公共信道配置信息（仅在连接模式下有效）；

SIB7：主要包含业务接入控制参数，由于业务接入参数会随着无线环境的改变而经常发生变化，因此 SIB7 需要周期读取；

SIB8、SIB9、SIB10：仅供 FDD 使用；

SIB11：主要包含测量控制信息；

SIB12：主要包含测量控制信息（仅在连接模式下有效）；

SIB13、SIB13.1、SIB13.2、SIB13.3、SIB13.4：供 ANSI-41 使用；

SIB14：目前不支持；

SIB15、SIB15.1、SIB15.2、SIB15.3、SIB15.4、SIB15.5：在基于 UE 或 UE 辅助的定位时使用，目前不使用；

SIB16：在支持多系统，且其他系统向 UTRAN 切换时使用，目前暂不用；

SIB17：用于连接模式下共享物理信道的配置，目前暂不支持；

SIB18：主要包含邻小区的 PLMN 列表。

7.3.3　SIB 的内容

1. SIB1 的内容

SIB1 主要包括 NAS 系统参数、UE 在空闲模式下要使用的定时器和计数器、UE 在连接模式下要使用的定时器和计数器等。

（1）CN-commonGSM-MAP-NAS-SysInfo

主要包含 LAC 信息。

（2）Cn-DRX-CycleLengthCoefficient

Cn-DRX-CycleLengthCoefficient 表示非连续接收循环周期长度系数，设置为 6～9。

（3）CN-domainSysInfoList（CS）

第一个字节表示位置更新周期，第二个字节的最后一位指示 UE 开机是否要发起位置更新，如“1E01”中 1E 表示每 3h 发起 1 次位置更新，01 表示 UE 开机要做位置更新。

（4）UE 在空闲模式下要使用的定时器和计数器

1）T300：重复进行 RRC 连接请求时的定时器；

2）N300：RRC 连接请求次数计数器。

（5）连接状态下的几个重要定时器

1）T312：取值范围（0～15），单位为 s，当 UE 从 L1 检测到连续的 N312 个“in sync”指示时停止。在超时后，将执行物理层信道建立失败的相应标准。

2）T313：整数值，取值范围（0～15），单位为 s，默认值为 3。在 UE 从 L1 检测到连续 N313 个 "out of sync" 指示时被启动；在从 L1 检测到连续 N315 个 "in sync" 指示之后停止。在超时后，执行无线链路失败的相关标准，UE 转入 CELL_FACH 状态。

3）T314：默认值为 12，当满足无线链路失败的标准，且存在与 T314 相关联的无线承载时，该定时器被启动。当小区更新成功，该定时器被停止；超时后 UE 转入 CELL_IDLE 状态，业务就此停止。

2. SIB2 的内容

SIB2 很简单，只包含了一个参数 Ura-IdentityList，指示该小区属于哪几个 URA，该参数只用于 URA-PCH 状态，一个小区最多可以属于 8 个 URA。

3. SIB3 和 SIB4 的内容

SIB3 和 SIB4 中包含的内容类似，UE 在空闲模式下将通过读取 SIB3 来获取相应的系统参数。UE 在连接模式下，会通过读取 SIB4 来获得相应的系统参数。SIB3 中包含小区选择/重选的参数和指示 SIB4 是否在本小区广播。

（1）SIB4 的提示信息

用于表示系统是否使用 SIB4。如果指示为不使用 SIB4，则 UE 在连接模式下将读取 SIB3。

（2）UTRAN 移动性信息

1）Cell Identity：在当前 PLMN 中唯一的小区标识；

2）s_IntraSearch：在针对 P-CPICH Ec/No 进行同频测量和 HCS 测量时的选择门限，单位为 dB，范围为 -32 ~ 20dB，实际表示 0 ~ 10dB（UE 认为负值表示 0）；

3）s_InterSearch：在针对 P-CPICH Ec/No 进行异频测量和 HCS 测量时的选择门限，单位为 dB，范围为 -32 ~ 20dB，实际表示 0 ~ 10dB（UE 认为负值表示 0）；

4）q_QualMin：即为进行小区选择时，要求小区 P-CPICH Ec/No 最少具有的服务电平，单位为 dB，范围为 -24 ~ 0dB；

5）q_RxLevMin：进行小区选择要求小区最少具有的接收功率电平 RSSI，单位为 dBm，范围为 -115 ~ -25dBm；

6）q_Hyst_1：进行小区重选时当 P-CPICH RSCP 为测量目标时的迟滞要求，单位为 dB，范围为 0 ~ 40dB；

7）q_Hyst_2：进行小区重选时当 P-CPICH Ec/No 为测量目标时迟滞要求，单位为 dB，范围为 0 ~ 40dB；

8）t_Reselection：进行小区重选的定时器长度，单位为 s，范围为 0 ~ 31s；

9）MaxAllowedUL_TX_Power：允许 UE 最大上行发射功率，单位为 dBm，范围为 -50 ~ 33dBm；

10）accessClassBarredList：当前小区禁止 UE 接入的级别，一共 16 个级别，一般均为否，即表示允许接入。

4. SIB5 和 SIB6 的内容

SIB5 和 SIB6 中包含的内容类似。SIB5 主要包含小区中公共物理信道的相关参数；SIB6 主要包含小区中的公共物理信道和共享物理信道的相关参数。

UE 在空闲模式下将读取 SIB5 获取相应的系统参数；如果使用 SIB6，则 UE 在连接模式下，通过读取 SIB6 来获取相应的系统参数。

SIB5 中包含以下主要参数：

（1）SIB6 的指示

用于表示系统是否使用 SIB6。

（2）小区中公共物理信道的相关参数

其中包括以下内容：

1）Pich_PowerOffset：Pich 信道相对 P-CPICH 的发射功率偏移，单位为 dB，范围为 -10 ~5dB；

2）Aich_PowerOffset：Aich 信道相对 P-CPICH 的发射功率，单位为 dB，范围为 -22 ~ 5dB；

3）Tx_DiversityIndicator：指示当前小区是否使用发射分集；

4）小区也可能只使用一个 PRACH，有关 PRACH 的信息如下：

① PRACH 的 FDD 相关信息，包括可使用的 Signature 和可使用的扩频增益（SF）；

② PRACH 对应的 RACH 的传输信道号；

③ RACH 使用的 TFS，定义 RACH 信道的传输格式集合；

④ RACH 使用的 TFCS，定义 RACH 信道的传输格式控制集合；

⑤ PRACH partitioning 信息：其中包含每个接入服务级别（ASC）可使用的 Signature 和被分配的子信道号；

⑥ PRACH 的 persistence scaling factors；

⑦ 接入级别（AC）到接入服务级别（ASC）的映射关系；

⑧ FDD 的相关参数：

A. p-cpich 的发射功率：单位为 dBm，范围为 -10 ~50dBm，一般为 31dBm；

B. Constant Value：供 UE 进行上行开环功率控制估计时使用，范围为 -35 ~ -10dB，该值越大，UE 上行接入初始功率越高；

C. PRACH 的功率偏置：包括以下两个参数：

Power-Ramp-Step：UE 在进行上行接入试探时每次上升的功率步长，单位 dB，范围为 1 ~8dB。

Preamble-Retrans-Max：UE 在上行接入每次 Preamble 攀升循环中最大允许发射的 Preamble 个数，范围为 1 ~64。

D. PRACH 发射参数：

Mmax：UE 在上行接入中 Preamble 攀升循环的最大个数，范围为 1 ~32；

NB01min：UE 在上行接入中每两次 Preamble 循环之间随机退后时间的最小值，单位 10ms，范围为 0 ~50；

NB01max：UE 在上行接入中每两次 Preamble 循环之间随机退后时间的最大值，单位 10ms，范围为 0 ~50。

5）小区也可能只使用一个 S-CCPCH，有关 S-CCPCH 的信息如下：

① 有关物理信道 S-CCPCH 相关的信息：小区的从扰码、是否使用发射分集的指示、扩频增益、扩频码、是否使用导频符号、是否使用 TFCI 以及传输信道复用时是使用 Fixed 方式还是 Flexible 方式等。

② 在此物理信道 S-CCPCH 上使用的所有可能的传输信道格式组合（TFCS）。

③ 传输信道信息包括：

A. TFS，其中包括传输信道的动态参数和半静态参数；

B. 传输信道号；

C. 是否使用 CTCH 的指示，如果存在 CTCH 到 FACH 的映射，则置为 TRUE，如果没有使用 CTCH 做小区广播服务，则置 FALSE。

④ 如果有 PCH 映射到此 S-CCPCH 上，则在该 S-CCPCH 系统信息中还将包含与 PCH 关联的 PICH 信息：

A. PICH 使用的信道码；

B. 在一个物理帧中包含多少个寻呼指示（PI）；

C. 指示 PICH 是否使用发射分集。

6）用于小区广播业务（CBS）使用的不连续接收信息，小区广播业务使用 CTCH/FACH/S-CCPCH 的信道映射；

7）AICH 信息：包括 AICH 使用的信道码、AICH 是否使用发射分集的指示和 AICH 的发射时间信息。

5. SIB7 中的内容

SIB7 包含小区中一些快速变化的参数（例如无线环境变化的相关参数），主要包括以下内容：

1）上行链路的干扰水平（UL-interference）。UE 上行链路的开环功率控制过程将使用该参数，用于计算 PRACH 第一个接入前缀的功率，表示当前小区所处无线环境的上行干扰水平，单位为 dBm，范围为 -110 ~ -70dBm，典型空载环境下该值为 -105dBm 左右。

2）PRACH 的动态保持级别（Dynamic Persistence Level）。

6. SIB11 中的内容

SIB11 和 SIB12 均包含 UE 测量控制的有关参数。

在空闲模式下，UE 通过读取 SIB11 来获取测量控制的有关参数，并执行测量动作。UE 的测量和测量报告对于小区选择、切换等网络重要性能起关键作用。

在连接模式下，UE 通过读取 SIB12 来获取测量控制信息。如果网络不支持 SIB12，则使用 SIB11。

SIB11 包含以下信息：

1）是否使用 SIB12 的指示。

2）FACH measurement occasion info，用于控制处于 CELL_FACH 状态 UE 的异频测量和系统间测量动作。如果在 FACH measurement occasion info 中指示 UE 需要在 CELL_FACH 状态下进行异频测量或系统间测量，则 UE 需要对 SIB11/12 中列出的异频小区或系统间小区进行测量。

3）测量控制系统消息。此信息单元中包含了小区选择/重选、同频测量、异频测量、系统间测量、数据量测量等测量控制信息。主要参数如下：

① Intra-frequency cell info list：指示每一个同频测量小区的相关信息，包括小区 ID、该小区 P-CPICH 信道功率等；

② intraFreqMeasQuantity：指示同频测量的目标，可以是 P-CPICH Ec/No、P-CPICH RSCP、Pathloss 或 UTRA Carrier SSI，通常选择 P-CPICH Ec/No；

③ Measurement Report Transfer Mode：指示 UE 在 DCH 上报的测量报告传送方式，可以是 AM RLC 确认模式或者 UM RLC 非确认模式；

④ Periodical Reporting/Event Trigger Reporting Mode：指示 UE 选择测量报告上报方式，一般为事件触发；

⑤ 与 1A 事件相关的参数：

A. e1a. triggeringCondition：指示事件 1A 的触发条件即监视集合，可以是激活集、监视集、激活集和监视集；

B. e1a. reportingRange：指示事件 1A 的报告门限，单位 0.5dB，取值范围为 0 ~ 14.5dB；

C. e1a. w：指示事件 1A 的 W 窗口大小，步长为 0.1，取值范围为 0 ~ 2.0；

D. e1a. reportDeactivationThreshold：事件 1A 的去激活门限，表示激活集内的小区个数，取值范围为 0 ~ 7dB，典型范围为 2 ~ 4dB；

E. e1a. reportingAmount：表示 1A 事件触发时周期上报的次数，选择范围为一个枚举，即为 {1，2，4，8，16，32，64，Infinity}；

F. e1a. reportingInterval：事件 1A 的报告间隔，单位为 ms，范围为 0 ~ 16000ms；

G. e1a. Hysteresis：事件 1A 的迟滞，单位为 0.5dB，范围为 0 ~ 7.5dB；

H. e1a. timeToTrigger：事件 1A 的触发延续时间，单位为 ms，范围为 0 ~ 5000ms；

⑥ 与 1B 事件相关的参数；

A. e1b. triggeringCondition：指示事件 1B 的触发条件即监视集合，可以是激活集、监视集、激活集和监视集；

B. e1b. reportingRange：指示事件 1B 的报告门限，单位 0.5dB，范围为 0 ~ 14.5dB；

C. e1b. w：指示事件 1B 的 W 窗口大小，步长为 0.1，范围为 0 ~ 2.0；

D. e1b. Hysteresis：事件 1B 的迟滞，单位为 0.5dB，范围为 0 ~ 7.5dB；

E. e1b. timeToTrigger：事件 1B 的触发延续时间，单位为 ms，范围为 0 ~ 5000ms；

⑦ 与 1C 事件相关的参数；

A. e1c. triggeringCondition：指示事件 1C 的触发条件即监视集合，可以是激活集、监视集、激活集和监视集；

B. e1c. reportingRange：指示事件 1C 的报告门限，单位 0.5dB，范围为 0 ~ 14.5dB；

C. e1c. w：指示事件 1C 的 W 窗口大小，步长为 0.1，范围为 0 ~ 2.0；

D. e1c. replacementActivationThreshold：事件 1C 的替换激活门限，范围为 0 ~ 7；

E. e1c. reportingAmount：事件 1C 的报告数目，选择范围为一个枚举；

F. e1c. reportingInterval：事件 1C 的报告间隔，单位为 ms，范围为 0 ~ 16000ms；

G. e1c. Hysteresis：事件 1C 的迟滞，单位为 0.5dB，范围为 0 ~ 7.5dB；

H. e1c. timeToTrigger：事件 1C 的触发延续时间，单位为 ms，范围为 0 ~ 5000ms。

SIB8 和 SIB9 中包含与 CPCH 有关的信息，这里暂不详述。而 SIB10 通过 FACH 映射到 S-CCPCH 来发送小区中 DRAC（动态资源分配控制）相关的参数。

【本章总结】

1. 知识体系

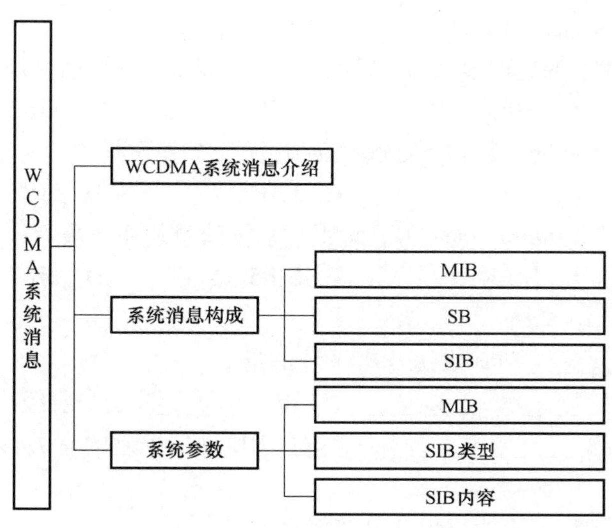

2. 知识要点

1）系统信息由 NodeB 通过 BCH 信道周期性地广播给小区中所有的 UE。系统消息中包含着大量的参数，这些参数主要包括网络属性信息、UE 所需的定时器、公共信道信息、小区选择与重选和测量信息。这些参数决定了 UE 在小区中的驻留、重选以及呼叫。UE 只有接收全了必要的系统消息，才能在这个小区驻留。

2）系统消息包含 MIB（Master Information Block）、SB（Scheduling Block）和 SIB（System Information Block）三个层级。

3）MIB 用于承载一定数目 SIB 或 SB（最多 2 个 SB）的调度信息，还包含值标签（Value Tag）、所支持的 PLMN 类型等信息。

4）SB 用于存放 MIB 剩余 SIB 的调度信息，SIB 用于存放具体的系统消息，总共有 18 种类型。

5）SIB1 主要包括 NAS 系统参数、UE 在空闲模式下使用的定时器和计数器、UE 在连接模式下使用的定时器和计数器等。

6）SIB3 和 SIB4 中包含的内容类似，UE 在 IDLE 模式下将通过读取 SIB3 来获取相应的系统参数。UE 在连接模式下，会通过读取 SIB4 来获得相应的系统参数。SIB3 中包含小区选择/重选的参数和指示 SIB4 是否在本小区广播。

7）SIB5 主要包含小区中公共物理信道的相关参数；SIB6 主要包含小区中的公共物理信道和共享物理信道的相关参数。

8）SIB7 包含小区中一些快速变化的参数。比如，上行链路的干扰水平、PRACH 的动态保持级别。

9）SIB11 和 SIB12 包含 UE 测量控制的有关参数。在空闲模式下，UE 通过读取 SIB11 来获取测量控制的有关参数，并执行测量动作。UE 的测量和测量报告对于小区选择、切换等网络重要性能起关键作用。

【思考与复习题】

一、选择

1. UE 在连接模式下的定时器和计数器常数在下面哪个系统消息块中下发（ ）。

A. SIB1 B. SIB3 C. SIB5 D. SIB7

2. 小区选择和小区重选参数在下面哪个系统消息块中下发（ ）。

A. SIB1 B. SIB3 C. SIB5 D. SIB7

3. 上行干扰信息 UL-interference 在下面哪个系统消息块中下发（ ）。

A. SIB1 B. SIB3 C. SIB5 D. SIB7

二、填空

1. NodeB 每隔__________ ms 发送一次系统消息。

2. 系统消息包含__________、__________和__________三个层级。

3. 系统消息块中的________________包含 UE 测量控制的有关参数。

三、简答

1. 什么是系统消息？系统消息包含哪些消息？

2. 请问接入信道参数在系统消息中哪个 SIB 中下发？请结合 Pioneer Polit 软件采集数据，举例说明接入信道参数的具体设置值。

3. 邻区关系在哪个 SIB 中下发？

第 8 章　WCDMA 无线网络接入

【学习目标】

知　识	重点	1. 随机接入信道； 2. 随机接入过程； 3. 小区接入参数的含义。
	难点	1. UE 随机接入过程的具体过程； 2. 小区接入参数的含义。
建议学时	4 课时	

在 WCDMA 移动通信系统中，当 UE 需要与网络进行通信时，UE 就需要发起随机接入过程。UE 发起随机接入过程的原因可能有多种，例如，开机进行附着、关机进行分离、UE 发起的语音或分组呼叫、UE 的位置更新过程、对寻呼的响应等。随机接入过程的目的就是在 UE 和 SRNC 之间建立一条 RRC 连接，这条 RRC 连接是 UE 与网络之间进行一切数据交互的基础。

由于 UE 与 URTAN 之间距离不确定，所以 UE 发起的信号到基站的时间不确定，初始信号强度不确定，UE 采用的前缀码扰码号也不确定，因此接入过程是一个随机过程。

接入过程一般发生在 UE 与所在小区同步并读取小区广播信息后，UE 在开始接入时并没有被分配任何专用信道资源，所以 UE 只能使用上行公共信道 RACH 发送开始的接入请求。UE 使用 RACH 向基站发送的第一条消息是 RRC 消息，如果 RRC 连接建立在专用信道，系统就需要分配专用信道；如果 RRC 连接建立在公共信道，系统就无需分配专用信道。

8.1　随机接入信道

RACH 是一个上行公共传输信道，与其有一一对应关系的物理信道是 PRACH，这是一个上行公共物理信道。RACH 总是在整个小区内被 NodeB 进行接收，其特点是带有碰撞和使用开环功率控制。

随机接入信道的传输基于带有快速捕获指示的时隙 ALOHA 方式，UE 可以在一个预定义的时间偏置启动 PRACH 信道传输。在 WCDMA 系统中，每两个 10ms 无线帧组成一个 20ms 接入帧，一个接入帧分成 15 个接入时隙，每个接入时隙长度为 5120chip，接入帧结构如图 8-1 所示，该图显示了接入时隙的数量和它们之间的相互间隔。UE 可以通过 UTRAN 给出的系统消息（SIB5、SIB6）得出当前小区中哪些接入时隙是可用的。

这些接入时隙根据与 P-CCPCH 的帧定位关系组成了 12 个 RACH 子信道，UE 通过 PRACH 子信道号与接入时隙的映射关系就可以推出哪些接入时隙可用。通过接入子信道号

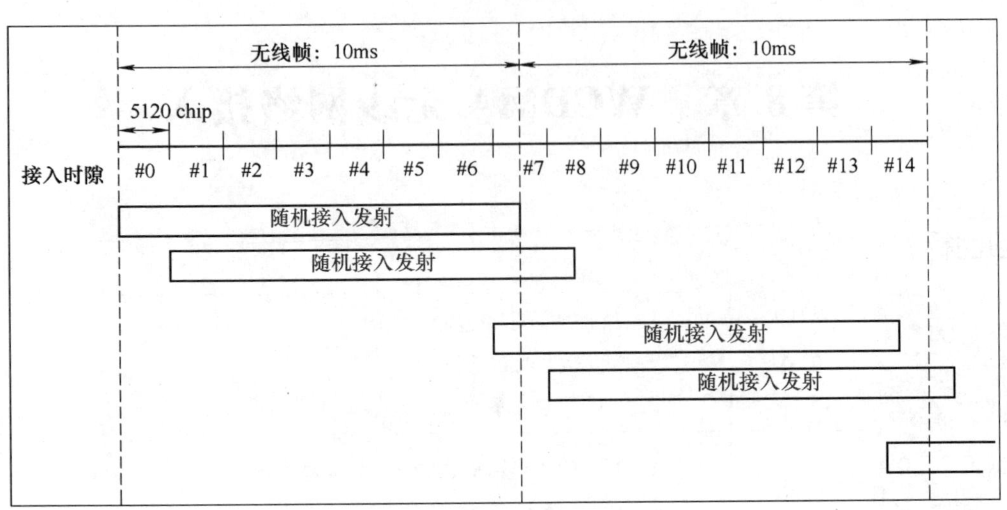

图 8-1　PRACH 接入帧结构

与接入时隙的映射，可以有效地降低一个小区在同一时刻接入网络，从而有效地降低了系统的负载。

用户在每个接入时隙的开始时刻都可以发起随机接入发射，随机接入发射的结构如图 8-2 所示，包括前缀码和一个或多个长为 10ms 或 20ms 的消息部分。

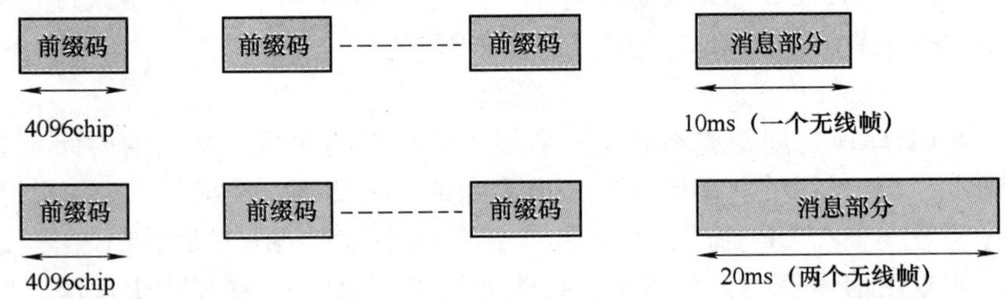

图 8-2　随机接入发射的结构

随机接入的前缀码部分长度为 4096chip，包括一个长度为 16chip 签名（Singnature）的 256 次重复，签名是基于长为 16chip 的正交 Gold 码产生的，WCDMA 系统中共有 16 个不同的签名。

随机接入消息部分承载的信息主要包括 UE 的标志信息，以及申请的服务类别等。随机接入 20ms 的消息被分为 15 个时隙，每个时隙的长度是 5120chip。每个时隙包括两个部分：一个是数据部分，RACH 传输信道映射到这部分；另一个是控制部分，用来传送 L1 控制信息。数据和控制部分是码复用并行发射传输的。一个 10ms 消息部分由一个无线帧组成，而一个 20ms 的消息部分由两个连续的 10ms 无线帧组成。消息部分的长度可以由使用的签名或接入时隙决定，这是由高层配置的。

数据部分包括 10×2^kbit，其中 $k=0$、1、2、3。对消息的数据部分来说分别对应扩频因子为 256、128、64 和 32。

控制部分包括 8 个已知的导频比特，用来支持用于相干检测的信道估计，以及 2 个 TFCI 比特，对消息控制部分来说，对应的扩频因子为 256。在随机接入消息中 TFCI 比特的总数为 15×2bit $=30$bit。TFCI 值对应于当前随机接入消息的一个特定的传输格式。在 PRACH

消息部分长度为 20ms 的情况下，TFCI 将在第二个无线帧中重复。

下行 AICH 被分成下行接入时隙，每个接入时隙长为 5120chip。下行接入时隙与 P-CPICH在时间上对齐。上行 PRACH 被分成上行接入时隙，每个接入时隙为 5120chip。第 n 个上行接入时隙是在 UE 接收到第 n 个下行接入时隙（其中 $n=0$、1、…、14）之前 τ_{p_a} 个码片时开始传输的。下行捕获指示的发射仅在下行接入时隙的开始处进行。类似的，上行 RACH 的前缀码和消息部分的发射仅在一个上行接入时隙的开始处进行。从 UE 的角度看到的 PRACH 和 AICH 的定时关系如图 8-3 所示。

前缀码到前缀码的距离 τ_{p_p} 应大于或等于前缀码到前缀码最小距离 $\tau_{p\_p,min}$，即 $\tau_{p\_p} \geqslant \tau_{p\_p,min}$。

前缀码到 AICH 的距离 τ_{p_a} 和前缀码到消息的距离 τ_{p_m}，分别定义如下：

当 AICH_Transmission_Timing 设为 0 时：

$\tau_{p_p,min}=15360$chip（3 access slots）

$\tau_{p_a}=7680$chip

$\tau_{p_m}=15360$chip（3 access slots）

当 AICH_Transmission_Timing 设为 1 时：

$\tau_{p_p,min}=20480$chip（4 access slots）

$\tau_{p_a}=12800$chip

$\tau_{p_m}=20480$chip（4 access slots）

参数 AICH_Transmission_Timing 是由高层通过信令方式给出的。

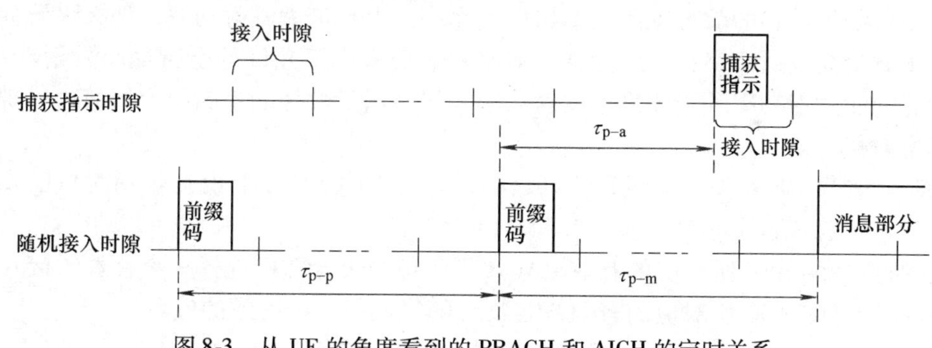

图 8-3　从 UE 的角度看到的 PRACH 和 AICH 的定时关系

8.2　随机接入过程

当 UE 的物理层收到来自 MAC 子层的 PHY-DATA-REQ 原语请求后，便启动物理随机接入过程。

在启动物理随机接入过程之前，UE 层一（物理层）应该从 UE 高层（RRC 层）收到以下系统信息：

1）前缀码部分的扰码；

2）消息部分的长度为 10ms 或 20ms；

3）参数 AICH_Transmission_Timing 的值（0 或 1）；

4）对于每一个 ASC（接入子信道）号，在 SIB5 和 SIB6 中会给出可以使用的签名集合和 RACH 接入子信道组集合；

5）功率攀升步长 PowerRampStep（integer >0）；

6）前缀码最大重传次数 PreambleRetransMax（integer >0）；

7）初始前缀码发射功率 PreambleInitialPower；

8）最后一次发射前缀码所用功率与随机接入消息中控制部分发射功率的偏置值 $P\text{p\_m} = P_{\text{message-control}} - P_{\text{preamble}}$，用 dB 来度量；

9）TFS 参数，其中包括针对每一种传输格式，随机接入消息的数据部分和控制部分的功率偏差。

在每一次物理随机接入过程启动之前，上述参数都可能会被高层更新。此外，在启动物理随机接入过程之前，层一还应该从 MAC 层收到下述信息：

1）用于 PRACH 消息部分的传输格式；

2）PRACH 发射的 ASC；

3）要发射的数据（TBS）。

UE 在需要发起物理随机接入时，按照如下步骤来操作：

第一步：根据配置 ASC 所对应的有效 RACH 子信道号，从有效的 RACH 子信道号所对应的接入时隙集中随机选择一个有效的接入时隙。

第二步：根据给定的 ASC，从签名集合中随机选择接入所用签名。

第三步：设定 PRACH 前缀码，重传计数器初值为 PreambleRetransMax。

第四步：设置前缀的初始发射功率。

第五步：如果计算的前缀发射功率超过了允许的上行最大发射功率，那么设置此前缀发射功率等于此最大发射功率；如果计算的前缀发射功率小于允许的上行最小发射功率水平，那么设置此前缀发射功率等于此最小发射功率。然后用所选择的签名、上行接入时隙、前缀发射功率发射接入前缀。

第六步：如果 UE 在发送前缀码信息之后，在对应的 AICH 上没有收到对自己发送前缀码信息的肯定应答或否定应答，那么 UE 的 L1 将：

1）在所选择的 ASC 所对应的有效 RACH 子信道号集合随机选择一个有效的接入时隙；

2）在所选择的 ASC 所对应的有效签名集合随机选择一个有效的签名；

3）以步长 PowerRampStep 的设置值增加前缀的发射功率；

4）把前缀重传计数器减 1；

5）如果前缀重传计数器 >0，那么跳到第五步重新执行；否则 UE 的物理层（L1）将向高层（MAC）报告状态（“No ack on AICH”），并退出物理随机接入过程。

如果 UE 在上行接入时隙之后的确定时间内收到 AICH 上关于所选择签名的否定应答，那么 UE 的物理层将向高层报告状态（“Nack on AICH received”），并退出物理随机接入过程。

如果 UE 在上行接入时隙之后的确定时间内收到 AICH 上关于所选择签名的肯定应答，那么在发送前缀时隙后的第 3 或 4 个上行接入时隙发送随机接入的消息部分；是第 3 个时隙还是第 4 个时隙依靠于高层所配置的参数：AICH transmission timing。

UE 的物理层将向高层报告状态（“RACH message transmitted”），并退出物理随机接入过程。

从上面随机接入过程的操作流程来看，UE 在需要发起接入时，首先发射前缀码，然后在确定的下行接入时隙等待来自 NodeB 的确认信号。NodeB 在每个上行时隙检测 UE 发射的前缀码，如果 NodeB 检测到 UE 发射的前缀码，就会通过下行 AICH 信道返回一个捕获指示信号。UE 在发出前缀码后一个确定的下行接入时隙检测捕获指示信号 AI，如果得到允许就继续发射消息部分，完成一次物理随机接入。如果没有收到捕获指示，UE 就按照一个设定的步长增加发射功率，并在允许的次数内来重复“发射前缀码至检测捕获指示 AI 信号”的握手过程，直到得到允许后才开始发送消息部分，完成一次物理随机接入过程。UE 如果收到不允许接入的指示信号，就退出本次随机接入过程，然后上报状态。

8.3 小区接入参数

下面列出了与接入问题密切相关的几个参数，在定位接入失败的问题时，可以根据具体原因调整这些参数的设置。

（1）FACH 信道的发射功率

该参数定义了 FACH 的发射功率。该参数设置过小，会使得小区边缘 UE 不能正确接收 FACH 承载的业务和信令，影响下行公共信道覆盖；从而最终影响小区覆盖；设置过大，则会对其他信道产生干扰，并且占用下行发射功率，影响小区容量。默认 FACH 信道的功率为 -1dB，该值是基于覆盖小区边缘 P-CPICH Ec/No 为 -12dB 获得的。如果现场的覆盖更差，需要根据边缘 P-CPICH Ec/No 的大小相应地提高 FACH 的功率。

（2）PCH 信道的发射功率

该参数定义了 PCH 的发射功率。该参数设置过小，会使得小区边缘 UE 无法正确接收寻呼信息，增加寻呼的时延，导致寻呼成功率低，从而影响接入成功率；设置过大则浪费功率，增加了下行干扰。

（3）PICH 信道的发射功率

该参数定义了 PICH 的发射功率。该参数设置过小，会使得小区边缘的 UE 无法正确接收寻呼指示信息，导致呼叫时延增加；也有可能会使 UE 错误地读取 PICH 信息，在随后的时间里，对 PCH 信道进行解码操作，浪费 UE 电池；该参数设置过小，还会影响下行公共信道覆盖，从而最终影响小区覆盖。由于 PICH 信道是连续发射的，所以设置过大，则会对其他信道产生干扰，并且占用下行发射功率，影响小区容量，所以建议不增大 PICH 信道的发射功率。

（4）AICH 信道的发射功率

该参数设置过小，会使得小区边缘 UE 无法正确接收捕获指示，影响下行公共信道覆盖。默认该参数配置为 -6dB，从优化结果来看，AICH 的功率在下行的覆盖中一般没有问题，而且该信道是连续发射的，如果提高功率会占用较大的下行容量。

（5）PRACH 的相关参数

对应上行 PRACH 的问题，需要调整 PRACH 的相应参数，包括初始发射功率常量 Constant Value、功率攀升步长 PowerRampStep、前缀重传最大次数 PreambleRetransMax、前缀和消息部分的功率偏置 PowerOffsetPpm、前缀循环最大次数 Mmax 等参数。

1）初始发射功率常量。该参数是用于 UE 根据开环功率估计计算 PRACH 的初始发射功率时的校正常数。

参数取值范围：-35～-10；物理表示范围：-35～-10dB，步长 1dB。

参数设置：默认配置为-20，即-20dB。

2）功率攀升步长。该参数是用于 UE 没有接收到 NodeB 捕获指示时提升 Preamble 功率的幅度。

参数取值范围：1～8；物理表示范围：1～8dB，步长 1dB。

参数设置：默认配置为 2。

3）前缀重传最大次数。该参数是 UE 在一个 Preamble 攀升周期内 Preamble 的最大重传次数。该参数和功率攀升步长之积，决定了 UE 在一个 Preamble 攀升周期内可以攀升的最大功率。该值设置过小可能会使得 Preamble 功率不能升到所需值，UE 不能成功接入；设置过大可能会使 UE 不断升高功率，反复尝试接入，对其他用户造成干扰。

参数取值范围：1～64；物理表示范围：1～64 次，步长为 1。

参数设置：默认配置为 8。

4）前缀和消息部分的功率偏置。最后一个接入前缀和消息部分的功率偏置，在接入前缀功率的基础上加上该值就得到控制部分的功率。

参数取值范围：-5～10；物理表示范围：-5～10dB，步长为 1dB。

参数设置：根据外场测试结果，在传输信令时，配置为-3dB；在传输业务时，配置为-2dB。

5）前缀循环最大次数。该参数定义随机接入前缀发起循环最大次数。UE 在发送前缀 Preamble 并已达到最大重传次数 PreambleRetransMax 之后，如果仍然没有接收到捕获指示，经过指定等待时间之后，可以重新尝试接入，如此循环的次数最大不能超过 Mmax。

参数取值范围：1～32；物理表示范围：1～32 次，步长为 1。

参数设置：默认值为 8。

上面 PRACH 的相关参数之间相互制约，通过调整 PRACH 的相关参数，可以解决一些 PRACH 的问题。

【本章总结】

1. 知识体系

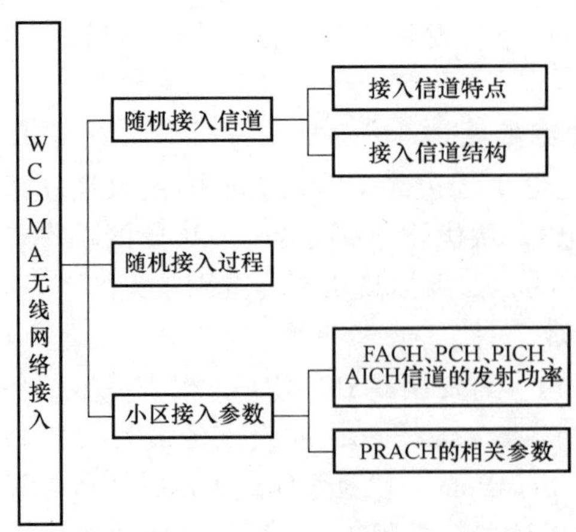

2. 知识要点

1）随机接入信道的传输基于带有快速捕获指示的时隙 ALOHA 方式，UE 可以在一个预定义的时间偏置启动 PRACH 信道传输。在 WCDMA 系统中，每两个 10ms 无线帧组成一个 20ms 接入帧，一个接入帧分成 15 个接入时隙，间隔为 5120chip。

2）随机接入的前缀码部分长度为 4096chip，包括一个长度为 16chip 签名（Singnature）的 256 次重复。

3）随机接入 20ms 的消息被分为 15 个时隙，每个时隙的长度是 5120chip。每个时隙包括两个部分：一个是数据部分，RACH 传输信道映射到这部分；另一个是控制部分，用来传送 L1 控制信息。

4）下行捕获指示的发射仅在下行接入时隙的开始处进行。每个接入时隙长为 5120chip。

5）前缀循环最大次数 Mmax 定义随机接入前缀发起循环最大次数。UE 在发送前缀 Preamble 并已达到最大重传次数 PreambleRetransMax 之后，如果仍然没有接收到捕获指示，经过指定等待时间之后，可以重新尝试接入，如此循环的次数最大不能超过 Mmax。

6）PRACH 功率攀升步长 PowerRampStep 用于 UE 没有接收到 NodeB 捕获指示时对 Preamble 功率的提升步长。

7）前缀和消息部分的功率偏置 PowerOffsetPpm 为最后一个接入前缀和消息控制部分的功率偏移，在接入前缀功率的基础上加上该值就得到控制部分的功率。

8）PRACH 初始发射功率常量 Constant Value 是用于 UE 根据开环功率估计计算 PRACH 的初始发射功率时的校正常数。

9）AICH 信道的发射功率设置过小，会使得小区边缘 UE 无法正确接收捕获指示，影响下行公共信道覆盖；如果提高功率则会占用较大的下行容量。

【思考与复习题】

一、填空

1. 每两个 10ms 无线帧组成一个 20ms 接入帧，分成__________个接入时隙，间隔为________ chip。

2. 随机接入发射的信息包括______和______。

二、判断

1. RACH 是一个上行公共传输信道，与其有一一对应关系的物理信道是 PRACH，这是一个上行公共物理信道。（　　）

2. RACH 总是在整个小区内被 NodeB 接收，其特点是带有碰撞和使用开环功率控制。（　　）

三、简答

1. 请写出 WCDMA 网络中 UE 随机接入的详细过程。

2. 请写出常用的小区接入参数，它们有何含义？

第 9 章 WCDMA 空口信令流程与解析

【学习目标】

<table>
<tr><td rowspan="2">知　识</td><td>重点</td><td>1. 接入层的信令流程和非接入层的信令流程；
2. RRC 连接建立流程；
3. RRC CONNECTION REQUEST 消息内容、RRC CONNECTION SETUP 消息内容、RRC CONNECTION SETUP COMPLETE 消息内容；
4. 直传消息；
5. RAB 建立流程；
6. RRC 连接释放流程；
7. 小区更新和 URA 更新流程；
8. 软硬切换流程；
9. Measurement Control 消息内容和 Measurement Report 消息内容。</td></tr>
<tr><td>难点</td><td>1. RRC 连接建立流程；
2. RAB 建立流程；
3. 软硬切换流程；
4. RRC CONNECTION REQUEST 消息内容、RRC CONNECTION SETUP 消息内容、RRC CONNECTION SETUP COMPLETE 消息内容；
5. Measurement Control 消息内容和 Measurement Report 消息内容。</td></tr>
<tr><td>建议学时</td><td colspan="2">6 课时</td></tr>
</table>

由于移动网络无线环境的复杂性，在网络优化中，问题定位具有一定的模糊性，而信令分析由于其数据采集的充分性、数据分析的全面性和精确性，对提高问题定位的准确性有很大帮助。

在进行信令分析之前，需要先了解几个重要的概念：

（1）RRC（Radio Resource Control）连接

RRC 连接是 UE 与 UTRAN 的 RRC 协议层之间建立的一种双向点到点的连接。每个 UE 最多只有一个 RRC 连接。对于 UE 来说，没有 RRC 连接的状态称为空闲模式，有 RRC 连接的状态则称为 RRC 连接模式。UE 在空闲模式下没有专用信道资源，所以 UE 在空闲模式下只有通过公共控制信道与服务 RNC（SRNC）之间传送 RRC 消息。

（2）Iu 信令连接

如果说 RRC 连接建立了 UE 与 UTRAN 之间的信令通路，那么 Iu 信令连接则是建立了

UE 与 CN 之间的信令通路。Iu 信令连接主要传输 UE 与 CN 之间非接入层信令。

（3）无线接入承载（Radio Access Bearer，RAB）

RAB 是一个从 UE 到 CN 的概念，RAB 与 UE 的呼叫或会话相关。UE 建立的每一次呼叫或会话都需要某种特定的承载服务。UE 呼叫类型不同，需要的承载服务也会不同，如速率、QoS 要求等，如一个 AMR 语音呼叫，只需要 12.2kbit/s 的承载就可以了。UE 每建立一个呼叫或会话，就需要有一个特定的 RAB 资源。RAB 可以理解为 UE 和 CN 之间的一个双向的数据传输通道。这个数据传输通道可以看作由两部分构成：一部分是 Iu 接口上的传输层资源；另一部分是空中接口上的无线承载（RB）资源。这两部分资源的传输特性都要满足 RAB 的要求。例如，如果 UE 建立的是一个实时业务，那么 Iu 接口的传输层资源和空中接口的 RB 都要满足实时业务的传输要求。

（4）无线承载（Radio Bearer，RB）

RB 是 UE 与 UTRAN 之间层二（L2）向层三（L3）提供的服务。根据数据传输的内容不同，RB 通常又可以分为传输控制信令的信令无线承载（SRB）和传输业务数据的无线承载。RRC 层作为无线资源控制协议，使用层二提供的 SRB 服务。

（5）无线链路（Radio Link，RL）

无线链路是指一个 UE 和一个 UTRAN 接入点之间的逻辑连接。

9.1　WCDMA 信令流程概述

信令是用来控制用户数据传递的，具有固定格式和流程的消息。信令流程就是通信过程中各个接口的各种协议的信令消息的交互。WCDMA 空口信令就是在 Uu 接口传递消息，用来建立、保持、测量、控制、释放通话或数据业务。

在 WCDMA 系统中具有各种各样的信令流程，从网络构成的层面来说，WCDMA 系统信令流程可以分为电路域的信令流程和分组域的信令流程；从协议栈的层面来说，可以分为接入层的信令流程和非接入层的信令流程。

什么是接入层的信令流程呢？简单地说，接入层的信令流程就是指无线接入层的设备 RNC、NodeB 需要参与处理的信令流程。在协议栈中，RRC 和 RANAP 层及其以下的协议层称为接入层。接入层的流程主要包括 PLMN 选择、小区选择和无线资源管理流程。无线资源管理流程包括 RRC 连接建立流程、UE 和 CN 之间的信令建立流程、RAB 建立流程、呼叫释放流程、切换流程和 SRNS 重定位流程。非接入层的信令流程指只需要 UE 和 CN 处理，而不需要无线接入层的设备 RNC、NodeB 处理的信令流程。非接入层的信令流程主要包括电路域的移动性管理流程、电路域的呼叫控制流程、分组域的移动性管理流程、分组域的会话管理流程。接入层的信令流程都是一些底层的流程，它为 UE 和 CN 之间非接入层信令流程的建立服务。

9.2　无线资源管理流程

9.2.1　RRC 连接建立流程

UE 处于空闲模式时，如果 UE 的 NAS（非接入层）请求建立信令连接，UE 将发起

RRC 连接建立请求过程。当 RNC 接收到 UE 的 RRC 连接建立请求消息，根据特定的算法确定是接受还是拒绝该 RRC 连接建立请求。如果接受，则再根据特定无线资源算法判决是建立在专用信道还是公共信道。RRC 连接建立信道不同，RRC 连接建立流程也不同。如果 RRC 连接不能建立，则 RNC 拒绝本次 RRC 连接建立。

RRC 连接建立可建立在公共信道上，也可建立在专用信道上。若 RRC 连接建立在专用信道上，则 RNC 需要为 UE 分配专用无线资源、建立无线链路，并且为无线链路建立 Iub 接口的 ALCAP 用户面承载，信令流程如图 9-1 所示。

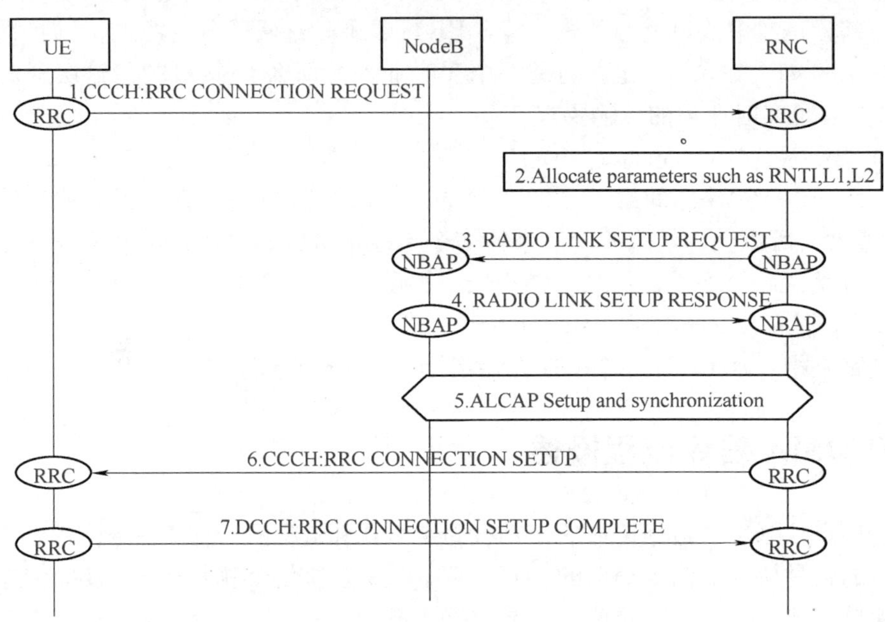

图 9-1 RRC 连接建立信令流程（专用信道）

从图 9-1 可以看出，RRC 连接建立主要包含了如下 7 条消息：

1）UE 通过上行 CCCH 发送 RRC 连接请求消息 RRC CONNECTION REQUEST，请求建立一个 RRC 连接。

RRC CONNECTION REQUEST 消息的主要参数包括 Initial UE Identity、Establishment Cause、使用小区的 P-CPICH 的 Ec/No 或 RSCP 的值、UE 是否支持 HSPA 业务能力，如图 9-2所示。

① 初始的 UE 标识（Initial UE Identity）：如 IMSI、TMSI 等参数，用来让网络识别发送该建立请求消息的 UE。

② 建立原因（Establishment Cause）：有多种类型，但 UE 每次只能选择其一。

③ 使用小区的 P-CPICH 的 Ec/No 的值：$Ec/No = 0.5\times(41-48)\text{dB} = -3.5\text{dB}$。

④ UE capability indication（UE 能力指示）：表明 UE 能力，取值为 HSDCH-EDCH，不存在时表明都不支持。

2）RNC 根据 RRC 连接请求的原因以及系统资源状态，决定 UE 建立在专用信道上，并分配 RNTI、无线资源和其他资源（L1、L2 资源）。

3）RNC 向 NodeB 发送无线链路建立请求消息 RADIO LINK SETUP REQUEST，请求 NodeB 分配 RRC 连接所需的特定无线链路资源。

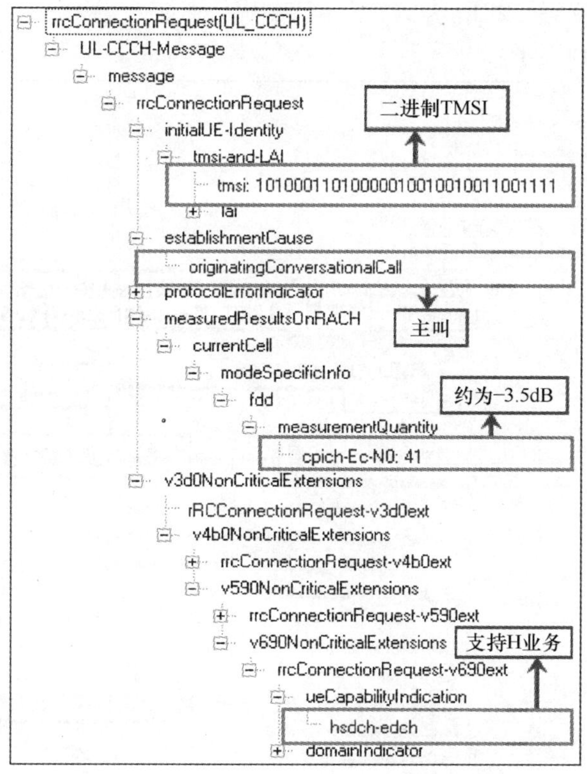

图 9-2　RRC CONNECTION REQUEST 消息

4）NodeB 资源准备成功后，向 RNC 应答无线链路建立响应消息 RADIO LINK SETUP RESPONSE。

5）RNC 使用 ALCAP 协议建立 Iub 接口用户面传输承载，并完成 RNC 与 NodeB 之间的同步过程。

6）RNC 通过下行 CCCH 信道向 UE 发送 RRC 连接建立消息 RRC CONNECTION SETUP，消息包含 RNC 分配的专用信道信息。

RRC CONNECTION SETUP 消息的参数主要包括 U-RNTI、RRC 状态指示、不连续接收循环周期系数、上行允许的最大发射功率、RLC 模式、上下行频点、下行使用的主扰码、下行使用的扩频因子、UE 支持的功率等级等，如图 9-3 ~ 图 9-5 所示。

① U-RNTI：UE 在建立一个 RRC 连接的时候会被分配一个 U-RNTI，用于 UTRAN 内的临时身份识别。

② RRC 状态指示：CELL-DCH 状态、CELL-FACH 状态、CELL-PCH 状态和 URA-PCH 状态。

③ 不连续接收循环周期系数（k）：该参数用于空闲状态和 Cell_ PCH、URA_ PCH 连接状态下 UE 的非连续接收。该参数也用来计算寻呼时机。不连续接收周期为 2^k 帧长。

④ 上行允许的最大发射功率：单位为 dBm。

⑤ RLC 模式：AM（确认模式）、UM（非确认模式）和 TM（透明模式）。

⑥ 上下行频点：9713 和 10663。

⑦ 下行使用的主扰码：281。

⑧ 下行使用的扩频因子：SF = 8。

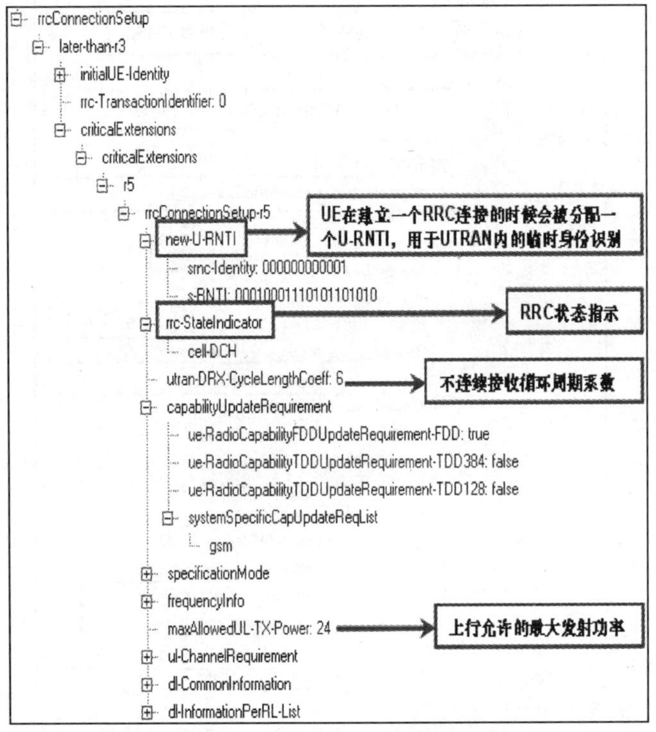

图 9-3　RRC CONNECTION SETUP 消息（1）

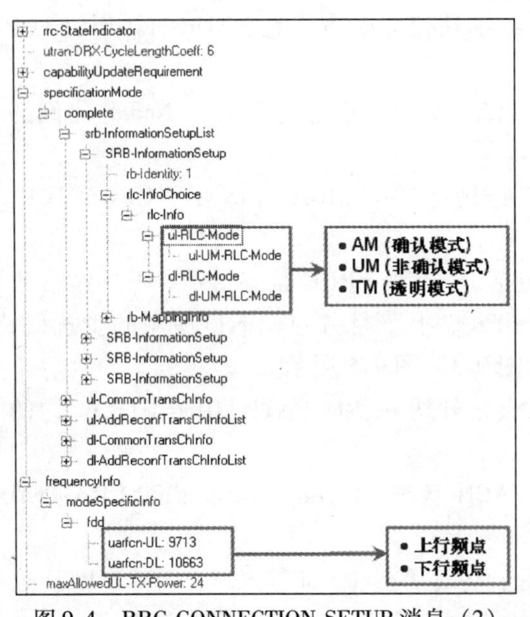

图 9-4　RRC CONNECTION SETUP 消息（2）

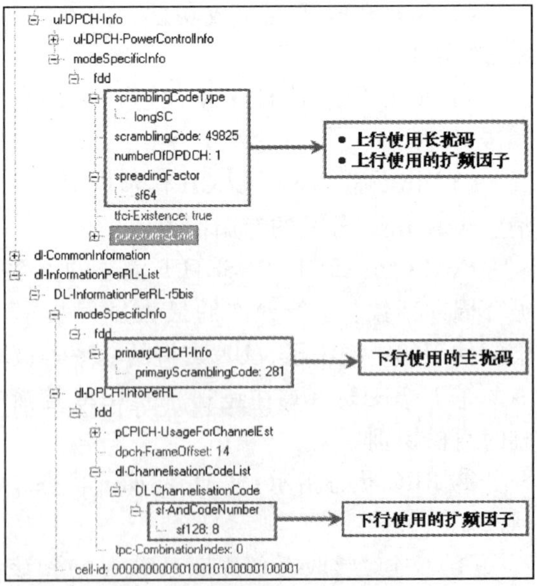

图 9-5　RRC CONNECTION SETUP 消息（3）

7）UE 确认 RRC 连接建立成功后，在刚刚建立的上行 DCCH 信道上向 RNC 发送 RRC 连接建立完成消息 RRC CONNECTION SETUP COMPLETE。RRC 连接建立过程结束。

RRC CONNECTION SETUP COMPLETE 消息包含的参数主要有 UE 支持的功率等级、UE 是否支持 GSM、是否支持多载波、是否支持 FDD/TDD、UE 是否支持上下行的压缩模式测量和 UE 支持 HSDPA 的能力等，如图 9-6 和图 9-7 所示。

① UE 支持的功率等级：3。

② 是否支持 GSM、是否支持多载波、是否支持 FDD/TDD：false。

③ 是否支持上下行的压缩模式测量：true。

④ UE 支持的 HSDPA 能力等级：不同的 UE 能力等级对应的不同的下行速率。

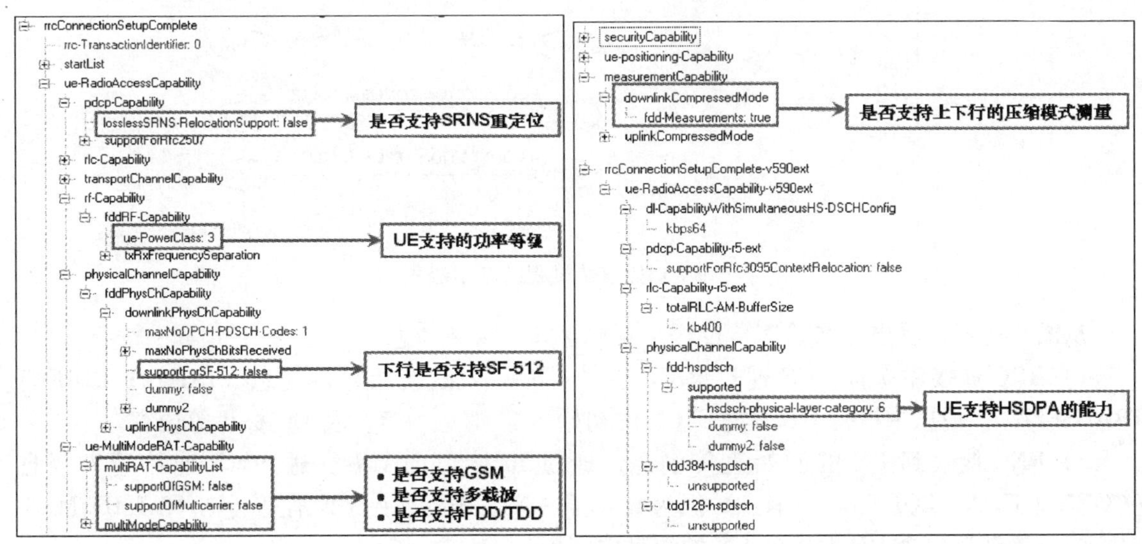

图 9-6　RRC CONNECTION SETUP COMPLETE（1）　图 9-7　RRC CONNECTION SETUP COMPLETE（2）

如果 RNC 判决本次 RRC 连接请求不能建立（比如资源不足），则 RNC 直接给 UE 发送连接拒绝消息 RRC CONNECTION REJECT，如图 9-8 所示，并在该消息中指明 RRC 连接拒绝的原因。

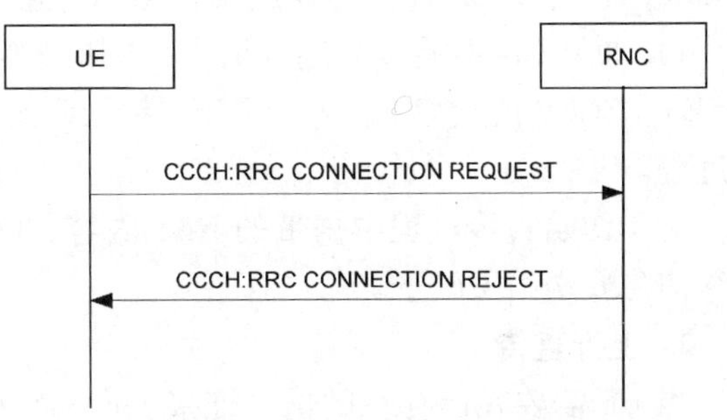

图 9-8　RRC 连接拒绝流程

9.2.2　NAS 信令建立流程

UE 与 CN 之间的信令交互 NAS 信息，如鉴权、业务请求、连接建立等，这些消息在 RNC 透明传输，所以称为直传消息。

RRC 连接建立的只是 UE 与 RNC 之间的信令连接，因此为了传送直传消息，还需要继续建立 UE 与 CN 之间的信令连接。RNC 在收到第一条初始直传消息（INITIAL DIRECT TRANSFER）时，将建立与 CN 之间的信令连接。

UE 和 CN 的信令连接建立成功后，UE 发送到 CN 的消息，通过上行直传消息（UPLINK DIRECT TRANSFER）发送到 RNC，RNC 将其转换为直传消息（DIRECT TRANSFER）发送到 CN；CN 发送到 UE 的消息，通过直传消息（DIRECT TRANSFER）发送到 RNC，RNC 将其转换为下行直传消息（DOWNLINK DIRECT TRANSFER）发送到 UE。

1. 初始直传

初始直传过程用于建立起 RNC 与 CN 之间的一条信令连接，同时承载一条初始 NAS 消息。NAS 消息的内容在 RNC 并不进行解释，而是转送给 CN。初始直传过程的基本流程如图 9-9 所示。

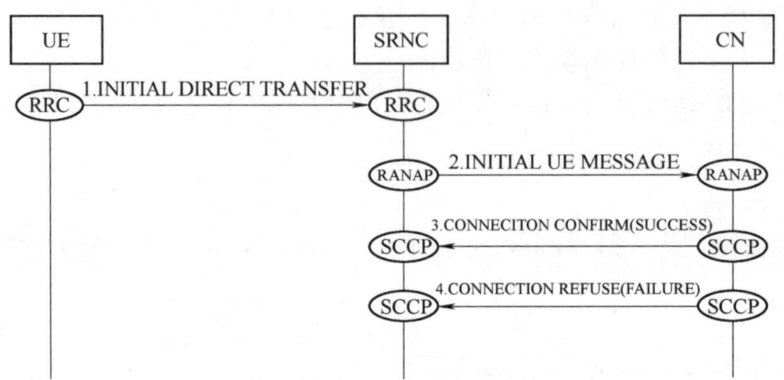

图 9-9 初始直传过程的基本流程

从图 9-9 可以看出，初始直传过程主要包含如下 4 条消息：

1）RRC 连接建立后，UE 通过 RRC 连接向 RNC 发送初始直传消息（INITIAL DIRECT TRANSFER），消息中携带 UE 发送到 CN 的初始 NAS 消息内容，及 CN 标识等内容。

2）RNC 接收到 UE 的初始直传消息，通过 Iu 接口向 CN 发送 SCCP 连接请求消息（CONNECTION REQUEST），消息数据为 RNC 向 CN 发送的初始 UE 消息（INITIAL UE MESSAGE），该消息包含 UE 发送到 CN 的消息内容。

3）如果 CN 准备接受连接请求，则向 RNC 回 SCCP 连接证实消息（CONNECTION CONFIRM），表明 SCCP 连接建立成功。RNC 接收到该消息，确认信令连接建立成功。

4）如果 CN 不能接受连接请求，则向 RNC 回 SCCP 连接拒绝消息（CONNECTION REFUSE），SCCP 连接建立失败。RNC 接收到该消息，确认信令连接建立失败，则发起 RRC 释放过程。

对于初始直传过程中携带的 NAS 内容，CN 将通过下行直传过程把对这种服务的接受或拒绝信息发送给 UE。

2. 上行直传

当 UE 需要在已存在的信令连接上向 CN 发送 NAS 消息时，将发起上行直传过程。上行直传的信令流程如图 9-10 所示。

从图 9-10 可以看出，上行直传流程主要包含如下 2 条消息：

1）UE 向 RNC 发送上行直传消息（UPLINK DIRECT TRANSFER），发起上行直传过程。消息中包含 NAS 消息、CN 标识等信息。

2）RNC 按照消息中包含的 CN 标识，进行路由，将其中包含的 NAS 消息内容，通过 Iu 接口的直传消息（DIRECT TRANSFER），发送到 CN，上行直传过程结束。

如果上行直传消息（UPLINK DIRECT TRANSFER）中包含“Measured results on RACH”信息单元，表明消息中携带测量报告，此时 UTRAN 将解析相应消息内容并用于无线资源控制，消息其余部分仍旧向 CN 传输。

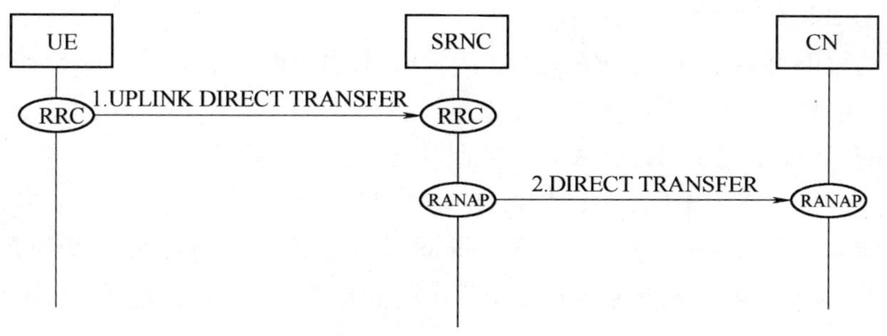

图 9-10　上行直传信令流程

3. 下行直传

当 CN 需要在已存在的信令连接上向 UE 发送 NAS 消息时，发起下行直传过程。下行直传的信令流程如图 9-11 所示。

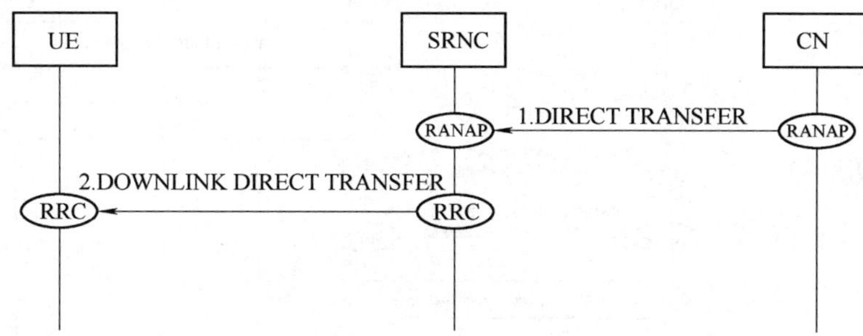

图 9-11　下行直传信令流程

从图 9-11 可以看出，下行直传流程主要包含如下 2 条消息：

1）CN 向 RNC 发送直传消息（DIRECT TRANSFER），发起下行直传过程。消息中包含 NAS 消息。

2）UTRAN 通过下行 DCCH 信道采用 AM RLC 方式，发送下行直传消息（DOWNLINK DIRECT TRANSFER），消息中携带 CN 发送到 UE 的 NAS 消息内容，以及 CN 标识。

UE 接收并读取下行直传消息（DOWNLINK DIRECT TRANSFER）中携带的 NAS 消息内容。若接收到的消息包含协议错误，UE 将在上行 DCCH 上采用 AM RLC 方式发送 RRC 状态消息（RRC STATUS）。

9.2.3　RAB 建立流程

RAB 用于 UE 和 CN 之间传送语音、数据、多媒体等业务信息。UE 和 CN 之间的信令连接建立完成后，才能建立 RAB。RAB 建立是由 CN 发起由 UTRAN 执行的功能。

RAB 建立基本过程如下：CN 发起 RAB 指配请求消息（RAB ASSIGNMENT REQUEST），RNC 根据 RAB 指配请求中的 QoS 参数配置无线网络有关参数，然后通过 RAB 指配相应消息（RAB ASSIGNMENT RESPONSE）告诉 CN 该 RAB 成功建立还是失败。

根据 RAB 建立前 RRC 连接状态与 RAB 建立后 RRC 连接状态，可以将 RAB 的建立流程分成以下三种情况：

（1）DCH-DCH

RAB 建立前 RRC 使用 DCH，RAB 建立后 RRC 使用 DCH；

（2）CCH-DCH

RAB 建立前 RRC 使用 CCH，RAB 建立后 RRC 使用 DCH；

（3）CCH-CCH

RAB 建立前 RRC 使用 CCH，RAB 建立后 RRC 使用 CCH。

UE 当前的 RRC 状态为 DCH 时，指配的 RAB 只能建立在 DCH 上。根据无线链路重配置情况，RAB 建立流程又可分为两种情况：即同步重配置无线链路和异步重配置无线链路。二者的区别在于 NodeB 与 UE 接收到 SRNC 下发的配置消息后，能否立即启用新的配置参数。

下面介绍同步重配置无线链路的 RAB 建立过程，在这种情况下，需要 SRNC、NodeB 与 UE 之间同步重配置无线链路，同步重配置无线链路类型的 RAB 建立流程（DCH-DCH）如图 9-12 所示。

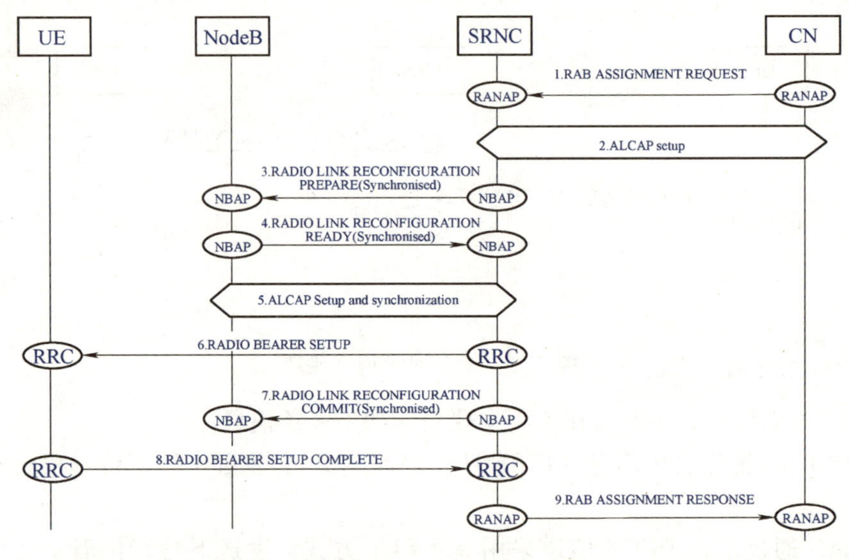

图 9-12　RAB 建立流程（DCH-DCH，同步）

从图 9-11 可以看出，RAB 建立流程（DCH-DCH，同步）主要包含如下 9 条消息：

1）CN 向 UTRAN 发送 RAB 指配请求消息（RAB ASSIGNMENT REQUEST），发起 RAB 建立过程。

2）SRNC 接收到 RAB 建立请求后，将 RAB 的 QoS 参数映射为 AAL2 链路特性参数与无线资源特性参数，Iu 接口的 ALCAP 根据其中的 AAL2 链路特性参数发起 Iu 接口的用户面传输承载建立过程（对于 PS 域，不存在本步）。

3）SRNC 向所控制的 NodeB 发送无线链路重配置准备消息（RADIO LINK RECONFIGURATION PREPARE），请求所控制的 NodeB 准备在已有的无线链路上增加一条（或多条）承载 RAB 的专用传输信道（DCH）。

4）NodeB 分配相应的资源，然后向所属的 SRNC 发送无线链路重配置准备完成消息（RADIO LINK RECONFIGURATION READY），通知 SRNC 无线链路重配置准备完成。

5）SRNC 中 Iub 接口的 ALCAP 发起 Iub 接口的用户面传输承载建立过程。NodeB 与 SRNC 通过交换 DCH 帧协议的上下行同步帧建立同步。

6）SRNC 向 UE 发送 RRC 协议的无线承载建立消息（RADIO BEARER SETUP）。

RADIO BEARER SETUP 消息包含的参数主要有 Activation time、RRC State Indicator、RB information to reconfigure、TrCH Information Elements 和 PhyCH information elements 等。

① Activation time：配置生效的激活时间点，用于 UE 和 NodeB 的新配置生效时间同步。

② RRC State Indicator：用于指示 UE 业务处于何种状态，CELL-DCH 或 CELL-FACH。

③ RB information to reconfigure：主要有 RB id、RLC-info、PDCP info、RB mapping info。

④ TrCH Information Elements：包含了上行或下行业务所配置的公共信道或专用信道的信息。

⑤ PhyCH information elements：包含了上下行物理信道的配置信息，主要有上下行分配的载频、时隙、码道、扩频因子、调制方式、Midamble 分配方式、功率信息等。如果扩展域中携带了辅频点信息，则业务建立在辅载频上；否则，业务建立在主载频上。

7）SRNC 向所控制的 NodeB 发送无线链路重配置执行消息（RADIO LINK RECONFIGURATION COMMIT）。

8）UE 执行 RB 建立后，向 SRNC 发送无线承载建立完成消息（RADIO BEARER SETUP COMPLETE）。

9）SRNC 接收到无线承载建立完成的消息后，向 CN 回应 RAB 指配响应消息（RAB ASSIGNMENT RESPONSE），RAB 建立流程结束。

对于异步重配置无线链路的 RAB 建立过程，不要求 SRNC、NodeB 与 UE 之间同步重配置无线链路。NodeB 与 UE 在接收到 SRNC 下发的配置消息后，将立即启用新的配置参数。

9.2.4　RRC 连接释放流程

RRC 连接释放就是释放 UE 和 UTRAN 之间的信令链路以及全部无线承载，经过 RRC 连接释放过程，空中接口将释放所有与 UE 相关的信令连接。

根据所占用的资源情况，RRC 连接可进一步划分为两类：释放建立在专用信道上的 RRC 连接、释放建立在公共信道上的 RRC 连接。

RRC 连接释放只能发生在 CELL_DCH 或 CELL_FACH 状态下，如果当前 RRC 连接处于 CELL_PCH 或者 URA_PCH 状态，UTRAN 先发起寻呼将 UE 状态迁移到 CELL_FACH，再进行 RRC 连接释放。

RNC 根据不同情况，在下行 DCCH 通过 AM RLC 方式或下行 CCCH 通过 UM RLC 方式发送 RRC 连接释放消息 RRC CONNECTION RELEASE。如 RRC 释放时 DCCH 可用，则 UTRAN 通过下行 DCCH 信道发送 RRC 连接释放消息；否则 UTRAN 通过下行 CCCH 信道发送 RRC 连接释放消息。

1. 释放建立在专用信道上的 RRC 连接

释放建立在专用信道上的 RRC 连接，RRC 连接释放信令流程如图 9-13 所示。

从图 9-13 可以看出，RRC 连接释放（专用信道）主要包含如下 5 条消息：

1）SRNC 通过 DCCH 信道向 UE 发送 RRC 连接释放消息（RRC CONNECTION RELEASE），SRNC 可能发送多次，来提高 UE 接收的可靠性。

2）UE 向 SRNC 返回 RRC 连接释放完成消息（RRC CONNECTION RELEASE COMPLETE）。

3）SRNC 向 NodeB 发送无线链路删除请求消息（RADIO LINK DELETION REQUEST），删除 NodeB 中的无线链路资源。

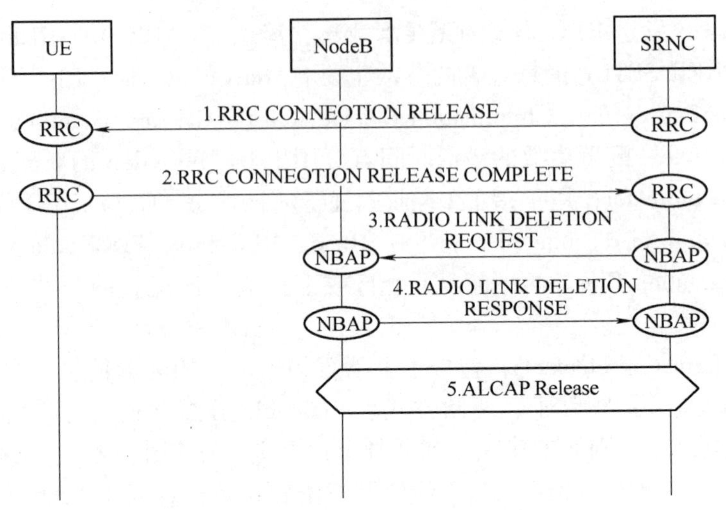

图 9-13　RRC 连接释放（专用信道）信令流程

4）NodeB 资源释放完成后，向 SRNC 返回无线链路删除响应消息（RADIO LINK DELETION RESPONSE）。

5）RNC 使用 ALCAP 协议发起 Iub 接口用户面传输承载的释放。RRC 释放过程结束。

2. 释放建立在公共信道上的 RRC 连接

释放建立在公共信道上的 RRC 连接，RRC 连接释放信令流程如图 9-14 所示。

SRNC 通过 CCCH 信道向 UE 发送 RRC 连接释放消息（RRC CONNECTION RELEASE），发起 RRC 连接释放过程，UE 释放资源。

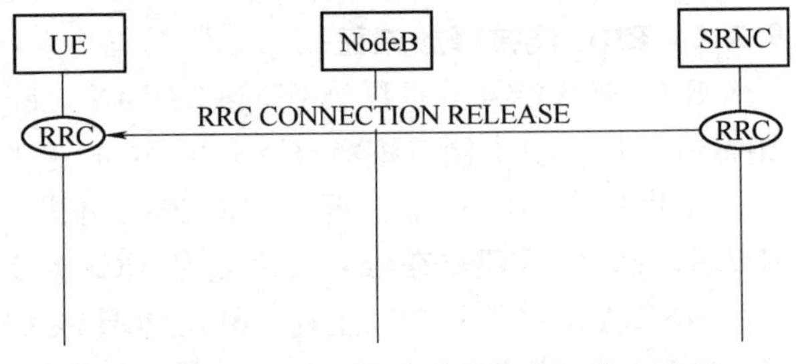

图 9-14　RRC 连接释放（公共信道）信令流程

释放建立在公共信道上的 RRC 连接时，不需要 RRC 连接释放完成消息（RRC CONNECTION RELEASE COMPLETE）。此外，因为用的是小区公共资源，所以只要直接释放 UE，而不必释放 NodeB 资源和数据传输承载。

9.3　移动性管理流程

终端移动是移动通信一个显著特征。UMTS 包含以下移动性管理：前向切换（小区更新和 URA 更新）、软切换、硬切换、系统间切换和迁移。下面主要介绍前向切换、软切换和硬切换基本流程。

9.3.1　前向切换

前向切换分为小区更新和 URA 更新，主要用于当 UE 位置发生改变时，及时更新 UTRAN 侧有关 UE 的信息。此外，前向切换还可以起到监视 RRC 的连接、切换 RRC 的连接状态、错误通报和传递信息的作用。

不管是小区更新还是 URA 更新，更新过程都由 UE 主动发起。

1. 小区更新基本流程

处于连接模式四种状态下的 UE 都有可能发生小区更新，UE 发起小区更新的可能原因有：小区重选、重进入服务区、周期性小区更新、无线链路失败、寻呼响应、上行数据传输和 RLC 发生不可恢复性错误等。小区更新基本流程如图 9-15 所示。

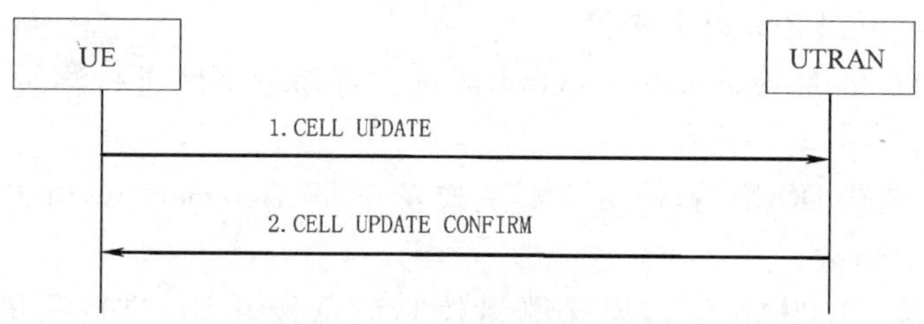

图 9-15　小区更新基本流程

1）UE 向 RNC 发送小区更新消息（CELL UPDATE），启动小区更新流程，消息中包含更新原因、U-RNTI 等内容。

2）RNC 向 UE 发送小区更新确认消息（CELL UPDATE CONFIRM），消息中可能包含传输信道信息单元、物理信道信息单元、无线承载信息单元、U-RNTI 等信息。

UE 接收到小区更新确认消息（CELL UPDATE CONFIRM）后，将启用消息中包含的信息内容，并进行相应状态迁移。根据确认消息中包含的不同内容，UE 向 RNC 回复不同种类消息，或不回复任何消息。

2. URA 更新基本流程

URA 更新就是 UE 发起的更新网络侧 URA 位置信息的过程，只有处于 URA_PCH 状态的 UE 才能进行 URA 更新过程。发起 URA 更新过程的可能原因包括 URA 重选、周期性 URA 更新。URA 更新基本流程如图 9-16 所示。

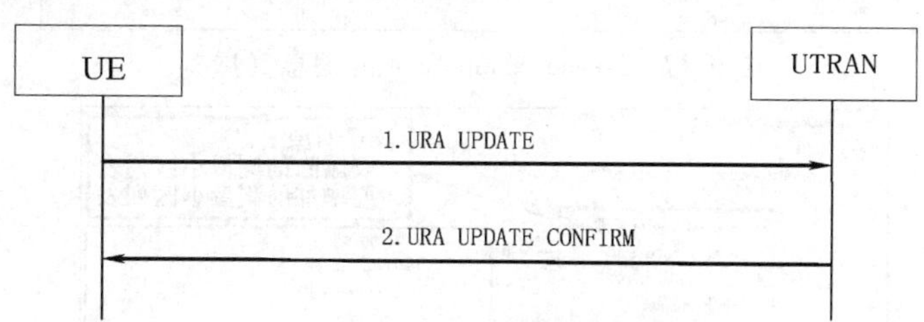

图 9-16　URA 更新基本流程

1）UE 向 RNC 发送 URA 更新消息（URA UPDATE），发起 URA 更新过程。消息中包含 URA 更新原因值及 U-RNTI 等信息单元。

2）RNC 向 UE 发送 URA 更新确认消息（URA UPDATE CONFIRM），消息中可能包含新 C-RNTI、新 U-RNTI、加密模式信息、完整性保护信息等内容。

UE 接收到 URA 更新确认消息（URA UPDATE CONFIRM）后，将启用消息中所含的信息，并根据不同情况，向 RNC 发送 UTRAN 移动信息确认消息（UTRAN MOBILITY INFORMATION CONFIRM），或不发送任何消息。

9.3.2　软切换

在 WCDMA 系统中，由于相邻小区存在同频的情况，UE 可以通过多条无线链路与网络进行通信。多条无线链路进行宏分集合并的时候，通过选择比合并或最大比合并，达到优化通信质量的目的。

在进行软切换的过程中，原通信不受影响，所以能够完成从一个小区到另一个小区的平滑切换。只有 FDD 制式才能进行软切换。

1. 软切换过程

软切换过程大致可以分为以下步骤：

1）UE 根据 RNC 的 Measurement Control 信息，对邻近小区进行测量，测量结果经过处理后，上报给 RNC。

UTRAN 在下行链路 DCCH 上采用 AM 模式发送 Measurement Control 消息，请求 UE 建立、修改或释放一个测量。

在测量控制阶段，UTRAN 通过发送测量控制消息告诉 UE 进行测量的参数。Measurement Control 消息中包括以下测量控制信息，如图 9-17 和图 9-18 所示。

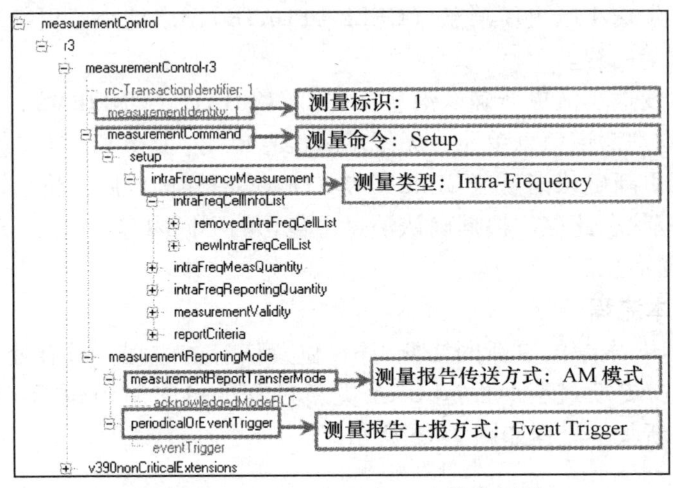

图 9-17　Measurement Control 消息（1）

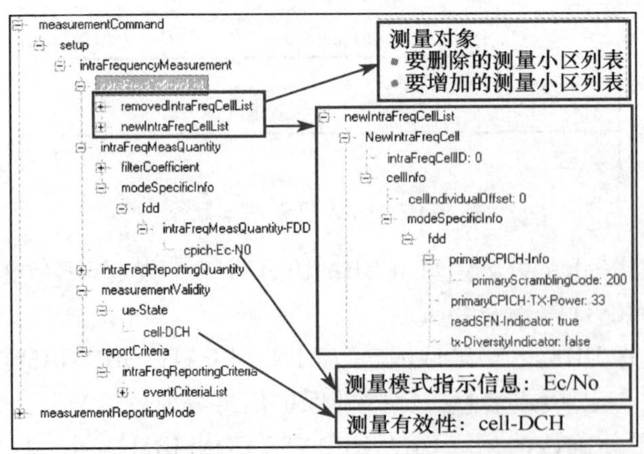

图 9-18　Measurement Control 消息（2）

① 测量标识（Measurement identity）：在 UTRAN 中用于对测量命令的标识，UE 在测量报告中也使用该标识。

② 测量命令（Measurement command）：包括如下三种不同的测量命令。

A. setup：建立一个新的测量；

B. modify：修改以前定义的测量，如改变报告准则；

C. release：释放一个测量并清除 UE 内所有与该测量相关的信息。

③ 测量类型（Measurement type）：主要包括如下三种不同的测量类型。

A. Intra-Frequency：同频测量；

B. Inter-Frequency：异频测量；

C. Inter-RAT：异系统测量。

④ 测量报告模式（Measurement reporting mode）：包括下面两种信息。

A. 测量报告传送方式（Measurement reporting Transfer mode）：指出 UE 采用 AM 或 UM 方式传送测量报告。

B. 测量报告上报方式（Periodical Reporting or Event Trigger Reporting Mode）：测量报告触发方式有周期性上报和事件触发上报两种方式。

⑤ 测量对象（Measurement objects）：在 newIntraFreqCellList 中可以查看 UTRAN 指定 UE 需要测量的一些相邻小区信息。

⑥ 测量模式指示信息（modeSpecificInfo）：UE 应测量的量，包含 Ec/No 或 RSCP 两种方式。

⑦ 测量有效性（Measurement Validity）：定义测量在 UE 的何种状态下有效。

2）RNC 下发 Measurement Control 消息之后，UE 会通过上行 DCCH 信道发送一条 Measurement Report 消息来响应。Measurement Report 消息中包括以下信息。

① 被测量小区的主扰码及信号强度：图 9-19 中的主扰码是 211，P-CPICH Ec/No 为 $(28-48)\times 0.5\mathrm{dB}=-10\mathrm{dB}$，P-CPICH RSCP $=(45-115)\mathrm{dBm}=-70\mathrm{dBm}$。

② 测量事件类型（intraFreqEventResultsList）：同频测量事件包括 1a 事件、1b 事件、1c 事件、1d 事件、1e 事件和 1f 事件，如图 9-20 中所示的 1a 同频测量事件。

③ 测量事件结果：需要将小区加入到激活集或者从激活集中删除，如图 9-20 所示，对应该 e1a 事件，将主扰码为 211 的小区加入到激活集中。

3）RNC 对上报的测量结果和设定的阈值进行比较，确定哪些小区应该增加，哪些应该删除。

4）如果有小区需要增加，先通知 NodeB 准备好。

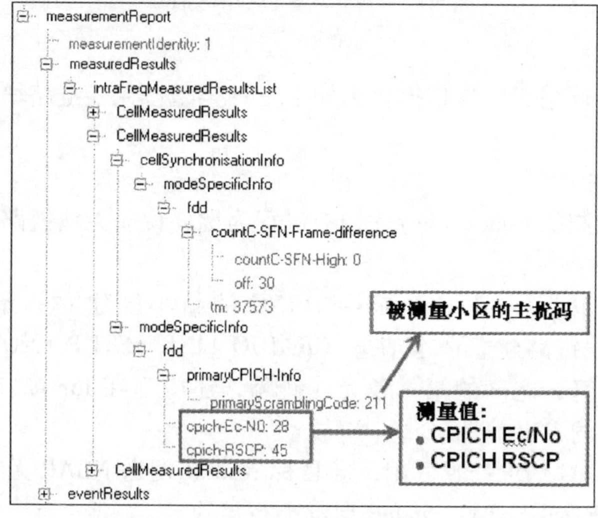

图 9-19　Measurement Report 消息（1）

5）RNC 通过激活集更新消息，通知 UE 增加或删除小区：如图 9-21 所示，RNC 指示 UE 进行增加一条链路，将主扰码为 211 的小区加入激活集中。

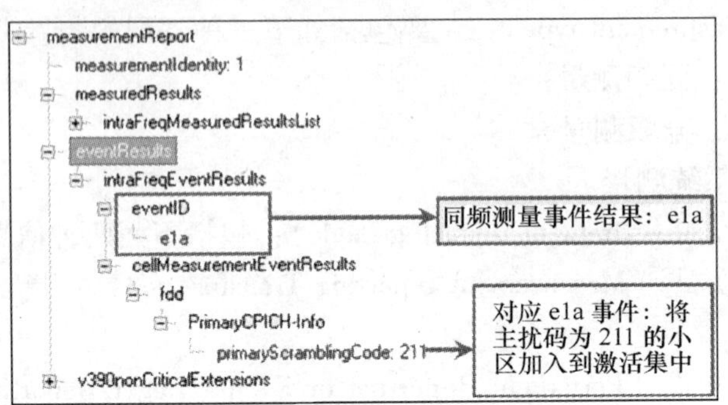

图 9-20　Measurement Report 消息（2）

6）UE 收到 RNC 切换指示消息（Active Set Update）之后，会在上行 DCCH 信道回复一条 Active Set Update Complete 消息。在 UE 成功进行了激活集更新后，如果删除了小区，则 RNC 还要通知 NodeB 释放相应的 RL 资源。

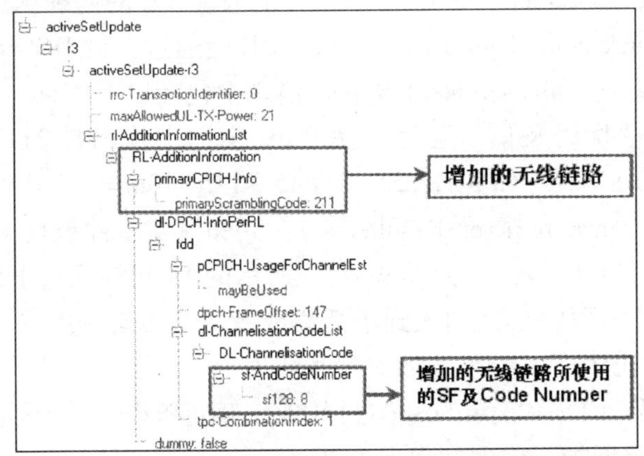

图 9-21　Active Set Update 消息

2. 软切换类型

根据资源使用的不同情况，软切换分为如下三种类型：无线链路增加、无线链路删除和无线链路替换。

（1）无线链路增加

下面以非 SRNC 控制的 NodeB 进行软切换过程为例，说明无线链路增加的软切换信令过程，如图 9-22 所示。

1）根据资源使用状况，SRNC 决定在 DRNC 的新小区建立一条无线链路，于是向 DRNC 发送 RNSAP 无线链路建立请求消息（RADIO LINK SETUP REQUEST），申请无线资源。如果这是 DRNC 与 UE 之间的第一条无线链路，还应当在 Iur 接口建立一条信令连接，用于承载与该 UE 相关的 RNSAP 信令。

2）DRNC 判断 SRNC 请求资源可用，向目标 NodeB 发送 NBAP 无线链路建立请求消息（RADIO LINK SETUP REQUEST），NodeB 启动上行接收。

3）NodeB 成功分配 SRNC 请求的资源后，向 DRNC 发送 NBAP 无线链路建立响应消息

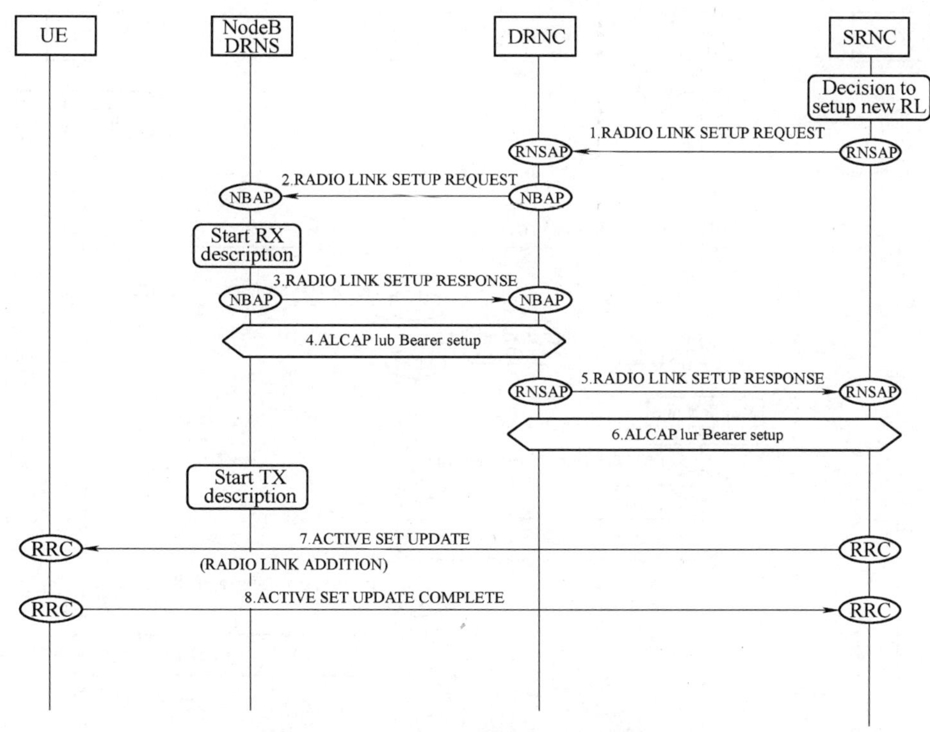

图 9-22　软切换信令过程（无线链路增加）

(RADIO LINK SETUP RESPONSE)，上报分配结果。

4）DRNC 采用 ALCAP 协议发起 Iub 传输承载建立过程。

5）DRNC 向 SRNC 发送 RNSAP 无线链路建立响应消息（RADIO LINK SETUP RESPONSE）。

6）SRNC 采用 ALCAP 协议发起 Iur 传输承载建立过程。

7）SRNC 通过 DCCH 信道向 UE 发送激活集更新消息（无线链路增加）［ACTIVE SET UPDATE（RADIO LINK ADDITION)］，消息中包含需要增加的 RL 信息。

8）UE 在激活集中增加相应 RL 信息，向 SRNC 返还 RRC 激活集更新完成消息（ACTIVE SET UPDATE COMPLETE）。无线链路增加的软切换过程结束。

（2）无线链路删除

下面以非 SRNC 控制的 NodeB 的软切换过程为例，说明无线链路删除的软切换信令过程，如图 9-23 所示。

1）根据资源使用状况，SRNC 决定在 DRNC 删除一条无线链路，于是通过 DCCH 向 UE 发送 RRC 激活集更新消息［ACTIVE SET UPDATE（Radio Link Deletion)］，消息中包含需要删除的 RL 内容。

2）UE 停止这条无线链路的下行接收，并删除这条无线链路，向 SRNC 发送 RRC 激活集更新完成消息（ACTIVE SET UPDATE COMPLETE）。

3）SRNC 判断删除无线链路位于 DRNC 上，向 DRNC 发送 RNSAP 无线链路删除请求消息（RADIO LINK DELETION REQUEST），请求 DRNC 释放已分配的无线资源。

4）DRNC 向控制 NodeB 发送 NBAP 无线链路删除请求消息（RADIO LINK DELETION

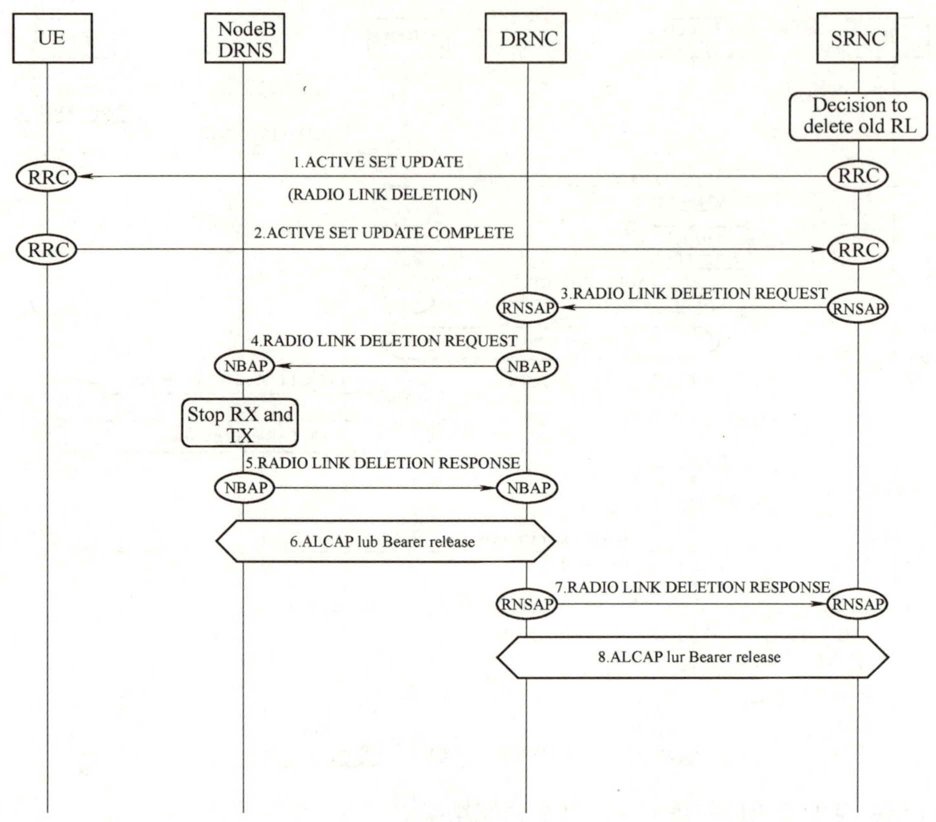

图 9-23 软切换信令过程（无线链路删除）

REQUEST），请求释放已分配的无线资源。

5）NodeB 释放无线资源成功后，向 DRNC 发送 NBAP 无线链路删除响应消息（RADIO LINK DELETION RESPONSE），报告释放结果。

6）DRNC 采用 ALCAP 协议发起 Iub 数据传输承载释放。

7）DRNC 向 SRNC 发送 RNSAP 无线链路删除响应消息（RADIO LINK DELETION RESPONSE）。

8）SRNC 采用 ALCAP 协议发起 Iur 数据传输承载释放。无线链路删除的软切换过程结束。

（3）无线链路替换

当 UE 的无线链路数已经达到允许的宏分集最大支路数后，将进行无线链路替换的软切换过程。下面以非 SRNC 控制的 NodeB 进行软切换的过程为例，说明无线链路替换的软切换信令流程，如 9-24 所示。

1）第 1 ~6 步同无线链路增加过程的 1）~6），如图 9-22 所示，在由非 SRNC 控制的 NodeB 上增加一条无线链路。

2）第 7 步 SRNC 通过 DCCH 向 UE 发送 RRC 激活集更新消息（无线链路增加 & 删除）[ACTIVE SET UPDATE（Radio Link Addition & Deletion）]，消息中包含需要进行替换的两条 RL 信息。

3）第 8 步 UE 完成相应 RL 的增加和删除，向 NodeB 发送 RRC 激活集更新完成消息

(ACTIVE SET UPDATE COMPLETE)。

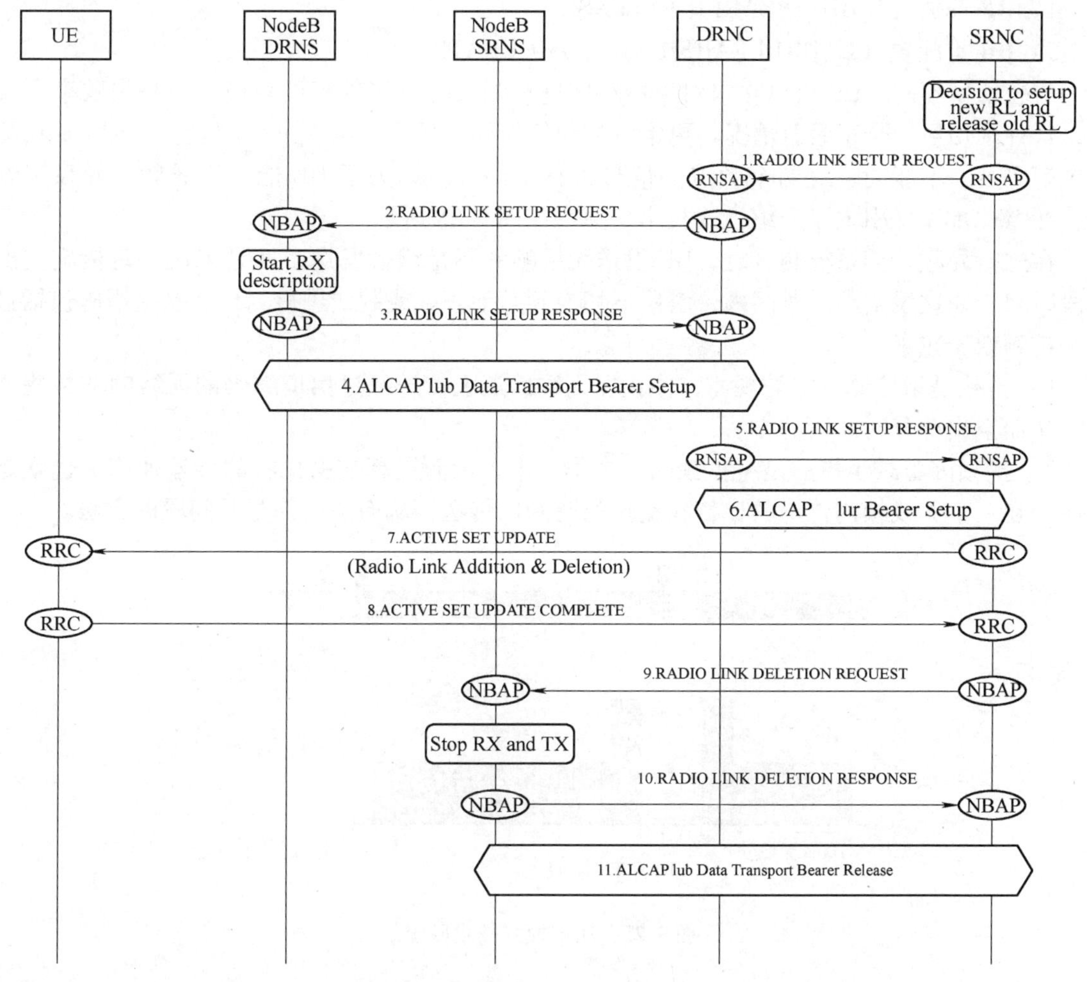

图 9-24 软切换（无线链路替换）

4）第9～11步过程类似于无线链路删除的软切换过程的3）～7），如图9-23所示，所不同的是，由SRNC控制的NodeB可直接删除一条无线链路，而不需要通过Iur接口删除无线链路。

9.3.3 硬切换

硬切换就是UE先中断跟原来小区的通信，然后再接入新小区的过程。

根据硬切换前后工作频率的变化情况，硬切换分为同频硬切换和异频硬切换。它们的最大特点是UE和原服务小区的无线链路先断开，再接入新小区的无线链路。由于它的性能不如软切换，因此在WCDMA系统中，一般软切换无法进行时，才会进行硬切换。

当UE在不同RNC之间发生硬切换时，将同时伴随迁移，一般把这种迁移称为硬切换伴随迁移。

硬切换可通过下面五个信令过程完成：

1）物理信道重配置（PHYSICAL CHANNEL RECONFIGURATION）；

2）传输信道重配置（TRANSPORT CHANNEL RECONFIGURATION）；

3）RB 建立（RADIO BEARER SETUP）；

4）RB 释放（RADIO BEARER RELEASE）；

5）RB 重配置（RADIO BEARER RECONFIGURATION）。

与软切换不同，UE 可以在未对目标小区进行测量时直接进行硬切换，但是失败率会较高，这种硬切换适合于紧急情况，更常见的硬切换要对目标小区先进行测量。一般 UE 只配一个解码器，不能同时对两个频点的信号进行解码，所以为了 UE 能进行异频、异系统测量，在 WCDMA 中引入了压缩模式技术，原理如图 9-25 所示。

在进行异频、异系统测量时，UE 发送无线帧并不是满帧发送，而是采用一定措施空出一段时间，在这段空出的时间内，解码器切换到其他频率或制式进行测量。这些措施包括打孔和扩频因子减半。

1）打孔是指按照一定的规律，停止在无线信道上传送经过信道编码的无线帧的某些比特，从而空出部分时间段的方法；

2）扩频因子减半指的是将扩频因子减小一半，从而提高数据比特的传输速率。也就是将原来在一个无线帧内传送的比特在更短的时间内传送，从而空出部分时间段的方法。

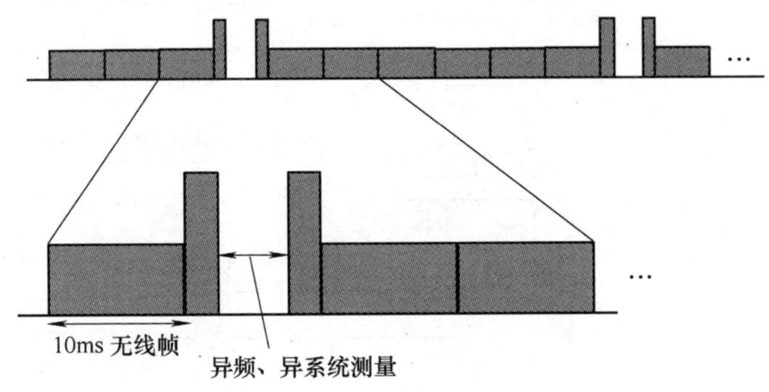

图 9-25　压缩模式技术原理

【本章总结】

1. 知识体系

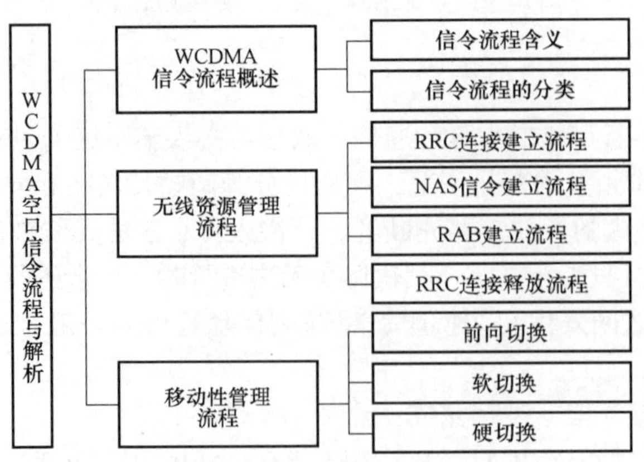

2. 知识要点

1）信令是用来控制用户数据传递的，具有固定格式和流程的消息。信令流程就是移动通信过程中各个接口的各种协议的信令消息的交互。WCDMA 空口信令就是在 Uu 接口传递消息，用来建立、保持、测量、控制、释放通话或数据业务。

2）从网络构成的层面来说，WCDMA 系统信令流程可以分为电路域的信令流程和分组域的信令流程；从协议栈的层面来说，可以分为接入层的信令流程和非接入层的信令流程。

3）UE 处于空闲模式时，如果 UE 的 NAS（非接入层）请求建立信令连接，UE 将发起 RRC 连接建立请求过程。

4）RRC CONNECTION SETUP 消息是由 RNC 在下行 CCCH 上向 UE 发送的一条信令。主要参数：U-RNTI、RRC 状态指示、不连续接收循环周期系数、上行允许的最大发射功率、RLC 模式、上下行频点、下行使用的主扰码、下行使用的扩频因子、UE 支持的功率等级等。

5）RRC 连接建立的最后一条信令消息是 RRC CONNECTION SETUP COMPLETE 消息，由 UE 在上行通过 DCCH 发送给 UTRAN，该消息主要参数包括 UE 支持的功率等级、UE 是否支持 GSM、是否支持多载波、是否支持 FDD/TDD、UE 是否支持上下行的压缩模式测量和 UE 支持 HSDPA 的能力等。

6）直传消息指 UE 与 CN 之间的信令交互 NAS 信息，如鉴权、业务请求、连接建立等。由于这些消息在 RNC 透明传输，所以称为直传消息。

7）RAB 用于 UE 和 CN 之间传送语音、数据、多媒体等业务信息。UE 和 CN 之间的信令连接建立完成后，才能建立 RAB。RAB 建立是由 CN 发起由 UTRAN 执行的功能。

8）UE 发起小区更新可能的原因有：小区重选、重进入服务区、周期性小区更新、无线链路失败、寻呼响应、上行数据传输和 RLC 发生不可恢复性错误等。

9）发起 URA 更新过程的可能原因有：URA 重选、周期性 URA 更新。

10）软切换时，可以通过选择比合并或最大比合并方式对多条无线链路进行宏分集合并，达到优化通信质量的目的。

11）软切换分为三种类型：无线链路增加、无线链路删除和无线链路替换。

12）与软切换不同，UE 可以在未对目标小区进行测量时直接进行硬切换，但是失败率会较高，这种硬切换适合于紧急情况。

【思考与复习题】

一、填空

1. 在 WCDMA 系统中具有各种各样的信令流程，从协议栈的层面来说，WCDMA 信令流程可以分为________的信令流程和________的信令流程。

2. 在 WCDMA 系统中具有各种各样的信令流程，从网络构成的层面来说，WCDMA 信令流程可以分为________的信令流程和________的信令流程。

3. 接入层的流程，也就是指无线接入层的设备________和________需要参与处理的流程。

4. RRC 连接建立完成之后，UE 能力信息通过 RRC 连接________________传递到 RNC。

二、判断

1. 非接入层的流程，就是指只有 UE 和 CN 需要处理的信令流程，无线接入网络 RNC、

NodeB 是不需要处理的。 ( )

2. 接入层的信令是为非接入层的信令交互铺路搭桥的。通过接入层的信令交互，在 UE 和 CN 之间建立起了信令通路，从而便能进行非接入层信令流程了。 ( )

三、简答

1. 请问什么是接入层的信令流程？什么是非接入层的信令流程？
2. 请画图并描述 RRC 连接建立流程。
3. 请画图并描述 RAB 建立流程。
4. 请简要描述软切换过程。
5. UE 的能力在什么语句中上报？
6. RRC CONNECTION REQUEST 消息中有哪些重要内容？
7. Measurement Report 消息中有哪些重要内容？

第 10 章　典型 WCDMA 无线网络问题的优化

【学习目标】

<table>
<tr><td rowspan="2">知　识</td><td>重点</td><td>1. 覆盖问题分类；
2. 与覆盖问题相关的小区配置参数；
3. 覆盖增强策略；
4. 导频污染含义；
5. 导频污染产生原因、对网络的影响和优化方法；
6. WCDMA 无线网络软切换过程；
7. 软切换算法参数的含义；
8. 拐角效应和邻区漏配问题的典型特征。</td></tr>
<tr><td>难点</td><td>1. WCDMA 无线网络软切换过程；
2. 软切换算法参数的含义。</td></tr>
<tr><td>建议学时</td><td colspan="2">12 课时</td></tr>
</table>

WCDMA 无线网络优化是一项系统工程，从站址获取和天馈设备指标分析到天线选型和传播模型研究，从导频覆盖和话务分布预测到静态仿真和容量分析，从工程参数和小区参数的详细设计到单站安装测试，从测试路线设计和网络性能测试到系统参数调整优化及 KPI 评估，网络优化贯穿了整个网络建设的全部过程。网络所能提供的服务质量是电信运营商最关心的问题，本章对网络优化中出现的常见问题进行分析，并提出解决问题的方法。

10.1　WCDMA 无线网络覆盖问题优化

10.1.1　覆盖问题分类

1. 信号盲区

信号盲区一般是指导频信号的值低于 UE 的最低接入门限（比如 RSCP 门限为 -115dBm，Ec/Io 门限为 -18dB）的覆盖区域，比如凹地、山坡背面、电梯井、隧道、地下车库或地下室、高大建筑物内部等。

2. 覆盖空洞

覆盖空洞一般是指导频信号的值低于全覆盖业务（例如 Voice、VP、PS64K）的最低要求但又高于 UE 的最低接入门限的覆盖区域。

比如，在话务量分布比较均衡的情况下，站址分布不均匀，造成一些区域没有 RSCP 可以满足全覆盖业务的最低要求。还有一种情况就是某些区域的导频信号 RSCP 都能满足要求，但由于同频干扰的增加，导频信道 Ec/Io 不能满足全覆盖业务的最低要求。再比如，因为软切换区域周边小区的容量增加产生的小区呼吸效应，导致软切换区域的覆盖质量下降，在软切换区域出现所谓的覆盖空洞。这里覆盖空洞是对 UE 业务而言的，不同于信号盲区，因为在信号盲区里，UE 通常无法驻留小区，无法发起位置更新和位置登记而出现“掉网”的情况。

3. 越区覆盖

越区覆盖一般是指某些基站的覆盖区域超过了规划的范围，在其他基站的覆盖区域内形成不连续的满足全覆盖业务要求的主导区域。比如，某些大大超过周围建筑物平均高度的站点，发射信号沿丘陵地形或道路可以传播很远，在其他基站的覆盖区域内形成了主导覆盖，产生“孤岛”现象。当呼叫接入到远离某基站而仍由该基站服务的“孤岛”形区域，并且在小区切换参数设置时，“孤岛”周围的小区没有设置为该小区的邻近小区，一旦当移动台离开该“孤岛”时，就会立即发生掉话。而且即便是配置了邻区，由于“孤岛”的区域过小，也容易造成切换不及时而掉话。

4. 上下行不平衡

上下行不平衡一般指目标覆盖区域内，业务出现上行覆盖受限或下行覆盖受限的情况。上行覆盖受限表现为 UE 的发射功率达到最大仍不能满足上行 BLER 要求；下行覆盖受限表现为下行专用信道的发射功率达到最大仍不能满足下行 BLER 要求。

电信运营商最关心的是影响话务统计指标的业务覆盖质量，良好的导频覆盖是保证业务覆盖质量的前提。由于 WCDMA 支持多业务承载，规划的目标区域除了要保证连续的全覆盖业务的上下行平衡，还要支持部分区域非连续覆盖的非对称业务。

上行覆盖受限理论上可以认为是 UE 发射功率达到最大仍不能达到 NodeB 接收灵敏度的要求。上行覆盖受限往往发生在小区覆盖边缘区域，由于共站设备产生的互调干扰和信号泄漏，或者直放站的上行增益设置不当，对基站上行造成干扰，导致背景噪声抬升。下行覆盖受限理论上可以认为是由于下行信道功率不足或者下行 UE 接收的噪声增加导致 Ec/Io 的恶化。下行覆盖受限主要表现在：小区内用户增多导致的本小区内干扰增大；邻区的干扰增大；下行功放功率受限。

10.1.2 覆盖问题分析流程

1. 规划数据的收集

对导频覆盖、业务覆盖问题的分析，首先要对规划数据进行收集，了解无线网络的基站配置数据和其他规划数据。

（1）站址分布

可以通过勘站报告获取区域内每个网站的周围地物、地形特点、站址高度、站型、类型等基站勘察数据。

（2）基站配置

需要了解安装的基站类型、扇区分布、扇区和小区对应关系、小区发射功率、有效辐射功率、小区信道功率配置以及小区主扰码等信息。

（3）天馈配置

需要了解天线选型，天线参数（比如水平波瓣宽度、垂直波瓣宽度、天线增益）、天线安装（比如天线挂高、方向角、下倾角）等信息。

（4）导频覆盖预测

需要了解规划软件提供的导频覆盖预测结果，根据各业务的导频覆盖门限了解区域内各业务的覆盖情况，分析是否存在导频污染、覆盖空洞、信号盲区和越区覆盖等情况。

（5）业务负荷分布

需要了解参考话务分布、静态仿真后得到的软切换区域、各小区的上下行容量分布和受限情况。

2. 使用相关分析工具

覆盖数据的常用分析包括：对路测呼叫和导频普查数据的后台分析，对现网的话务统计分析，对各小区的 UL RTWP 告警分析，对 RNC 跟踪的用户呼叫过程分析、使用 OMC 对小区参数配置的获取。熟练地使用分析工具，有助于发现和分析网络的覆盖问题，结合规划工具实施规划调整。

（1）路测后台

目前常用的路测数据后台分析软件有 Actix、Genex Assistant、Pilot Navigator。这些工具除了可以提供呼叫事件、软切换、路测覆盖性能的自动分析报告，还可以通过类似前台的回放，查看具体区域的信号覆盖情况。

（2）话务统计工具

使用基于话务统计点二次开发的话务统计分析工具，可以很快掌握各业务的话务分布及各小区性能指标情况。尤其是在网络商用之后，分析网络的蜂窝密度是否能适合用户的话务分布，起到关键作用。

（3）上行 RTWP 告警台

依据 NodeB 上报的上行 RTWP 告警情况，对网络的上行干扰情况进行监控。

（4）可测试性日志

使用 RNC 调试台对记录的可测试性日志进行分析，可以分析用户掉话的触发原因。

（5）获取小区配置参数

1）P-CPICH TX Power。该参数定义小区内 P-CPICH 的发射功率。该参数的设置需要结合实际的系统环境，例如小区覆盖范围（半径）、地理环境。在要求覆盖的小区，以保证下行覆盖为前提。在有软切换区要求的小区，该参数的设定以保证网规要求的软切换区比例为宜。通常该参数设为小区下行总发射功率的 10%。

2）MaxFACHPower。该参数定义了 FACH 的最大发射功率，设置 FACH 的最大发射功率能够保证目标 BLER 即可。相对于 P-CPICH 的发射功率，如果 FACH 的功率设置过低，会导致 UE 收不到 FACH 承载的业务和信令，或者收到错包的比例很大，影响下行公共信道覆盖，从而最终影响小区覆盖；如果设置过大，会对其他信道产生干扰，并且占用下行发射功度，影响小区容量。

3）同频小区重选启动门限（$S_{intrasearch}$）、异频小区重选启动门限（$S_{intersearch}$）、异系统小区重选启动门限（$S_{searchrat}$）。当 UE 检测到服务小区的质量（UE 测量的 P-CPICH Ec/No）低于服务小区的最低质量标准 $Q_{qualmin}$ 与小区重选启动门限时，则相应地启动同频/异频/异系统小区重选过程。同频小区重选优于异频/异系统小区重选，设置这三个参数时应使得同频小区重选启动门限大于异频/异系统小区重选启动门限之和。$S_{intrasearch}$ 默认值为 5（即 10dB），$S_{intersearch}$ 默认值为 4（即 8dB），$S_{searchrat}$ 默认值为 2（即 4dB）。也可以根据不同场景来设置，比如在蜂窝密集的区域，可以设置 $S_{intrasearch}$ 为 7。

4）PreambleRetransMax。该参数含义请参考第 8 章。

5）Intra-FilterCoef。该参数定义了测量值的同频滤波系数，计算公式如下：

$$F_n = (1-\alpha)F_{n-1} + \alpha M_n$$

式中，F_n 为经过滤波处理后更新的测量结果；F_{n-1} 为经过滤波处理后上一时刻旧的测量结果；M_n 为从物理层接收到的最近的测量值。

$\alpha = (1/2)^{(k/2)}$，其中 k = Intra－FilterCoef。当 k 取值为 0 时，$\alpha = 1$，意味着没有层 3 滤波。

层 3 滤波应尽量滤除随机冲击信号的影响，使得滤波后的测量值反映实际测量的基本变化趋势。由于输入层 3 滤波器的测量值已经经过层 1 滤波，基本消除了快衰落的影响，因此层 3 应能对阴影衰落或少量快衰落毛刺进行平滑滤波，为事件判决提供更优的测量数据。根据协议推荐，滤波系数常用值为 0、1、2、3、4、5、6。滤波系数越大，对毛刺的平滑能力越强，但对信号的跟踪能力越弱；滤波系数越小，对信号的跟踪能力越强，但对毛刺的平滑能力越弱。因此，两者之间需进行权衡。同频滤波系数默认配置为 5，也可以根据不同场景来设置，典型值可以设置如下：

① 若小区覆盖市区，同频滤波系数设为 7；

② 若小区覆盖郊区，同频滤波系数设为 6；

③ 若小区覆盖乡村，同频滤波系数设为 3。

6）Intra-CellIndividualOffset。同频切换小区 P-CPICH 测量值偏移量（CIO），该值与实际测量值相加所得的数值用于 UE 的事件评估过程。UE 将该小区原始测量值加上这个偏移量后作为测量结果用于 UE 的同频切换判决，在切换算法中起到移动小区边界的作用，该参数由网规根据实际环境配置。在配置邻区时如果希望切换容易发生，可以配成正值，否则配成负值。该参数设置越大，则软切换越容易，处于软切换状态的 UE 越多，但占用前向资源；设置越小，软切换越困难，有可能影响接收质量。该参数默认值为 0，即忽略该参数的影响。

7）RLMaxDLPwr、RLMinDLPwr（面向业务）。两个参数分别表示下行 DPDCH 符号的最大发射功率和最小发射功率，可以用 P-CPICH 发射功率的相对值来表示。最大发射功率和最小发射功率之差为功率控制动态调整范围。RLMinDLPwr 设置过低有可能造成因为 SIR 估计错误等原因而引起发射功率过低，设置过高可能影响下行功率控制的正常进行。从容量角度考虑，对于不需要进行全覆盖的业务来说，可根据容量设计要求的信干比目标值以及话务统计指标进行参数设置和调整 RLMaxDLPwr 的值。

10.1.3 覆盖问题解决措施

1. 增加硬件设备

（1）微蜂窝

在城区和密集城区，需要很高的基站密度，站址很难选择，此时微蜂窝成为高容量的解决方案，很适合于城区和密集城区环境。微蜂窝解决方案的特点就是，可以有效利用建筑物的遮挡作用来降低邻区干扰比，提高下行容量。

（2）远端射频放大器

远端射频放大器允许基站射频模块和基带模块的物理分离，从而可以将 RF 模块放置于较远的位置而无需使用很长的天馈馈缆。上下行链路预算得以改进，射频拉远意味着覆盖性能增加的同时容量不会降低。

（3）直放站

直放站的使用明显扩展了施主小区的覆盖范围，同时，利用直放站进行的室内深度覆盖也是比较常用且有效的方法。但 WCDMA 直放站将噪声与信号同时放大，使得上下行链路解调所需 Eb/No 增大，而大多数的直放站都不使用上行接收分集技术，这样上行解调所需 Eb/No 将大大增加，如果系统容量是上行受限，那么使用直放站将导致系统容量的降低。如果系统容量为下行受限，那么直放站的引入对系统容量的影响将取决于以下因素：主基站与直放站间的链路预算、直放站功率发射设置、与直放站覆盖区域相关的所允许的最大路径损耗以及施主小区与直放站间的业务分配情况。

（4）塔放

塔放的应用是通过减小基站接收子系统总的噪声系数来提高上行覆盖性能，覆盖的增益取决于接收机子系统的机制及相关馈缆的损耗。如果系统容量是下行受限，那么塔放的使用将降低系统的容量，典型的系统容量损失一般在 6% ~10%。

（5）收发分集

在下行，通过提供 TSTD（时分发射分集）、STTD（空时发射分集）等多种分集方式，使 UE 的 RAKE 接收机的接收信号质量得到提高，从而增加覆盖范围，提高系统容量，减少基站数目。

在上行，通过采用四副天线接收分集，可以降低对解调所需 Eb/No 的要求，在直达路径条件下，相对于两副天线接收分集，四副天线接收分集的增益为 2.5 ~3.0dB，可以改善上行灵敏度 2.5 ~3dB，减少 25% ~30% 的站点数量。

（6）全向发射扇区接收技术 OTSR

采用 OTSR（Omni Transmission Sectorized Receive）技术的 NodeB 在逻辑上相当于一个小区，下行发射端采用全向发射，上行接收端采用 3 个扇区分别接收，然后在基带处理板中予以合并。OTSR 技术可以带来高速 6dB 的接收增益，从而有效增加了上行覆盖的面积。

采用 OTSR 技术是网络建设初期一种降低投资成本的有效方式，尤其适合郊区、农村等覆盖面积相对广阔但话务量稀疏地区。

（7）更改基站的功放

更改基站功放大小，如支持 20W 功放的站点变成支持 40W 功放的站点。

2. 调整天线

覆盖问题也可以通过调整天线的工程参数加以解决。

1）调整天线方位角、下倾角；

2）调整天线挂高；

3）调整天线位置；

4）调整天馈连接；

5）调整天线类型。

3. 调整小区配置参数

必要时，结合增加硬件设备和调整天线，通过调整小区配置参数还可以解决一些覆盖问题。可以调整的参数有 P-CPICH TX Power、MaxFACHPower、$S_{intrasearch}$、$S_{intersearch}$、$S_{searchrat}$、PreambleRetransMax、Intra-FilterCoef、RLMaxDLPwr、RLMinDLPwr（面向业务）、Intra-CellIndividualOffset。

10.1.4　典型覆盖问题分析

1. 问题描述

从图 10-1 可以看出，东湖路一段（图中 A 区域）UE 接收功率在 -85dBm 以下，UE 接收功率较弱，而且该区域的导频信号质量也很差，Ec/Io < －13dB，其 Ec/Io 覆盖情况如图 10-2 所示。

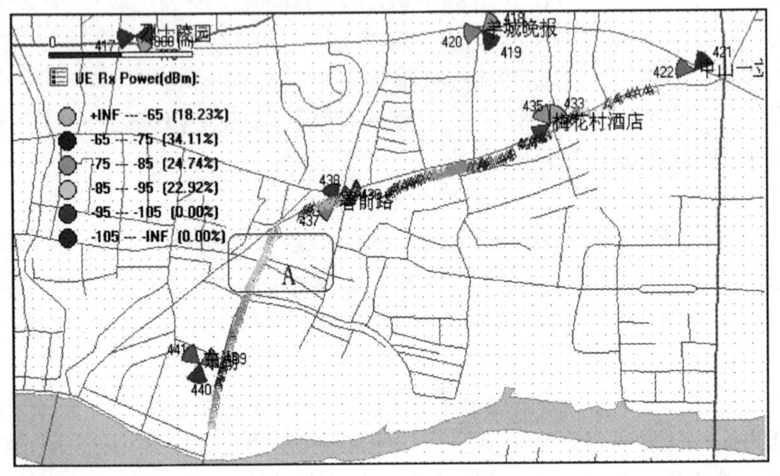

图 10-1　优化前 RxPower 覆盖情况

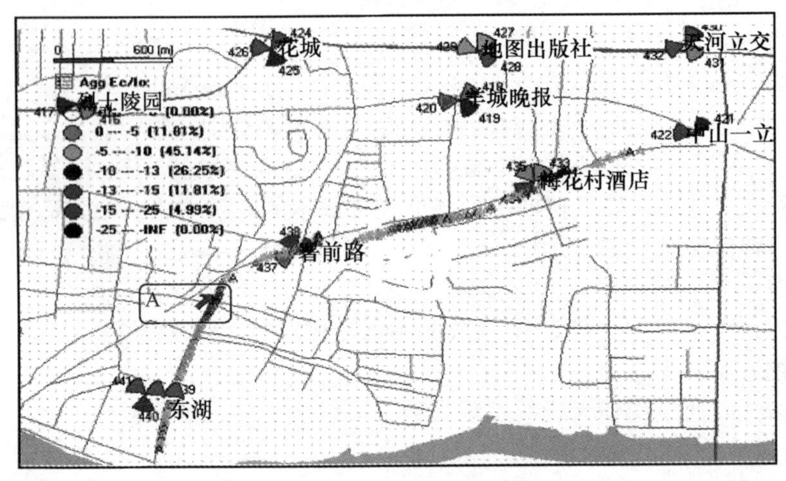

图 10-2　优化前 Ec/Io 覆盖情况

2. 原因分析

对路测数据进行回放分析，发现东湖路上信号覆盖不好的一段是由署前路基站第三扇区（PSC438）的旁瓣来覆盖。而规划设计覆盖该区域的署前路基站第二扇区（PSC437）信号却很弱，无法进入激活集，到楼顶天面上观察发现署前路基站第二扇区（PSC437）正前方建筑密集，阻挡严重，影响了该扇区的覆盖。而东湖基站第一扇区（PSC439）天线的正前方几十米处也被一排高层住宅完全遮挡，也无法覆盖到东湖路的该段区域。

3. 解决措施

将署前路第二扇区方位角由原来的 240°调整为 230°，以增强对东湖路该路段的覆盖。

天线方向角调整过后，进行路测验证效果。从路测数据的分析可以看到，东湖路该路段的导频覆盖明显改善，如图 10-3 和图 10-4 所示。

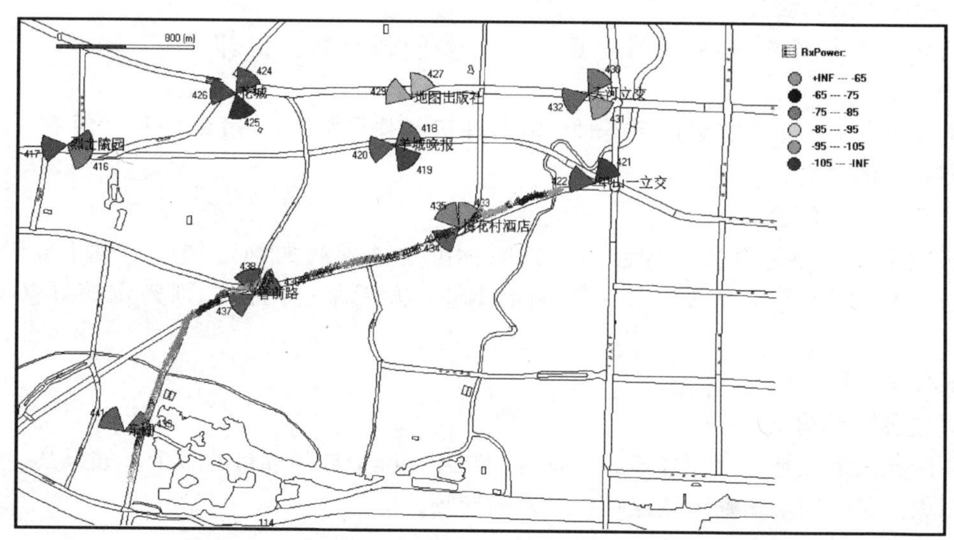

图 10-3　优化后 RxPower 覆盖情况

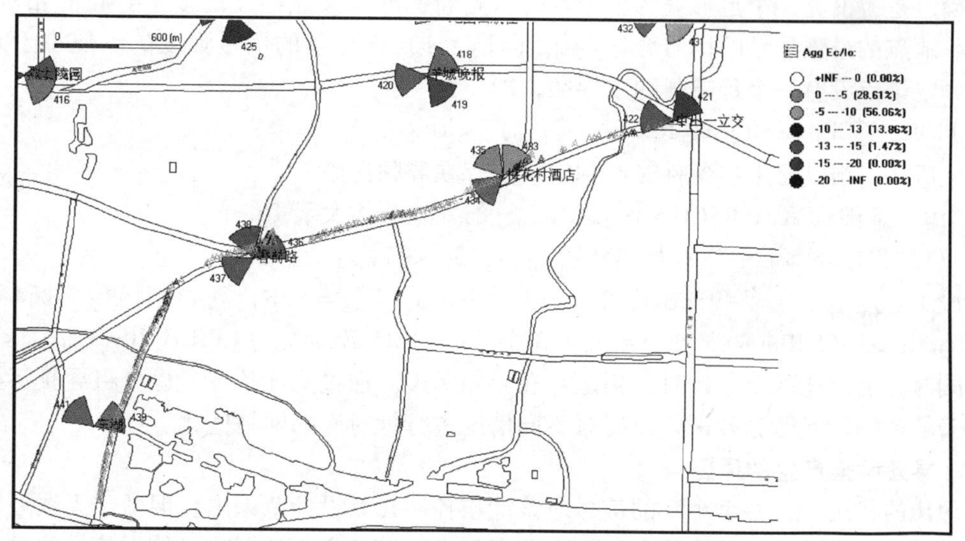

图 10-4　优化后 Ec/Io 覆盖情况

10.2　WCDMA 导频污染问题优化

在 WCDMA 系统中，采用的是码分多址的接入方式，所有小区可以使用相同频率资源，相邻小区之间用不同的下行主扰码进行区分。由于 WCDMA 采用软切换技术，以及无线传输的多径影响，WCDMA 采用了 RAKE 接收机技术，对多路接收的信号进行合并，以增强接收效果。但是，目前 RAKE 接收机只能同时处理 3 路信号，如果接收到的信号分支数超过 RAKE 接收机对多路信号处理的数量，且这些信号超过了给定的门限，它们就会对有效信号造成严重的干扰。

10.2.1 导频污染的含义

通常将导频污染定义为在某一点存在过多的强导频，但却没有一个足够强的主导频。

根据这一定义，在判定导频污染时，需要理解“强导频”、“过多”和“没有一个足够强的主导频”的含义。

1. “强导频”的含义

当确定某一导频是否为强导频时，判断标准是该导频的绝对强度。对于导频强度，可通过导频的 RSCP 来衡量，如果导频的 RSCP 大于某一门限，则判定该导频为强导频，即

$$CPICH\_RSCP > Th_{RSCP\_Absolute}$$

2. “过多”的含义

当判断某一地点是否存在过多的导频时，判断标准是导频数目的多少。如果某一地点的导频数目大于某一门限，判定该点存在过多的导频，即

$$CPICH\_Number > Th_N$$

3. “没有一个足够强的主导频”的含义

当确定是否没有一个足够强的主导频时，判断标准是该点存在的多个导频的相对强弱。如果某一地点的最强导频的信号强度与第（Th_N+1）强导频的信号强度的差值小于某一门限，则判定该点没有一个足够强的主导频，即

$$(CPICH\_RSCP_{1st} - CPICH\_RSCP_{(Th_N+1)th}) < Th_{RSCP\_Relative}$$

综上所述，当满足下述条件时，判定该点存在导频污染：

1）满足条件 $CPICH\_RSCP > Th_{RSCP\_Absolute}$ 的导频个数大于 Th_N 个；

2）$(CPICH\_RSCP_{1st} - CPICH\_RSCP_{(Th_N+1)th}) < Th_{RSCP\_Relative}$

假设 $Th_{RSCP\_Absolute} = -95dBm$，$Th_N = 3$，$Th_{RSCP\_Relative} = 5dB$，则导频污染判断标准为：$CPICH\_RSCP > -95dBm$ 的导频个数大于 3 个；$(CPICH\_RSCP_{1st} - CPICH\_RSCP_{4th}) < 5dB$。

当同时满足上述两个条件时，判定存在导频污染。通过上述条件，也可将导频污染的情况与覆盖弱区的情况区分开来，以便对不同情况进行针对性的网络优化。

10.2.2 导频污染产生的原因

在理想的状况下，各个小区的信号应该严格控制在其设计范围内。但由于无线环境的复杂性，包括地形地貌、建筑物分布、街道分布、水域等各方面的影响，使得信号非常难以控制，无法达到理想的状况。

由于导频污染主要是多个基站作用的结果，因此，导频污染主要发生在基站比较密集的城市环境中。正常情况下，在城市中容易发生导频污染的几种典型的区域为高楼、宽的街道、高架、十字路口、水域周围的区域。

1. 小区布局不合理

不合理的小区布局将导致不合理的信号分布。

一个设计良好的网络应该根据覆盖区域的总体要求来设计整个网络的拓扑结构，设计的小区应能满足覆盖区域的要求。小区布局应当尽可能满足蜂窝结构。由于站址选择的限制，可能出现小区布局不合理的情况。不合理的小区布局可能导致部分区域覆盖多个导频强信号。这样有可能会造成网络中大面积的导频污染。有时，由于地理环境太复杂，设计阶段考

虑不尽全面，需要在网络优化阶段通过其他的调整来解决。

图 10-5 中，基站 A、基站 B、基站 C 三基站的站间距分别为 2.82km、2.36km 和 1.26km，站间距不平衡，站与站之间的位置关系与等边三角形相距甚远，小区布局不合理，导致导频污染难以解决。

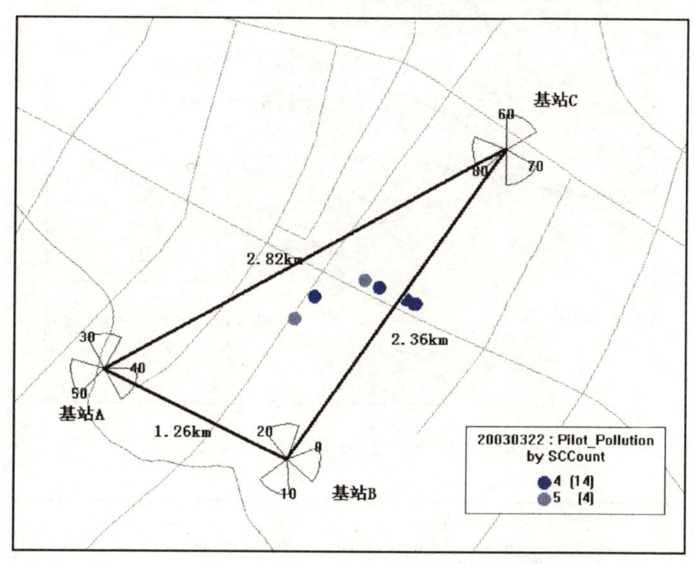

图 10-5　小区布局不合理导致导频污染示意图

2. 基站选址或天线挂高太高

如果一个基站选址太高，相对周围的地物而言，周围的大部分区域都在天线的视距范围内，使得信号在很大范围内传播。站址过高导致越区覆盖不容易控制，产生导频污染。在 WCDMA 网络规划时，在同一环境中，要求基站的高度基本保持一致，尽量避免高站的现象。

图 10-6 中，线圈中的区域为导频污染区。该区域附近的基站 A、B、C 的天线挂高分别为 93m、32m、96m。除站间距不合理外，主要由于基站 A、C 天线挂高过高，对越区覆盖不容易控制，导致导频污染。

3. 天线方位角设置不合理

在一个多基站的网络中，天线的方位角应该根据全网的基站布局、覆盖需求、话务量分布等来合理设置。

一般来说，各扇区天线之间的方位角设计应是互为补充。若设计不合理，可能会造成部分扇区同时覆盖相同的区域，形成过多的导频覆盖；或者其他区域覆盖较弱，没有主导频。这些都可能造成导频污染，均需要根据信号传播的实际情况来进行天线方位的调整。

图 10-7 中，椭圆形圈出的导频污染区域是因为 PSC100 的小区天线方位角设置不当造成的。该区域设计由 PSC100 的小区覆盖，由于该小区天线方位角为 90°，对该区域的覆盖效果不好，信号较弱，没有主导频，导致导频污染。实际优化中将 PSC100 小区的天线方位角由 90°调整为 170°后，导频污染消除。

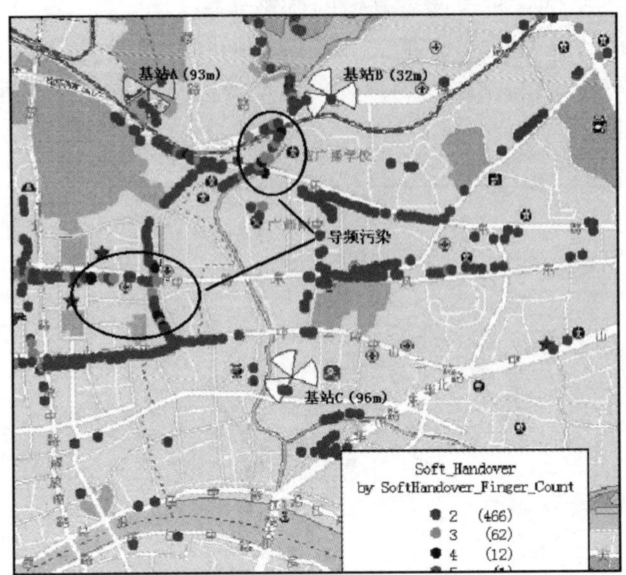

图 10-6 站址过高导致导频污染示意图

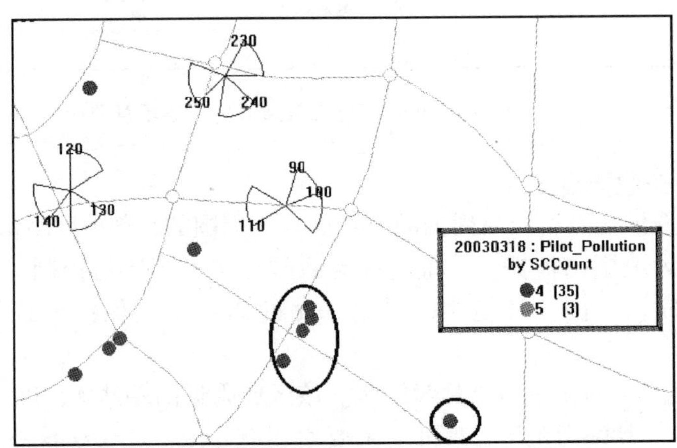

图 10-7 天线方位角不合理导致导频污染示意图

4. 天线下倾角设置不合理

天线的下倾角设计是根据天线挂高相对周围地物的相对高度、覆盖范围要求、天线型号等来确定的。下倾角调整将对小区覆盖边缘的信号产生重要的影响，从而影响小区的覆盖范围。若天线下倾角设计不合理，在不应该覆盖的地方也能收到其较强的覆盖信号，造成了对其他区域的干扰，这样就会造成导频污染，严重时会引起掉话。

图 10-8 中，椭圆形圈出的导频污染区域产生的部分原因是 PSC360 的小区天线下倾角设置不当。PSC360 小区的天线下倾角为 2°，覆盖范围较大，越区覆盖不易控制，对其他区域造成干扰，导致导频污染。

5. 天线后瓣影响

在城区环境中，应当选择前后比高的天线。否则在一定环境下（比如某一天线的后瓣朝向与街道走向平行，而预计覆盖该街道的天线与街道走向斜交），天线后瓣成为导致导频

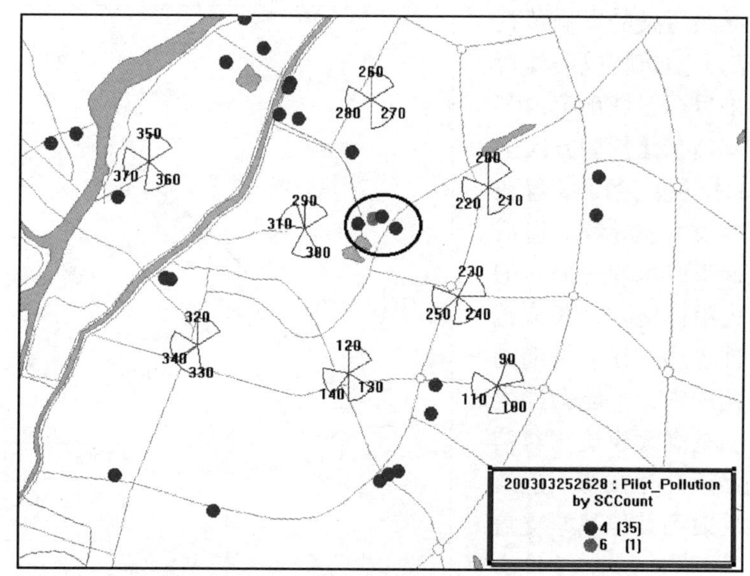

图 10-8　天线下倾角不合理导致导频污染示意图

污染的因素之一。

如图 10-9 所示，导频污染由天线后瓣引起。由于天线前后比有限，PSC230 小区在其相反方向上也有良好的覆盖，导致该区域强导频数目增多，造成导频污染。这种情况可以通过增加反射装置或隔离装置提高天线前后比来解决导频污染。

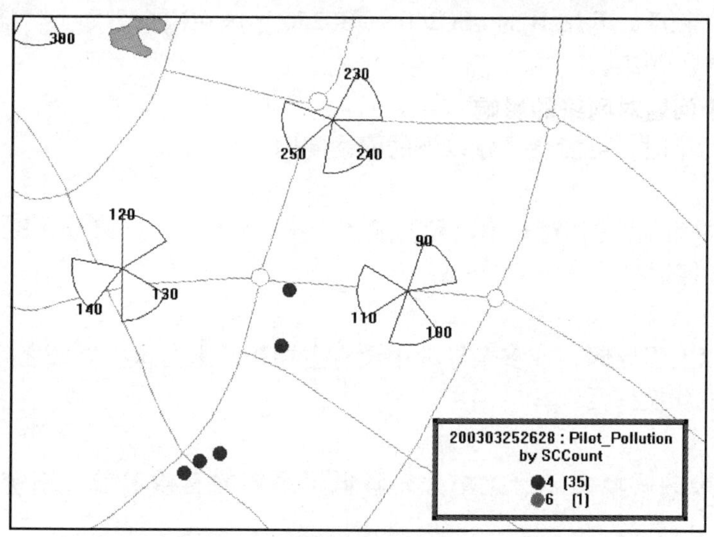

图 10-9　天线后瓣导致导频污染示意图

6. 导频功率设置不合理

当基站密集分布时，若规划的覆盖范围小，而设置的导频功率过大，导频覆盖范围大于规划的小区覆盖范围时，也可能导致导频污染问题。

7. 覆盖区域周边环境影响

由于无线环境的复杂性，包括地形地貌、建筑物分布、街道分布、水域等各方面的影响，使得导频信号难以控制，无法达到预期状况。

周边环境对导频污染的影响包括三个方面：一是高大建筑物或山体对信号的阻挡，如果目标区域预定由某基站覆盖，而该基站在此传播方向上遇到建筑物或山体的阻拦而覆盖较弱，目标区域可能没有主导频而造成导频污染；二是街道或水域对信号的传播，当天线方向沿街道时，其覆盖范围会沿街道延伸较远，在沿街道的其他基站的覆盖范围内，可能会产生导频污染问题；三是高大建筑物对信号的反射，当基站近处存在高大建筑物时，信号可能反射到其他基站覆盖范围内，造成导频污染。

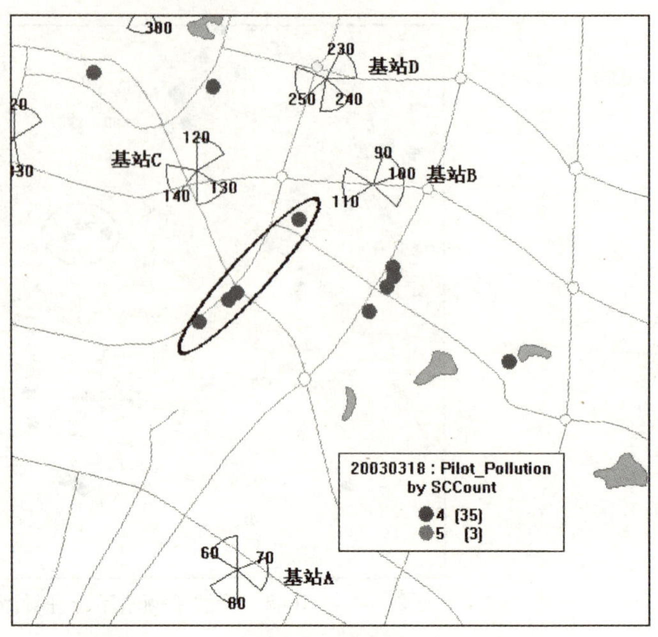

图 10-10 环境因素导致导频污染示意图

图 10-10 中椭圆形圈出的导频污染点主要与周围环境相关。该区域本应由基站 A 的 PSC60 小区、基站 B 的 PSC110 小区和基站 C 的 PSC130 小区覆盖。但是由于环境关系，基站 A 在此方向上有小山阻拦，基站 B 在此方向上有高楼阻拦，基站 C 在此方向上有高楼阻拦，导致到达该区域的信号都比较弱。相反，基站 D 的 PSC240、PSC250 小区在这个方向上传播条件良好，越区覆盖严重，造成导频污染。

10.2.3 导频污染问题对网络的影响

当存在导频污染时，可能会导致以下的网络问题：

1. 高 BLER

由于多个强导频的存在，对有用信号构成了干扰，导致 Ec/Io 降低，BLER 升高，网络质量下降，出现高的掉话率。

2. 切换掉话

若存在 3 个以上强导频，或多个导频中没有主导频，则在这些导频之间容易发生频繁切换，从而可能造成切换掉话。

3. 容量降低

存在导频污染的区域由于干扰增大，降低了系统的有效覆盖，系统的容量也会受到影响。

10.2.4 导频污染案例分析

（1）故障现象

某本地网一大桥上收到沿江多个站点的信号比较强，导频污染严重。从图 10-11 中可以看出，该区域存在成片连续导频污染现象，尤其是在桥上。

（2）问题分析

对导频污染每个点的信号构成进行分析后，发现该区域覆盖信号包括惠州 A 小区、粮校 C 小区、西堤路 A 小区和 C 小区、水东街 C 小区、金世界 C 小区和江北办事处 B 小区。

检查规划仿真的主导小区信号分布发现，出现导频污染的区域应当由该本地网的惠州 A 小区和江畔花园 C 小区进行覆盖。但是，在检查江畔花园 C 小区（PSC42）的信号覆盖时发现，在该区域没有江畔花园 C 小区的信号覆盖，如图 10-12 所示。

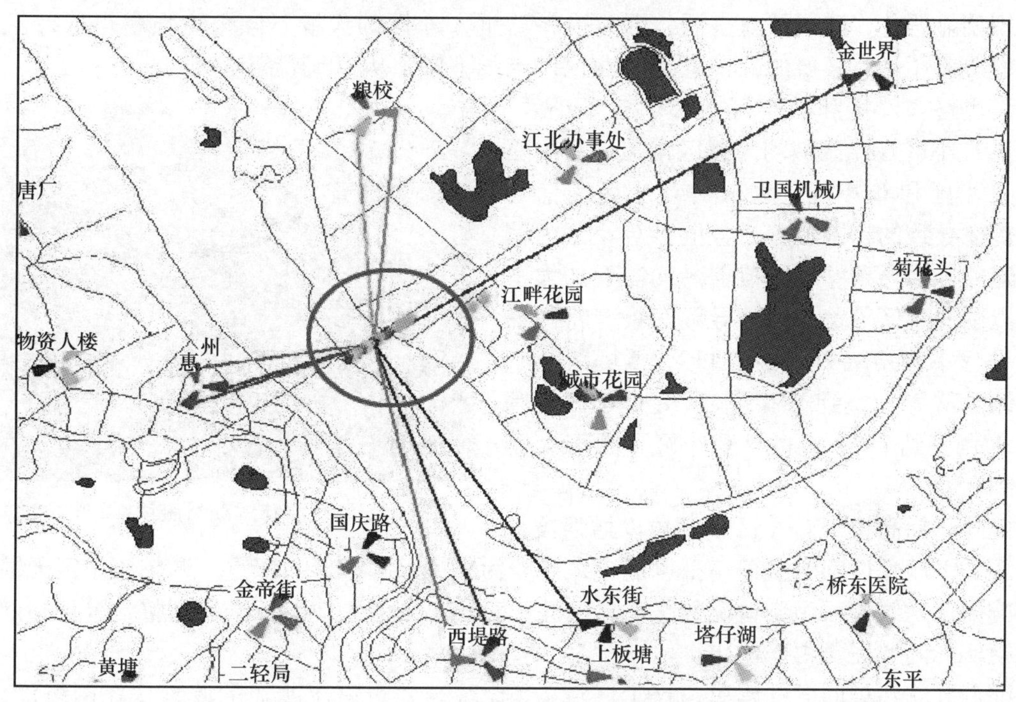

图 10-11　某本地网大桥导频污染（优化前）

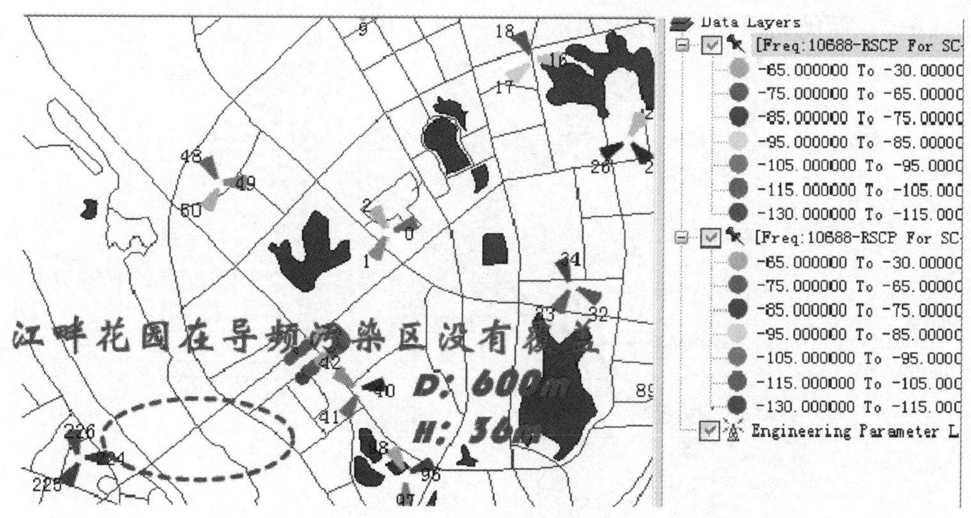

图 10-12　江畔花园 C 小区（PSC42）信号覆盖

分析江畔花园的勘察报告发现，在江畔花园站点的 270°方向存在一系列高楼阻挡，如图 10-13 所示，从而可以判定由于高大建筑群阻挡导致江畔花园 C 小区在该区域没有信号覆盖。

再分析惠州 A 小区（PSC224）的信号分布。惠州 A 小区在该区域的覆盖连续且信号强度较强，但相对其他小区没有形成绝对优势。

（3）解决措施

虽然抬高惠州 A 小区的天线下倾角会导致惠州 A 小区的越区覆盖，对江北办事处周边造成新的导频污染，但由于该本地网大桥的连续导频污染点已经使得该本地网大桥上的 Ec/Io 出现明显恶化，造成覆盖空洞，因此抬高惠州 A 小区的天线下倾角增强惠州 A 小区在此区域的覆盖还是有必要的，将惠州 A 小区的天线下倾角从 10°调整到 7°。

西堤路 A 小区和 C 小区，水东街 C 小区，金世界 C 小区在此区域均为越区覆盖。其中西堤路 A 小区和 C 小区、水东街 C 小区为信号沿江传播导致的越区覆盖，金世界 C 小区为信号沿道路传播导致的越区覆盖。均需要加大下倾角以削弱越区覆盖，消除导频污染。将西堤路 A 小区下倾角从 9°调整到 11°，西堤路 C 小区下倾角从 7°调整到 10°，水东街 C 小区下倾角从 9°调整到 11°，金世界 C 小区下倾角从 5°调整到 9°。

图 10-13　江畔花园勘站照片（270°方向）

此外，抬高粮校 C 小区下倾角以增强覆盖或者压低下倾角以削弱覆盖，都可能导致导频污染情况的改善。但是，调整该小区天馈参数会影响沿江一线导频污染情况的恶化。因此，对该小区的天馈参数未作调整，等待整网优化阶段视实际问题需要再作优化。

随着导频污染问题的解决，这个区域的 Ec/Io 覆盖也有了明显的改善，在网络优化前，由于惠州大桥存在成片的导频污染点，虽然该区域的信号强度（RSCP）良好，但信号质量（Ec/Io）偏弱，而优化后 Ec/Io 改善非常明显，如图 10-14 所示。

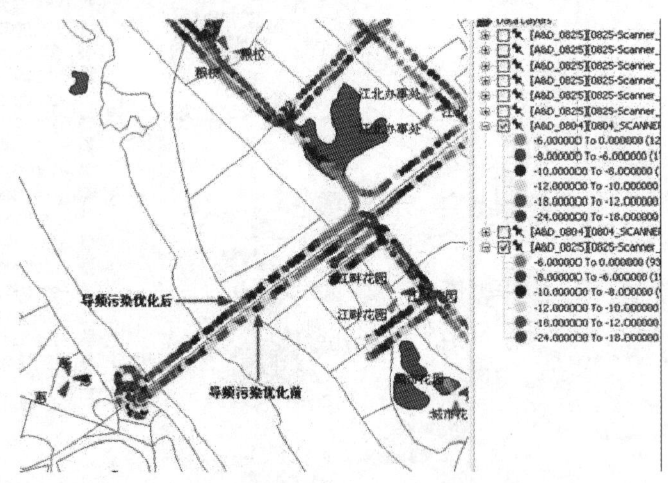

图 10-14　导频污染优化前后的 Ec/Io 对比

10.2.5　导频污染问题的优化方法

（1）天线调整

根据上述分析，多个导频的共同覆盖可能是由于天线的方位角与下倾角设置不合理所致。因此，根据实际测试的情况，通过调整天线的方位角、下倾角来改变污染区域的各导频信号强度，从而改变导频信号在该区域的分布状况。调整的原则是增强主导频，减弱其他导频。

为了增强某区域的导频覆盖，可以调整天线方位角使天线正对该区域；为了减弱某区域的导频覆盖，可以调整天线方位角使天线偏离该区域。下倾角的调整与之类似，可以减小天线下倾角以增大小区覆盖范围；可以增大天线下倾角以减小小区覆盖范围。

通过调整天线优化导频污染时需注意对其他区域的影响。消除某一区域的导频污染可能导致其他区域出现导频污染或者覆盖空洞。另外天线下倾角的调整有一定的限制，下倾角设置过小，固然可以增强小区覆盖，但也可能造成越区覆盖；下倾角设置过大，固然可以减弱小区覆盖，但需注意天线方向图畸变的问题。

（2）功率调整

导频污染是由于多个导频共同覆盖造成的，解决该问题的一个直接的方法是提升一个小区的功率，降低其他小区的输出功率，形成一个主导频。

当天线下倾角增大到一定程度，再增大会导致天线方向图畸变时，为缩小导频覆盖范围，可以减小导频功率；当天线下倾角减小到一定程度，再减小会导致越区覆盖时，为扩大导频覆盖范围，可以增大导频功率。功率调整可以和天线调整配合使用。

（3）改变天馈设置

有些导频污染区域可能无法通过上述的调整来解决，这时，可以根据具体情况，考虑采取替换天线型号、换用前后比更高的天线、增加反射装置或隔离装置、改变天线安装位置、改变基站位置等措施。这些措施的实施涉及较大的工程变化，因此需要仔细分析。

（4）采用 RRU 或直放站

对于无法通过功率调整、天馈调整等措施解决的导频污染，可以考虑利用 RRU 或直放站来解决。

利用 RRU 或直放站的目的是在导频污染区域引入一个强的信号覆盖，从而降低该区域其他信号的相对强度，改变多导频覆盖的状况。

如果需要增加容量，网络质量有较高要求时，建议用 RRU 解决，如果没有容量需求，而成本又是影响选择的重要因素时，可以考虑采用直放站解决，直放站会对网络质量造成一定影响。当使用直放站时，在城市内一般建议采用光纤直放站，以避免射频直放站本身对多个导频信号的放大，从而形成更加严重的干扰。

（5）采用微蜂窝

另外，采用微蜂窝的方式也是解决导频污染的一个重要的手段。通过增加微蜂窝在导频污染区域引入一个强的信号覆盖，从而降低该区域其他信号的相对强度。微蜂窝主要应用于话务热点地区，可以增加容量，同时解决导频污染问题。若有较大的容量需求时，则建议采用可支持多载频的微蜂窝方式。但相比 RRU 而言，这种方法是更昂贵的解决办法。

10.3　WCDMA 无线网络切换问题优化

10.3.1　软切换算法参数

1. 软切换相对门限

（1）参数定义

该参数定义了发生软切换时，UE 接收到的某小区 P-CPICH 的信号质量（目前用 P-

CPICH 的 Ec/No 来评价）相对于激活集中小区的综合质量（若加权因子 $W=0$，则与激活集中最好小区质量比较）的差值。软切换的相对门限参数包括 IntraRel ThdFor1A（1A 事件相对门限）和 IntraRel ThdFor1B（1B 事件相对门限）。

（2）设置及影响

软切换相对门限属于小区级参数，参数取值范围为 Integer（0～29），物理取值范围为 0～14.5dB，置步长为 1（0.5dB）。

参数设置决定了软切换区域的大小和软切换用户比例，在 WCDMA 系统中要求处于软切换的 UE 比例一般为 30%～40% 方能保证平滑切换。根据仿真结果可知，当相对门限取为 5dB 时，处于软切换状态（激活集小区数≥2）的 UE 比例为 35% 左右。建议在开局初期该值设置稍大些（5～7dB），当用户数增多后，为节省系统资源可将该值设置小些，但必须大于 3dB。该值默认配置为 5dB。另外在特殊应用中，还可以通过对 1A 事件和 1B 事件设置不同的相对门限达到减少乒乓切换和改变软切换比例的效果。比如当通过调整 1A 和 1B 迟滞仍不能很好地控制乒乓效应时，可以设置比 1A 事件相对门限更大的 1B 事件相对门限来减小乒乓。但通常应该保持 1A 事件和 1B 事件相对门限的一致性，利用延迟触发时间、层三滤波系数和迟滞来减小乒乓效应。

2. 软切换绝对门限

（1）参数定义

该参数对应于满足基本业务 QoS 的保证信号强度。软切换的绝对门限参数包括 IntraAblThdFor1E（1E 事件绝对门限）和 IntraAblThdFor1F（1F 事件绝对门限）。

（2）设置及影响

切换绝对门限属于小区级参数，参数取值范围为 -20～-10dB。

该值为软切换算法中 1E 和 1F 事件报告使用的绝对门限，对应于满足基本业务 QoS 的保证信号强度。该值影响 1E 和 1F 事件的触发。由于绝对门限只是判断接入的一个必要而非充分条件，此值应定得较为宽松，结合 IS-95 的数值设定和 -20dB 的下限要求，一般认为 -18dB 是个较合理的值。

3. 软切换相关的迟滞

（1）参数定义

事件触发的迟滞，包括 Hystfor1A、Hystfor1B、Hystfor1C、Hystfor1D、Hystfor1E 和 Hystfor1F。

（2）设置及影响

软切换相关的迟滞属于小区级参数，参数取值范围为 0～15，物理取值范围为 0～7.5dB，配置步长为 1（0.5dB）。建议 1A 和 1E 事件迟滞设为 6（3dB），其余设为 8（4dB）。

迟滞的增大，对于进入软切换区域的 UE 而言，相当于减小了软切换范围，对于离开软切换区域的 UE 而言，相当于增加了软切换的范围，如果进出用户数目相同的话，对软切换的实际比例不会有影响。迟滞设置越大，抵抗信号波动的能力越强，乒乓效应会得到抑制，但同时也减弱了切换算法对信号变化的响应速度。所以，该参数的取值既要考虑无线信号波动特点，也要充分考虑实际的切换距离和用户的移动速度。不同运动速度的软切换迟滞设置建议见表 10-1。1A、1E 事件为向激活集中添加小区的事件，属于关键事件。为保证及时切换，1A 事件的迟滞可比 1B、1F、1C、1D 事件迟滞设置小一些，但不应相差太大，否则会影响软切换比例。

另外，迟滞的调整通常需要和滤波系数、延迟触发时间等参数的调整综合加以考虑。

表 10-1　不同运动速度的软切换迟滞设置建议

速度/(km/h)	范围	建议值
5	6~10(3~5dB)	10(5dB)
50	4~10(2~5dB)	6(3dB)
120	2~6(1~3dB)	2(1dB)
典型配置	4~10(2~5dB)	6(3dB)

4. 软切换相关的延迟触发时间

(1) 参数定义

延迟触发时间包括 TrigTime1A、TrigTime1B、TrigTime1C、TrigTime1D、TrigTime1E 和 TrigTime1F 六个参数，分别对应同频测量的六个事件。

(2) 设置及影响

软切换相关的延迟触发时间属于小区级参数，参数取值范围为 Enum（D0、D10、D20、D40、D60、D80、D100、D120、D160、D200、D240、D320、D640、D1280、D2560、D5000)，对应 0、10、20、40、60、80、100、120、160、200、240、320、640、1280、2560、5000，单位为 ms。

协议中规定同频测量物理层每隔 200ms 更新一次测量结果，因此 Time-to-trigger 低于 200ms 没有实际意义，延迟触发的设置应尽量接近 200ms 的整数倍。

不同速度的移动台对事件延迟触发值的反应是不一致的，高速移动的 UE 对延迟触发值较敏感，而低速移动的 UE 对延迟触发值则相对迟钝，因此对高速移动台占多数的小区，该值可设置小一些，而对低速移动台占多数的小区，可设置大一些，具体设置建议值见表 10-2。

表 10-2　不同速度的移动台的延迟触发时间设置建议值

速度/(km/h)	建议值/ms	速度/(km/h)	建议值/ms
5	1280	120	640
50	640	典型配置	640

另外，不同类型的事件对上报的时延要求也不同：激活集添加类事件（1A 事件和 1E 事件）通常要求较小的时延，因此，这类事件可设置为较小的延迟触发时间；激活集替换类事件（1C 事件和 1D 事件）通常不容易产生掉话，但要求较少的乒乓和误切换，因此，这类事件可设置较大的延迟触发时间；激活集删除类事件（1B 事件和 1F 事件）延迟触发的设置则主要考虑减少乒乓切换，可以结合实际网络的话务统计结果，适当地设置较大的延迟触发时间。

5. WEIGHT

(1) 参数定义

该参数为加权因子。

（2）设置及影响

WEIGHT 简写为 W，属于小区级参数，参数取值范围为 Integer（0 ~ 20），物理取值范围对应 0 ~ 2，步长为 0.1。

该参数用于根据激活集中每个小区的测量值来确定软切换的相对门限。该参数越大，相同条件下计算得到的软切换相对门限越高。当 W = 0 时，软切换相对门限的确定只与激活集中最优小区有关。

6. 同频滤波系数 Intra-FilterCoef

参见本章第 1 节所述 WCDMA 无线网络覆盖问题优化中的 Intra-FilterCoef 的介绍。

10.3.2 切换案例分析

1. 拐角效应

当移动台沿着一个拐角移动时，移动台的接收信号电平发生变化。在拐角后面如果有一个新的基站，移动台接收到的信号强度就会上升得非常快。如果移动台不能足够快地获得新基站信号，那么新基站的信号就会成为较强的干扰信号。这种现象称为拐角效应。

拐角效应主要表现为原小区信号下降很快，目标小区信号上升很快，导致下行链路迅速恶化，UE 收不到激活集更新消息而出现掉话的情况。

如图 10-15 所示，原小区（PSC56）的信号质量可以在 1s 左右的时间内突然下降 10dB，而目标小区（PSC41）的信号质量上升 10dB 左右，目标小区（PSC41）的信号质量迅速提升之前，原小区（PSC56）的信号质量已经很差。如果 1A 事件配置成容易触发的情况，从 UE 上的信令跟踪可以看到测量报告已经发出，从 RNC 的信令跟踪可以看到 RNC 收到测量报告，但 RNC 在下发激活集更新消息的时候，由于原小区的信号太差，导致 UE 不能收到激活集更新消息而产生信令复位，从而引起掉话；如果 1A 事件触发比较慢（比如配置较大的迟滞或者触发时间），就有可能在 UE 上报测量报告之前，下行就发生了 TRB 复位的情况。

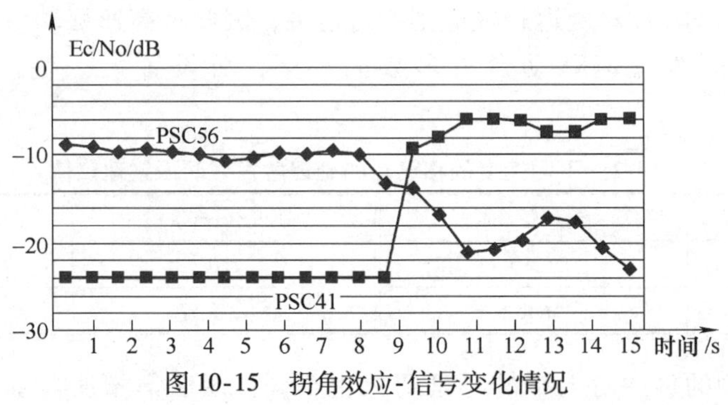

图 10-15 拐角效应-信号变化情况

下面一个例子是拐角效应的典型情况：

（1）问题描述

在拐弯前，激活集中的两个小区（PSC104 和 PSC168）的信号质量 Ec/No 快速下降到 –17dB 以下，而监视集中的小区（PSC208）的信号质量很好，Ec/No 达到 –8dB，如图 10-16 所示。

（2）问题分析

检查 RNC 跟踪的信令可以看到 UE 上报了 1A 事件，将 PSC208 的小区加入到激活集中，同时也下发了激活集更新，但无法收到激活集更新完成消息而导致了掉话，如图 10-17 所示。

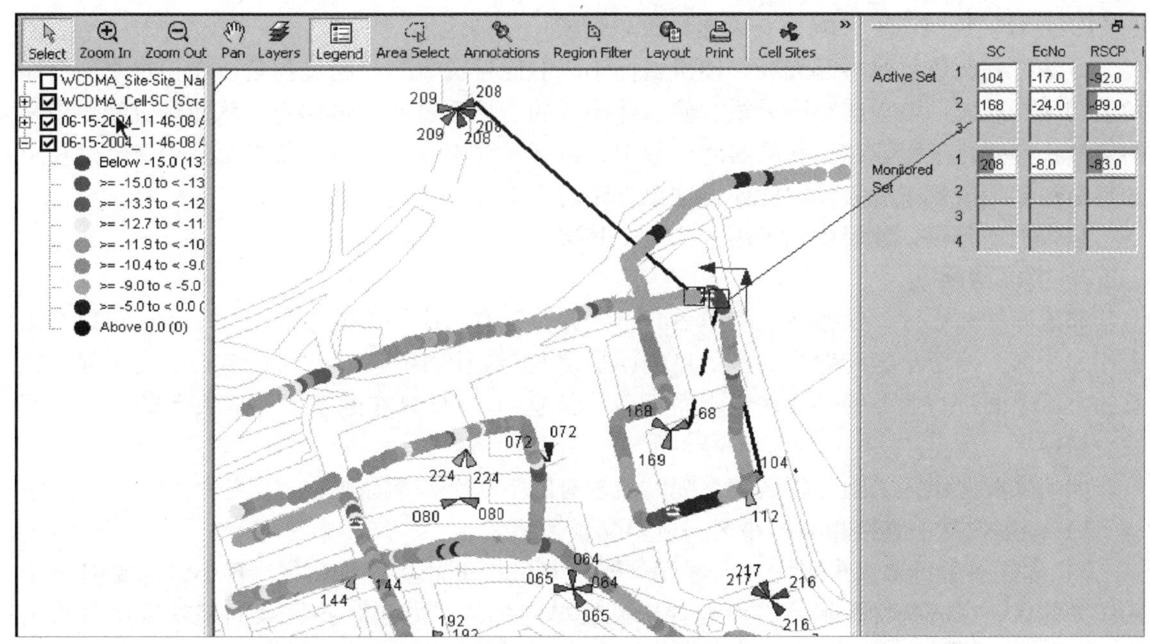

图 10-16　拐角效应-UE 记录的信号变化

时间	框号:...	消息方向	消息类型		
04/06/15 11:57:09(26)	1:10	来自UE	RRC_MEAS_RPRT		
04/06/15 11:57:09(26)	1:10	发往UE	RRC_MEAS_CTRL		
04/06/15 11:57:09(26)	1:10	发往UE	RRC_MEAS_CTRL		
04/06/15 11:57:10(54)	1:10	来自UE	RRC_MEAS_RPRT		
04/06/15 11:57:13(81)	1:10	发往NodeB	NBAP_DL_PWR_CTRL_REQ		
04/06/15 11:57:13(81)	1:10	发往NodeB	NBAP_DL_PWR_CTRL_REQ		
04/06/15 11:57:14(51)	1:10	发往NodeB	NBAP_DL_PWR_CTRL_REQ		
04/06/15 11:57:14(51)	1:10	发往NodeB	NBAP_DL_PWR_CTRL_REQ		
04/06/15 11:57:15(21)	1:10	发往NodeB	NBAP_DL_PWR_CTRL_REQ		
04/06/15 11:57:15(21)	1:10	发往NodeB	NBAP_DL_PWR_CTRL_REQ		
04/06/15 11:57:15(69)	1:10	来自NodeB	NBAP_RL_FAIL_IND		
04/06/15 11:57:15(91)	1:10	发往NodeB	NBAP_DL_PWR_CTRL_REQ		
04/06/15 11:57:15(91)	1:10	发往NodeB	NBAP_DL_PWR_CTRL_REQ		
04/06/15 11:57:17(98)	1:10	来自UE	RRC_MEAS_RPRT		
04/06/15 11:57:17(98)	1:10	发往NodeB	NBAP_RL_SETUP_REQ		
04/06/15 11:57:18(13)	1:10	来自NodeB	NBAP_RL_SETUP_RSP		
04/06/15 11:57:18(19)	1:10	来自NodeB	NBAP_RL_RESTORE_IND		
04/06/15 11:57:18(44)	1:10	发往UE	RRC_ACTIVE_SET_UPDATE		
04/06/15 11:57:18(70)	1:10	来自UE	RRC_MEAS_RPRT		
04/06/15 11:57:19(41)	1:10	发往NodeB	NBAP_DL_PWR_CTRL_REQ		
04/06/15 11:57:19(41)	1:10	发往NodeB	NBAP_DL_PWR_CTRL_REQ		
04/06/15 11:57:20(81)	1:10	发往NodeB	NBAP_DL_PWR_CTRL_REQ		
04/06/15 11:57:20(81)	1:10	发往NodeB	NBAP_DL_PWR_CTRL_REQ		
04/06/15 11:57:21(52)	1:10	发往NodeB	NBAP_DL_PWR_CTRL_REQ		
04/06/15 11:57:21(52)	1:10	发往NodeB	NBAP_DL_PWR_CTRL_REQ		
04/06/15 11:57:21(95)	1:10	发往CN	RANAP_IU_RELEASE_REQUES		
04/06/15 11:57:21(96)	1:10	来自CN	RANAP_IU_RELEASE_COMMAND	2818	00-01-00-09-00-00
04/06/15 11:57:21(98)	1:10	发往CN	RANAP_IU_RELEASE_COMPLETE	2818	20-01-00-26-00-00
04/06/15 11:57:21(98)	1:10	发往UE	RRC_RRC_CONN_REL	4294967295	CD-36-13-7A-0B-CF

RRC_MEAS_RPRT
fdd
primaryCPICH Info
primaryScramblingCode: 0xd0 (208)
cpich Ec N0: 0x1d (29)
eventResults
intraFreqEventResults
eventID: e1a (0)
cellMeasurementEventResults
fdd
PrimaryCPICH Info
primaryScramblingCode: 0xd0 (208)

	00	01	02	03	04	05	06	07	08	09	0A
0000	02	80	00	00	01	02	24	00	05	45	02
0010	06	80									

图 10-17　拐角效应-RNC 记录的信令跟踪

（3）解决办法

解决拐角效应的方法有：

方法一：调整小区软切换相关参数，使得 1A 事件更容易触发。比如，降低延迟触发时间至 200ms，或者减小迟滞。但是，调整小区的 1A 事件相关参数会导致该小区和其他小区之间的切换更容易发生，可能会造成过多的乒乓切换。

方法二：调整拐角效应产生的两个小区之间的 CIO，使目标小区更容易加入到激活集中。由于 CIO 只影响两个小区之间的切换行为，影响范围相对较小。但是，调整小区之间的 CIO 会对软切换产生影响，有可能导致软切换比例的增加。

方法三：调整目标小区天线，使得目标小区的信号覆盖能够越过拐角，在拐角之前就能发生切换；或者调整当前小区天线，使当前小区的信号覆盖能越过拐角，从而避免拐角带来的信号快速变化过程。在实际的实施过程中，由于天线工程参数的调整以及是否能越过拐角的判断过多地依赖于经验，因此使得这个方法的实施存在一定困难。

综合上述分析，建议优先采用方法一，其次采用方法二和方法三。

2. 邻区漏配

邻区即相邻小区，是指在两个覆盖有重叠并设置有切换关系的小区，一个小区可以有多个相邻小区。两个小区配置为邻区的目的就是使 UE 在移动状态下可以在多个定义了邻区关系的小区之间进行业务的平滑切换，而不会中断业务。UE 只在配置了邻区关系的小区之间发生切换。

如何来配置小区之间的邻区关系呢？通常有以下四个基本原则：

1）地理位置上直接相邻的小区一般要配置为邻区。

2）邻区一般都要求配置为双向邻区，即 A 小区把 B 小区作为邻区，B 小区也要把 A 小区作为邻区；在一些特殊场合，可能要求配置单向邻区，如当某些区域的基站采用频率为 f1、f2 配置，周围其他区域的基站为单载频 f1 配置时，可能只需要配置从 f2 到 f1 的单向邻区关系。

3）对于密集城区和普通城区，由于站间距比较近（0.5 ~ 1.5km），为避免邻区漏配，应将发生切换的两个小区配置为邻区关系。目前对于同频、异频和异系统邻区最多只可以配置 32 个，所以在配置相邻小区时，需注意相邻小区的个数，把确实存在相邻关系的小区设为相邻关系，把不可能发生切换的小区从相邻关系列表中删除。因此，在实际网络中，既要求配置必要的邻区，防止漏配邻区而造成较强的下行干扰，又要避免小区之间过多的邻区关系。

4）对于市郊和郊县的基站，虽然站间距很大，但一定要把位置上相邻的小区配置为邻区，以保证能够及时切换，避免掉话。

在 WCDMA 网络中，某个小区的邻区之间不存在切换优先级的问题，而且对邻区信号的检测周期比较短（一般 32 个同频邻区只需要 320ms 的测量周期），所以只需要考虑不遗漏邻区，而不需要严格按照信号强度来排序相邻小区。

下面一个例子是邻区漏配的典型情况：

（1）问题描述

从信令流程上看，UE 在 11：36：14.119 时刻收到系统消息，如图 10-18 所示，表明 UE 在通话过程中出现了掉话。

（2）问题分析

检查掉话前 UE 和 SCANNER 的导频测试数据，如图 10-19 所示，可以看出 UE 检测到的激活集和 SCANNER 的测试结果不一致，SCANNER 的小区（PSC170）并不在 UE 激活集中。

上述现象可能存在两种情况，一种是邻区漏配，一种是切换不及时。进一步查看 UE 监视集扰码信息，如图 10-20 所示，发现在 UE 的监视集中也没有扰码为 170 的小区，很有可能是扰码为 170 小区漏配。

继续查看掉话前 RNC 下发给 UE 的邻区列表，如图 10-21 和图 10-22 所示，从掉话前最

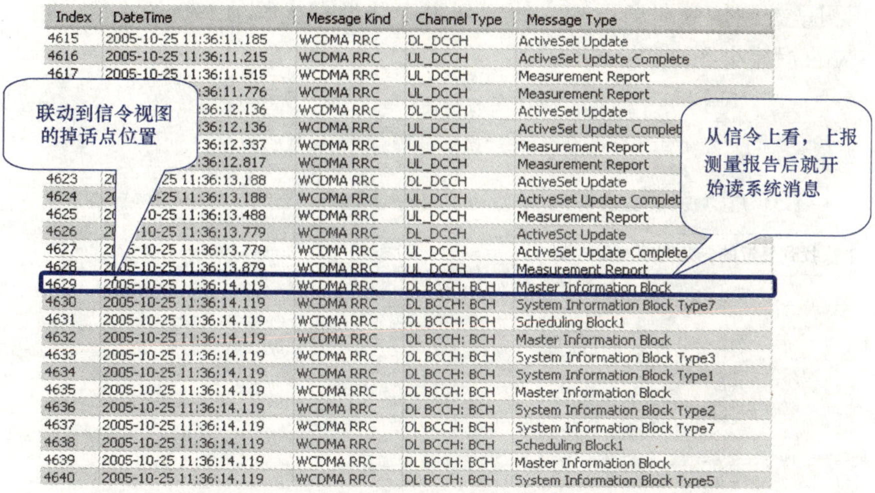

Index	DateTime	Message Kind	Channel Type	Message Type
4615	2005-10-25 11:36:11.185	WCDMA RRC	DL_DCCH	ActiveSet Update
4616	2005-10-25 11:36:11.215	WCDMA RRC	UL_DCCH	ActiveSet Update Complete
4617	2005-10-25 11:36:11.515	WCDMA RRC	UL_DCCH	Measurement Report
	:36:11.776	WCDMA RRC	UL_DCCH	Measurement Report
	:36:12.136	WCDMA RRC	DL_DCCH	ActiveSet Update
	:36:12.136	WCDMA RRC	UL_DCCH	ActiveSet Update Complet
	:36:12.337	WCDMA RRC	UL_DCCH	Measurement Report
	:36:12.817	WCDMA RRC	UL_DCCH	Measurement Report
4623	20 25 11:36:13.188	WCDMA RRC	DL_DCCH	ActiveSet Update
4624	20 -25 11:36:13.188	WCDMA RRC	UL_DCCH	ActiveSet Update Complet
4625	20 0-25 11:36:13.488	WCDMA RRC	UL_DCCH	Measurement Report
4626	20 -10-25 11:36:13.779	WCDMA RRC	DL_DCCH	ActiveSct Update
4627	20 5-10-25 11:36:13.779	WCDMA RRC	UL_DCCH	ActiveSet Update Complete
4628	2005-10-25 11:36:13.879	WCDMA RRC	UL_DCCH	Measurement Report
4629	2005-10-25 11:36:14.119	WCDMA RRC	DL BCCH: BCH	Master Information Block
4630	2005-10-25 11:36:14.119	WCDMA RRC	DL BCCH: BCH	System Information Block Type7
4631	2005-10-25 11:36:14.119	WCDMA RRC	DL BCCH: BCH	Scheduling Block1
4632	2005-10-25 11:36:14.119	WCDMA RRC	DL BCCH: BCH	Master Information Block
4633	2005-10-25 11:36:14.119	WCDMA RRC	DL BCCH: BCH	System Information Block Type3
4634	2005-10-25 11:36:14.119	WCDMA RRC	DL BCCH: BCH	System Information Block Type1
4635	2005-10-25 11:36:14.119	WCDMA RRC	DL BCCH: BCH	Master Information Block
4636	2005-10-25 11:36:14.119	WCDMA RRC	DL BCCH: BCH	System Information Block Type2
4637	2005-10-25 11:36:14.119	WCDMA RRC	DL BCCH: BCH	System Information Block Type7
4638	2005-10-25 11:36:14.119	WCDMA RRC	DL BCCH: BCH	Scheduling Block1
4639	2005-10-25 11:36:14.119	WCDMA RRC	DL BCCH: BCH	Master Information Block
4640	2005-10-25 11:36:14.119	WCDMA RRC	DL BCCH: BCH	System Information Block Type5

联动到信令视图的掉话点位置

从信令上看，上报测量报告后就开始读系统消息

图 10-18　掉话前的 UE 记录的信令流程

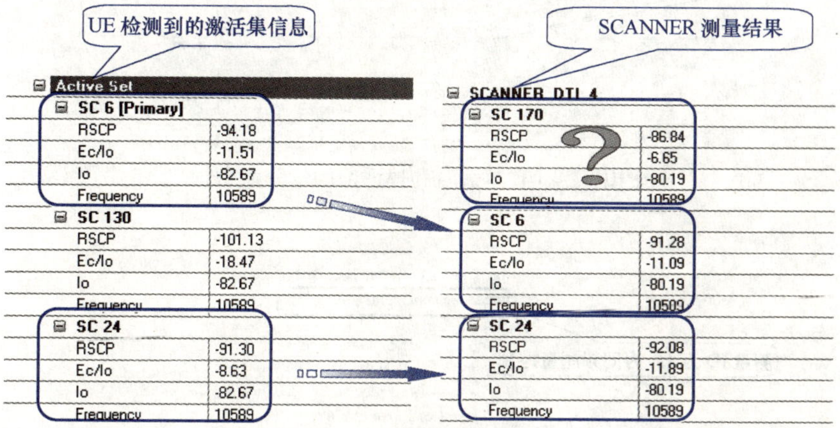

UE 检测到的激活集信息

SCANNER 测量结果

Active Set

SC 6 [Primary]	
RSCP	-94.18
Ec/Io	-11.51
Io	-82.67
Frequency	10589
SC 130	
RSCP	-101.13
Ec/Io	-18.47
Io	-82.67
Frequency	10589
SC 24	
RSCP	-91.30
Ec/Io	-8.63
Io	-82.67
Frequency	10589

SCANNER DTI 4

SC 170	
RSCP	-86.84
Ec/Io	-6.65
Io	-80.19
Frequency	10589
SC 6	
RSCP	-91.28
Ec/Io	-11.09
Io	-80.19
Frequency	10589
SC 24	
RSCP	-92.08
Ec/Io	-11.89
Io	-80.19
Frequency	10589

图 10-19　掉话前 UE 检测到的激活集和 SCANNER 记录的扰码信息

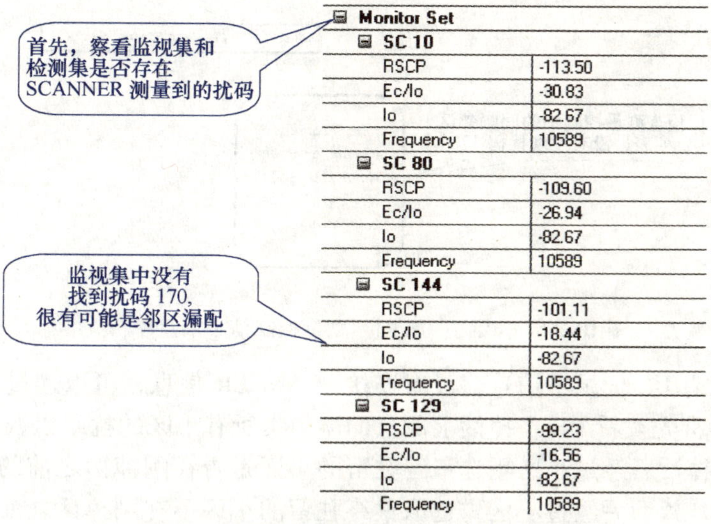

首先，察看监视集和检测集是否存在 SCANNER 测量到的扰码

监视集中没有找到扰码 170，很有可能是邻区漏配

Monitor Set

SC 10	
RSCP	-113.50
Ec/Io	-30.83
Io	-82.67
Frequency	10589
SC 80	
RSCP	-109.60
Ec/Io	-26.94
Io	-82.67
Frequency	10589
SC 144	
RSCP	-101.11
Ec/Io	-18.44
Io	-82.67
Frequency	10589
SC 129	
RSCP	-99.23
Ec/Io	-16.56
Io	-82.67
Frequency	10589

图 10-20　掉话前 UE 检测到的监视集扰码信息

近的一次同频测量控制信令消息可知，邻区列表中并没有扰码为 170 的小区，可以肯定漏配了 PIC =6 小区的相邻小区（PIC =170）。

Index	DateTime	Message Kind	Channel Type	Message Type
4599	2005-10-25 11:36:05.246	WCDMA RRC	UL_DCCH	Measurement Report
4600	2005-10-25 11:36:05.937	WCDMA RRC	DL_DCCH	ActiveSet Update
4601	2005-10-25 11:36:05.937	WCDMA RRC	UL_DCCH	ActiveSet Update Complete
4602	2005-10-25 11:36:06.979	WCDMA RRC	UL_DCCH	Measurement Report
4603	2005-10-25 11:36:07.449	WCDMA RRC	UL_DCCH	Measurement Report
4604	2005-10-25 11:36:07.500	WCDMA RRC	DL_DCCH	Measurement Control
4605	2005-10-25 11:[illegible]10	WCDMA RRC	DL_DCCH	Measurement Control
[illegible]	[illegible]	WCDMA RRC	DL_DCCH	Measurement Control
[illegible]	[illegible]	WCDMA RRC	UL_DCCH	Measurement Report
[illegible]	[illegible]	WCDMA RRC	DL_DCCH	Physical Channel Reconfiguration
4609	2005-10-25 11:36:10.043	WCDMA RRC	UL_DCCH	Measurement Report
4610	2005-10-25 11:36:10.414	WCDMA RRC	UL_DCCH	Physical Channel Reconfiguration Co...
4611	2005-10-25 11:36:10.614	WCDMA RRC	DL_DCCH	Measurement Control
4612	2005-10-25 11:36:10.614	WCDMA RRC	UL_DCCH	Measurement Report
4613	2005-10-25 11:36:10.784	WCDMA RRC	UL_DCCH	Measurement Report
4614	2005-10-25 11:36:11.105	WCDMA RRC	UL_DCCH	Measurement Report
4615	2005-10-25 11:36:11.185	WCDMA RRC	DL_DCCH	ActiveSet Update
4616	2005-10-25 11:36:11.215	WCDMA RRC	UL_DCCH	ActiveSet Update Complete
4617	2005-10-25 11:36:11.515	WCDMA RRC	UL_DCCH	Measurement Report
4618	2005-10-25 11:36:11.776	WCDMA RRC	UL_DCCH	Measurement Report
4619	2005-10-25 11:36:12.136	WCDMA RRC	DL_DCCH	ActiveSet Update
4620	2005-10-25 11:36:12.136	WCDMA RRC	UL_DCCH	ActiveSet Update Complete
4621	2005-10-25 11:36:12.337	WCDMA RRC	UL_DCCH	Measurement Report
4622	2005-10-25 11:36:12.817	WCDMA RRC	UL_DCCH	Measurement Report
[illegible]	[illegible]005-10-25 11:36:13.188	WCDMA RRC	DL_DCCH	ActiveSet Update
[illegible]	[illegible]005-10-25 11:36:13.188	WCDMA RRC	UL_DCCH	ActiveSet Update Complete
[illegible]	[illegible]005-10-25 11:36:13.488	WCDMA RRC	UL_DCCH	Measurement Report
4626	2005-[illegible]:36:13.779	WCDMA RRC	DL_DCCH	ActiveSet Update
4627	2005-10-25 11:36:1[illegible]	WCDMA RRC	UL_DCCH	ActiveSet Update Complete
4628	2005-10-25 11:36:13.879	WCDMA RRC	UL_DCCH	Measurement Report
4629	2005-10-25 11:36:14.119	WCDMA RRC	DL BCCH: BCH	Master Information Block
4630	2005-10-25 11:36:14.119	WCDMA RRC	DL BCCH: BCH	System Information Block Type7
4631	2005-10-25 11:36:14.119	WCDMA RRC	DL BCCH: BCH	Scheduling Block1
4632	2005-10-25 11:36:14.119	WCDMA RRC	DL BCCH: BCH	Master Information Block
4633	2005-10-25 11:36:14.119	WCDMA RRC	DL BCCH: BCH	System Information Block Type3
4634	2005-10-25 11:36:14.119	WCDMA RRC	DL BCCH: BCH	System Information Block Type1

找到最近的一条同频测量控制

掉话点

图 10-21 UE 掉话时和掉话前的信令消息

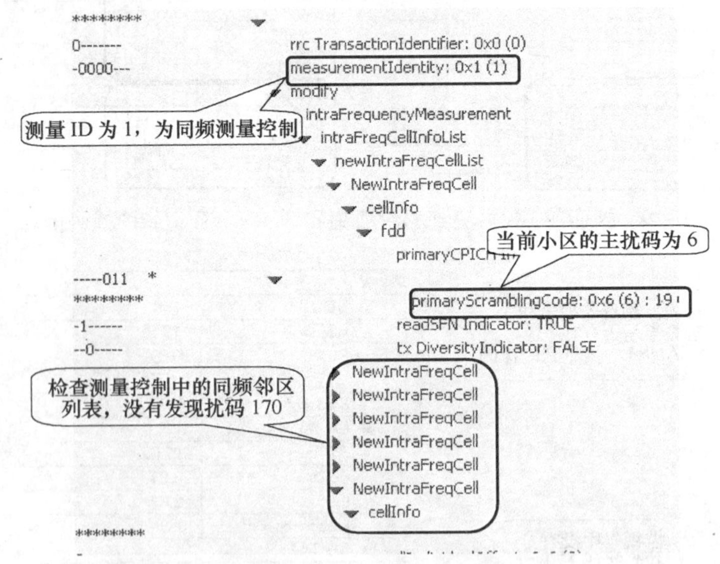

图 10-22 掉话前 UE 同频测量控制信令消息解析

如果测试时只有 UE 记录了信息，没有连接 SCANNER 信息，可以通过以下的方法来确认邻区是否漏配：首先查看 UE 在掉话前测量的激活集所有小区的扰码以及监视集小区的扰码；然后确认 UE 掉话后经过小区重选最终驻留的小区是否在刚掉话之前的 UE 激活集或监视集里面，如果 UE 掉话后经过小区重选取最终驻留的小区不在刚掉话之前的 UE 激活集或监视集里面，那么有可能是由于邻区漏配导致的掉话，可以通过检查邻区列表的方式进一步进行确认是否属于邻区漏配，如图 10-23 所示。该方式比较适合在路测现场解决邻区漏配导致的通话质量差或者掉话问题。

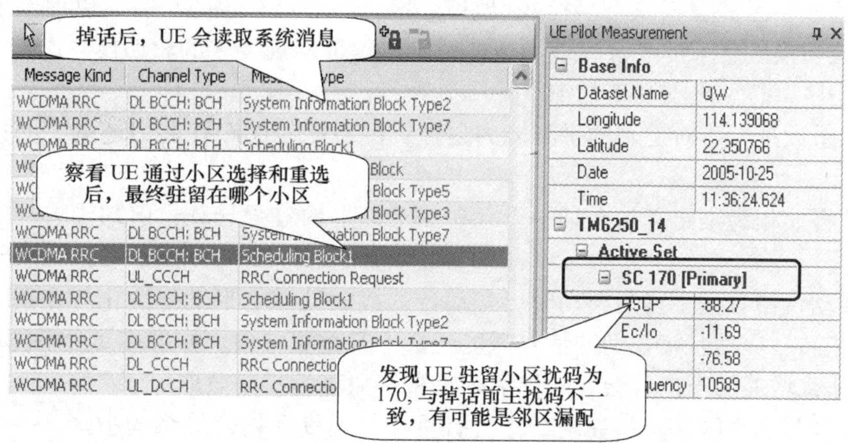

图 10-23　没有 SCANNER 信息确定邻区漏配的方式

（3）解决方法

增加邻区。由于 RNC 根据最优小区来更新测量控制，最优小区一般可以通过查找测量控制下发之前含有 1D 事件的同频测量报告来获取。

【本章总结】

1. 知识体系

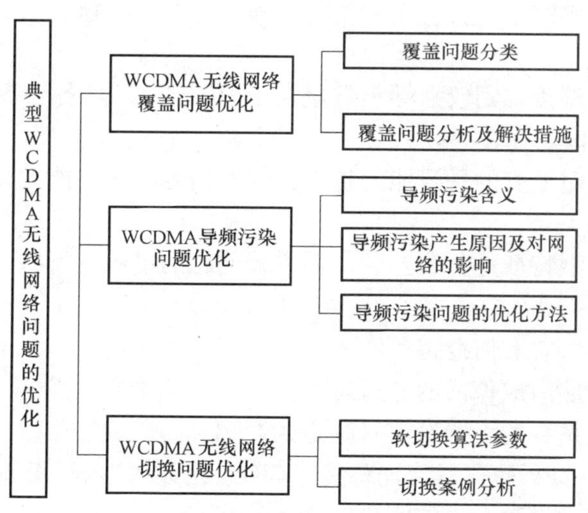

2. 知识要点

1）信号盲区一般是指导频信号低于 UE 的最低接入门限的覆盖区域。

2）越区覆盖一般是指某些基站的覆盖区域超过了规划的范围，在其他基站的覆盖区域内形成不连续的满足全覆盖业务要求的主导区域。

3）上下行不平衡一般指目标覆盖区域内，业务出现上行覆盖受限或下行覆盖受限的情况。上行覆盖受限表现为 UE 的发射功率达到最大仍不能满足上行 BLER 要求；下行覆盖受限表现为下行专用信道的发射功率达到最大仍不能满足下行 BLER 要求。

4）P-CPICH TX Power 为小区内 P-CPICH 的发射功率。该参数的设置需要结合实际的系统环境，例如小区覆盖范围（半径）、地理环境。在要求覆盖的小区，以保证下行覆盖为前提。在有软切换区要求的小区，该参数的设定以保证网规要求的软切换区比例为宜，通常该参数设为小区下行总发射功率的10%。

5）滤波系数越大，对毛刺的平滑能力越强，但对信号的跟踪能力越弱，必须在两者之间进行权衡。

6）通常将导频污染定义为在某一点存在三个以上的较强导频，但却没有一个足够强的主导频。

7）当移动台沿着一个拐角移动时，移动台的接收信号电平发生变化。在拐角后面如果有一个新的基站，移动台接收到的信号强度就会上升得非常快。如果移动台不能足够快地获得新基站，那么增加的干扰就会导致掉话。这种现象称为拐角效应。

8）邻区即相邻小区，是指在两个覆盖有重叠并设置有切换关系的小区，一个小区可以有多个相邻小区。简单地说，两个小区设置邻区的目的就是使 UE 在移动状态下可以在多个定义了邻区关系的小区之间进行业务的平滑切换，而不会中断。只有添加了邻区，UE 才能在不同的小区之间发生切换。

【思考与复习题】

一、填空

1. 在切换信令流程中，邻区的扰码信息在____________消息中传送。

2. 导频污染可能会导致________、________和________问题。

二、判断

1. 导频污染是指终端接收到较强导频数量大于等同于 3，且各导频的 RSCP 电平差绝对值小于 3dB 时，即认为该点存在导频污染。（　　）

2. 滤波系数越大，对毛刺的平滑能力越强，但对信号的跟踪能力减弱。（　　）

三、简答

1. 弱覆盖问题的典型特征是什么？解决弱覆盖问题的措施有哪些？
2. 什么是上下行不平衡？
3. 什么是越区覆盖？它有何危害？
4. 请写出弱覆盖问题造成掉话的分析思路。
5. 请简述同频滤波系数的设置对信号判定的影响。
6. 同频切换小区 P-CPICH 测量值偏移量（CIO）是如何影响 UE 测量事件评估的？
7. 什么是导频污染？导频污染的解决措施有哪些？
8. 请简述相对门限、迟滞、延迟触发时间的设置值对 1A 事件、1B 事件的影响。
9. 请简述无线网络软切换问题的分析思路。
10. 邻区设置的原则是什么？如何判断邻区漏配？
11. 什么叫拐角效应？如何解决拐角效应造成的掉话？

第4篇　实　训　篇

实训1　基站勘察工具的使用

【实训目的】

1. 掌握手持式GPS接收机、地质罗盘和激光测距仪的使用方法；
2. 掌握麦哲伦探险家系列GPS接收机的设置方法。

【实训工具与设备】

手持式GPS接收机、卷尺、罗盘、数码相机、望远镜、激光测距仪。

【实训步骤及注意要求】

当接到一个任务，要到某地进行现场勘察基站时，在具体实施勘察工作之前，首先要做勘察的技术准备工作。

1.1　手持式GPS接收机的使用

基站勘察时使用的GPS接收机，主要是利用GPS接收机提供经纬度信息和海拔信息。下面以美国麦哲伦公司制造的400E型号的GPS接收机为例，如图S1-1所示，给大家介绍GPS接收机如何使用。

1. 麦哲伦400E手持式GPS接收机按键说明

麦哲伦400E手持式GPS接收机按键如图S1-1所示，按键说明见表S1-1。

表S1-1　麦哲伦400E型号的GPS接收机按键说明

按键编号和名称	作　用
A:背光按键	设置屏幕背光的亮度
B:电源按键	打开或关闭接收机电源
C:缩小按键	对地图进行缩小操作
D:放大按键	对地图进行放大操作
E:回车按键/光标控制器	对输入和选择的确定/移动屏幕上的光标
F:翻页/导航按键	可翻阅导航屏幕
G:退出按键	返回到上次屏幕;如果输入了数据,则取消
H:菜单按键	进入一个菜单,允许进入一个功能设定或用户界面设定
I:存储卡插槽	用于存放闪存卡

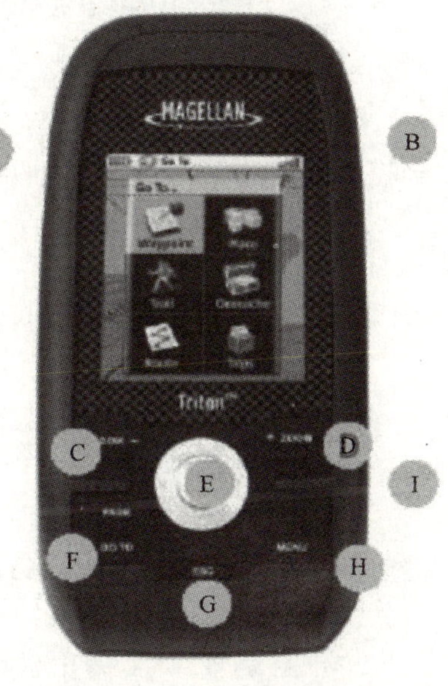

图S1-1　GPS接收机外观图

2. 查看信息

右侧前方有一个电源按键，按下电源按键开机后会进入导航的界面，在导航界面下，按一下退出按键，则进入卫星状态屏幕，如图 S1-2 所示。

在这个屏幕中，下面不同颜色的彩色柱表示不同的含义，绿色柱表示能准确地获取卫星信号，红色柱表示还不能解调卫星的信号，黄色柱表示目前捕捉到的卫星信号比较差。GPS 接收机至少接收到 4 颗星才能准确定位，其中 3 颗星用来定位，由于定位是通过计算物体到 3 颗星的距离，而距离又是通过光速乘以时间来得到的，所以还需要 1 颗星用于测时间。

按翻页/导航按键可翻阅导航屏幕，再按翻页/导航按键可进入当前位置屏幕，如图S1-3 所示。

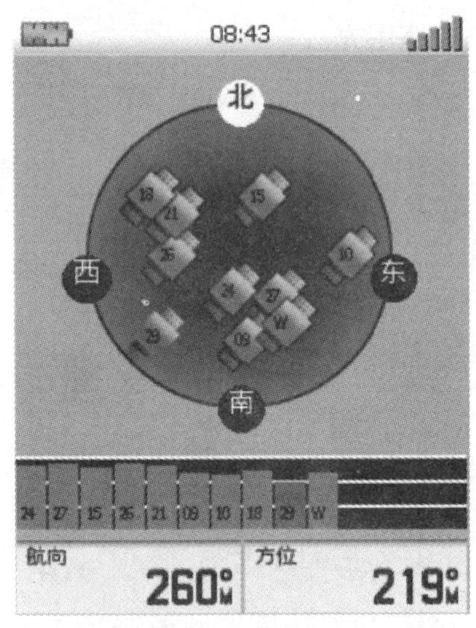

图 S1-2 卫星状态屏幕

图 S1-3 当前位置屏幕

当前位置屏幕给出了当前的位置、时间、GPS 接收机的运动方向等信息。

按翻页/导航按键三次后，可以进入罗盘屏幕，如图 S1-4 所示，此屏幕上可以看出 GPS 接收机运动的方向，GPS 接收机航向是 265°，而目标方位是 224°。

3. GPS 接收机的设置

首先进入地图屏幕状态，如图 S1-5 所示，然后按菜单按键，再依次选择“菜单”→“查看”→“设置”→“连接选项”，最后按回车按键进行确认。

（1）输出模式

可以选择 COM 和 USB 两种输出模式。

（2）NMEA 协议电文输出格式选项

NMEA 协议电文可以选择 V1. 5AP、V1. 5XTE、V2. 1GSA 三种输出格式，与计算机作数据交换时，选用 V2. 1GSA 格式。

（3）Baut Rate

NMEA 协议电文输出波特率选择：4800Baud、9600Baud、19200Baud、57600Baud 和 115200Baud，当和 PC 相连时，一般选用 4800Baud。

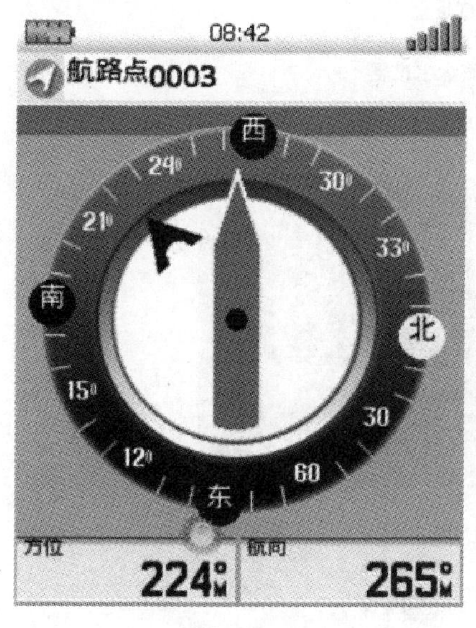

图 S1-4　罗盘屏幕

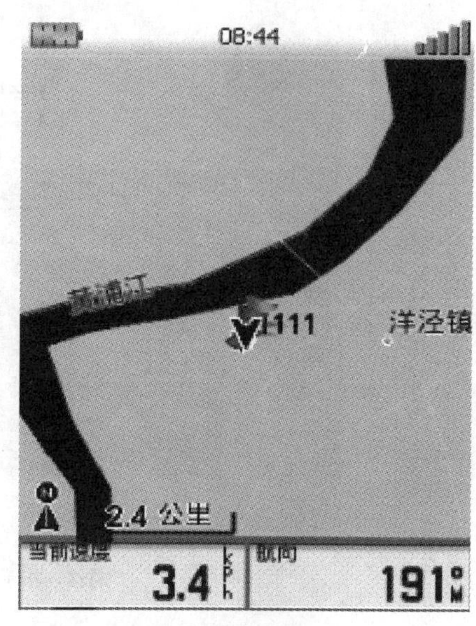

图 S1-5　地图屏幕

4. GPS 接收机使用注意事项

1）一般在露天的地方使用，建筑物内、洞内、水中和密林等类似地方，由于对卫星信号衰减太大，会影响正常使用；

2）由于我国在北半球，使用 GPS 接收机测试经纬度时尽量使 GPS 接收机朝南放置，且南方没有遮挡；

3）GPS 接收机耗电比较高，注意带足备用电池；

4）在一个地方开机的时间越长，搜索到的卫星越多，精确度就越高；在山野上使用时精确度比在城市中高楼林立的地方高；一般民用的手持式 GPS 接收机精确度为 15m，如能支持 WAAS，精确度可提高到 3m。

1.2　地质罗盘的使用

地质罗盘是进行基站勘察工作必不可少的一种工具，借助它可以定出方向、天线的方位角，因此必须学会使用地质罗盘。

1. 地质罗盘的结构

地质罗盘式样很多，但结构基本是一致的，我们常用的是圆盆式地质罗盘，由磁针、水平刻度盘、垂直/测斜刻度盘、水准器、瞄准装置等几部分安装在一铜、铝或木制的圆盆内组成，如图 S1-6 所示。

1）磁针：一般为中间宽两边尖的菱形钢针，安装在底盘中央的顶针上，可自由转动，不用时应旋紧固定磁针螺旋，将磁针抬起压在盖玻璃上，避免磁针的针尖遭到碰撞，以保护顶针尖，延长地质罗盘使用时间。在进行测量时放松固定磁针螺旋，使磁针自由摆动，最后静止时磁针的指向就是磁针子午线方向。由于我国位于北半球磁针两端所受磁力不等，使磁针失去平衡。为了使磁针保持平衡，常在磁针南端绕上几圈铜丝，用此也便于区分磁针的南

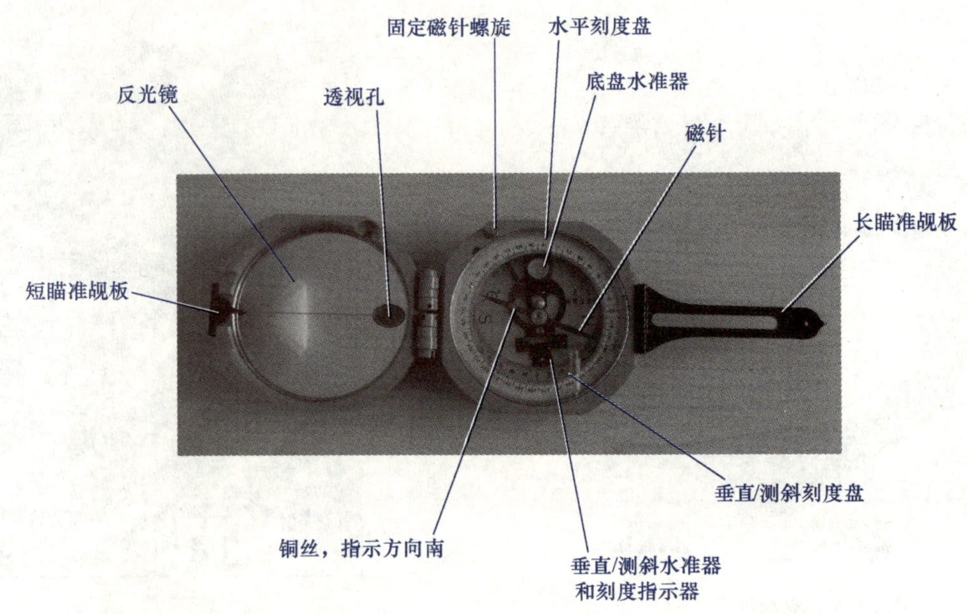

图 S1-6 地质罗盘

北两端。

2）水平刻度盘：水平刻度盘的刻度采用标示方式，即从零度开始按逆时针方向每 10°一记，连续刻至 360°，0°和 180°分别为 N 和 S，90°和 270°分别为 E 和 W，利用它可以直接测得地面两点间直线的磁方位角。

3）垂直/测斜刻度盘：专用来读倾角和坡角角度。

4）水准器：通常有两个，底盘水准器安装在圆形玻璃管中，固定在底盘上，垂直/测斜水准器固定在测斜仪上。

5）瞄准装置：由长/短瞄准觇板、反光镜中心的平分线、透视孔组成。测试方位角时应使被测目标通过反光镜上的透视孔中的平分线，经长、短瞄准觇板中的小孔和测试者的眼睛构成一直线。

2. 地质罗盘的使用方法

地质罗盘在使用前必须进行磁偏角的校正，因为地磁的南、北两极与地理上的南北两极位置不完全相符，即磁子午线与地理子午线不相重合，地球上任一点的磁北方向与该点的正北方向不一致，这两方向间的夹角叫磁偏角。地球上某点磁针北端偏于正北方向的东边叫做东偏，偏于西边称西偏。东偏为（+），西偏为（-）。

地球上各地的磁偏角都按期计算、公布以备查用。若某点的磁偏角已知，则正北方位角等于磁方位角加/减磁偏角。应用这一原理可进行磁偏角的校正，校正时可旋动地质罗盘外壁的刻度螺钉，使水平刻度盘顺时针转动或逆时针转动（磁偏角东偏则顺时针转动水平刻度盘，西偏则逆时针转动水平刻度盘），使地质罗盘底盘南北刻度线与水平刻度盘 0°与 180°连线间夹角等于磁偏角。经校正后测量时的读数即为真方位角。

3. 目的物方位的测量

目的物方位的测量是测定目的物与测者间的相对位置关系，也就是测定目的物的方位角，即指从子午线顺时针方向到该测线的夹角。

当被测目标高于观测者时，观测者可将长瞄准觇板指向目标，并略向上抬起，保持地质罗盘底盘水平，即保持底盘水准器中的水珠居中，将反光镜向上抬起，使目的物通过长瞄准觇板上的小孔投影到反光镜中线上，这时，地质罗盘北针所指向的刻度就是测量目的物所在的方位角。

当被测目标低于观测者时，观测者可将长瞄准觇板指向自己，并略向上抬起，保持地质罗盘水平，将反光镜抬起，使观察者在反光镜内也可看到刻度盘。从短瞄准觇板的小孔，通过地质罗盘反光镜，看远方目标的方位，这时磁南针所指的刻度即为测量目标所在的方位，磁北针所指的刻度即为观测者的方位角。

1.3　激光测距仪的使用

在基站勘察时，激光测距仪常用于测量基站天线的挂高，即基站天线距离地面的高度。图 S1-7 所示为尼康 NIKON Laser550A 望远镜式激光测距仪，只要轻松一键式操作，测量结果就显示在外部的 LCD 面板上，其测量范围为 10 ~ 500m，可用它来测量横向距离、高度和垂直间隔。

图 S1-7　尼康 NIKON Laser550A 望远镜式激光测距仪

在实际进行勘察时，除了使用上述三种工具之外，还需要望远镜、数码相机、卷尺、笔记本。利用望远镜来观察铁塔有几个平台，每个平台有几副天线，天线的大致位置；利用数码相机可以帮助勘察人员辅助记录一些数据，以便更准确地设计出施工图样；卷尺主要用来测量室内的基站设备和配套设施的安装尺寸；笔记本要记录下相关的信息，同时最好记录下每个基站的勘察起始时间和结束时间，便于与数码相机记录的图片信息进行对照。

【思考与复习题】

1. 请写出 GPS 接收机与计算机通信时的设置步骤和设置内容。
2. 使用 GPS 接收机需要注意哪些事项？
3. 请问如何使用罗盘对目的物的方位进行测量？

实训 2　Pilot Pioneer 测试软件的使用

【实训目的】

1. 掌握 Pilot Pioneer 软件的安装；
2. 掌握测试手机的驱动程序和 GPS 接收机驱动程序的安装；
3. 了解 Pilot Pioneer 软件的菜单和工具栏的使用。

【实训工具与设备】

Pilot Pioneer 软件、Nokia6720 手机、环天 BU353 GPS 接收机、便携式计算机。

【实训步骤及注意要求】

Pilot Pioneer 是集成了多个网络进行同步测试的新一代无线网络测试及分析软件，基于 Windows2000/XP/Win7 操作系统，具备完善的 GSM、CDMA、TD-SCDMA、UMTS 网络测试以及 Scanner 测试功能，是一种优秀的图形化和集成管理的网络优化综合工具。

2.1　软件安装

1. 电脑推荐配置

（1）硬件配置

CPU：P4 1.4GHz；内存：1GB；硬盘：200GB 以上；USB 口数量：4 个。

（2）操作系统

Windows2000（要求 SP4 或以上）/XP（要求 SP2 或以上）/Win7。

2. 安装步骤

（1）Pilot Pioneer 软件安装

下面以 Pilot Pioneer3.6.4.0 版本为例介绍软件的安装。首先单击 Pilot Pioneer 软件安装包文件，在安装该软件过程中，会自动弹出两个插件，分别为：“WinPcap4.0.2”和“MSXML4.0（SP2）”。这两个插件，在使用 Pilot Pioneer 软件时会调用到。同时，Pilot Pioneer 软件安装包会自动安装 Pilot Pioneer 软件加密锁的驱动。

Pilot Pioneer 软件安装成功之后，还需要一个软件权限文件——“Pioneer.lcf”文件，这个文件一般在软件的安装光盘中，也可以通过 Pilot Pioneer 软件加密锁产生。软件正常运行需要将“Pioneer.lcf”文件放到软件安装目录中。如果软件安装在默认目录中，路径为：“C：\Program Files\DingLi\Pilot Pioneer3.6.4.0”，如图 S2-1 所示。

如果软件的权限文件“Pioneer.lcf”文件和软件加密锁配对正常，就可以运行 Pilot Pioneer 软件了。

（2）Nokia6720 手机驱动程序的安装

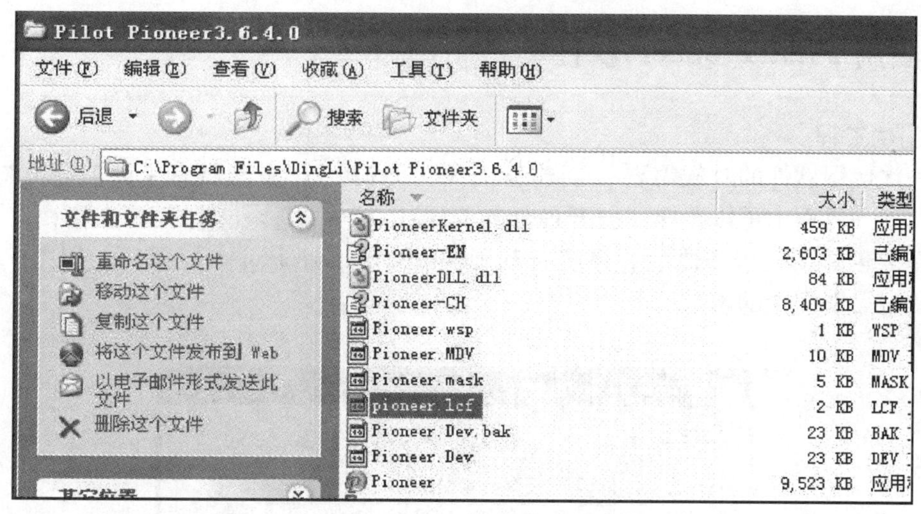

图 S2-1 软件安装的默认目录

可以双击 Nokia PC Suite 驱动程序的安装文件图标进行安装，当出现图 S2-2 所示界面时，若选择“电缆连接”，可将手机通过 USB 数据线与计算机相连，然后单击向右的箭头按钮。

驱动程序安装成功之后，可以查看 PC 上“设备管理器”中的“调制解调器”，检验一下是否能看到 Nokia6720 手机的 3 个 Modem 对应的端口号，如图 S2-3 所示。

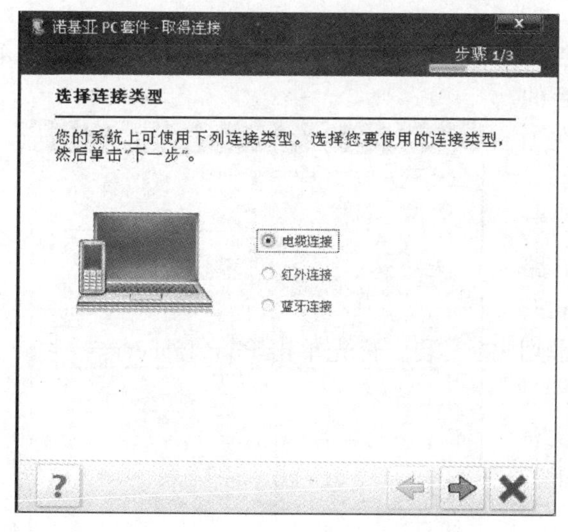

图 S2-2 手机通过数据线与 PC 相连窗口

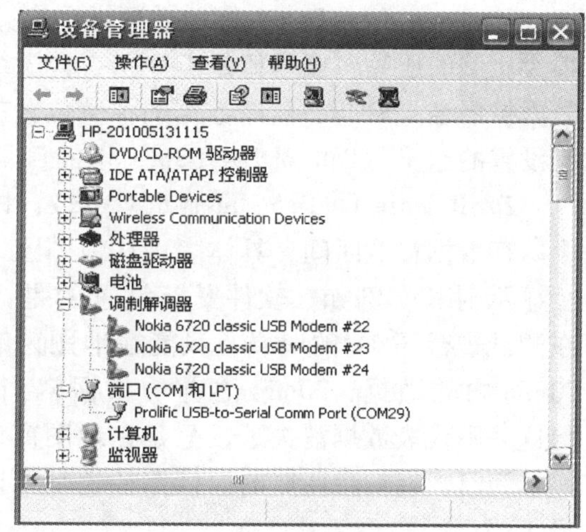

图 S2-3 PC“设备管理器”窗口

（3）环天 BU353 GPS 接收机驱动程序的安装

双击程序的安装文件 BU353 PL-2303 Driver Installer. exe，直接进行 GPS 接收机驱动程序的安装，待安装完毕后，将 GPS 接收机的 USB 端口连接到 PC 的 USB 端口上。安装成功后可以在 PC 上“设备管理器”中的“端口”处查看，如图 S2-3 所示。

2.2 使用 Pilot Pioneer 软件

1. 创建工程

第一次使用软件的时候需要“创建新工程”，如果 PC 中已经有了以前建立好的工程，在软件弹出的界面中可以选择“打开最近的工程”。

选择“创建新工程”之后，系统自动弹出“Configure Project”窗口，如图 S2-4 所示，在该窗口中需要配置的参数如下：

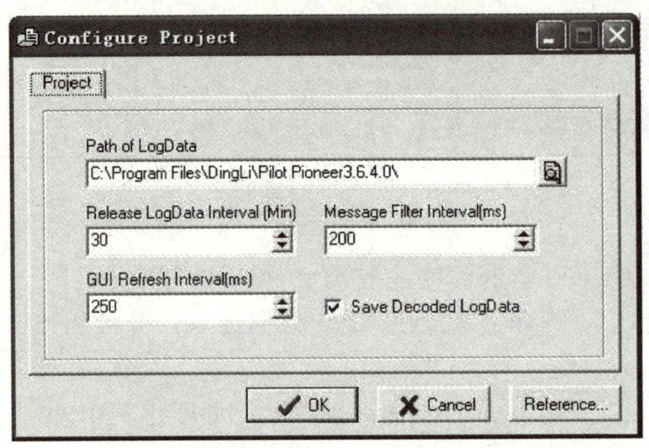

图 S2-4 “Configure Project”窗口

1）Path of LogData：即原始数据保存路径，Pilot Pioneer 软件对于原始测试数据有一个很大比例的压缩，压缩比是 1:6 左右，压缩后的数据扩展名是 RCU，这个数据的存储位置就在工程设置的这个“Path of Log Data”下的目录中；

2）Release LogData Interval（Min）：即测试中内存数据释放时间，具体表现在地图窗口的路径显示时长，例如，软件默认设置的是 30min，在测试进行了 1h 的时候，只能在地图窗口看到 30min 内的数据，30min 之前的数据就消失了。但这并不代表数据消失了，只是在地图窗口没有显示而已。在后台回放的时候路径还是可以正常显示的；

3）GUI Refresh Interval（ms）：Graph 窗口刷新间隔；

4）Message Filter Interval（ms）：解码信令时间间隔；

5）Save Decoded LogData：是否实时保存解码数据在计算机硬盘上。

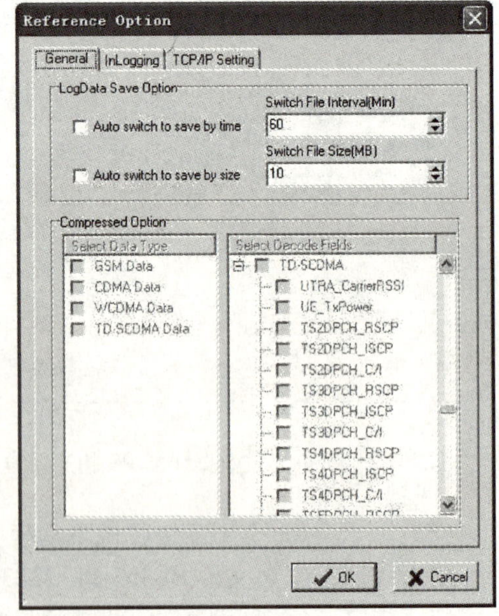

图 S2-5 “Reference Option”窗口

6）Reference Option：对应窗口如图 S2-5 所示。

“Reference Option”窗口提供了三个选项卡，分别为“General”、“InLogging”和“TCP/IP Setting”。在“General”选项卡的“LogData Save Option”中，若勾选“Auto switch to save by time”，当采集测试数据的时间超过“Switch File Interval（Min）”中的设置时，会新建一个测试数据继续测试；若勾选“Auto switch to save by size”，当采集的测试数据大小超过“Switch File Size（MB）”中的设置时，会新建一个测试数据继续测试。

但是，若使用“General”选项卡的“LogData Save Option”中的选项，有可能会发生如下一些情况：

1）在话音测试过程中，Pilot Pioneer 软件自动断开 Log 文件的那一刻，手机正在通话，会使得这个 Log 文件没有正常结束通话的信令，可能引起软件对事件的误判。

2）在数据业务测试过程中（如 FTP 下载等），Pilot Pioneer 软件自动断开 Log 文件的那一刻，手机正在下载文件，会使得这个 Log 文件没有正常断开网络连接的信令，可能引起软件对事件的误判。

因此，在日常的软件使用中，建议不使用 LogData Save Option 中的选项。

“InLogging”选项卡的作用是：若勾选图 S2-6 中的“Map”、“Graph”、“Message”和“Events list”，则 UE 在开始测试的时候，Pilot Pioneer 会自动打开这些窗口的界面。

2. 配置设备

在配置设备之前，请确保各个硬件设备的驱动程序已经正确安装，并且各个需要使用的硬件设备已经连接到 PC 的正确端口上，而且请确保 PC“设备管理器”中的“调制解调器”和“端口”中各设备已经正常显示，且没有端口冲突。

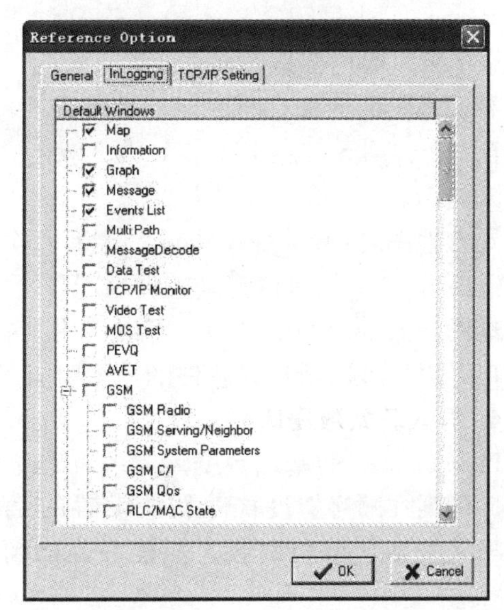

图 S2-6　“Reference Option”窗口“InLogging”的设置

在 Pilot Pioneer 工程窗口中，双击“设备”选项卡中的“Devices”图标，或在 Pilot Pioneer 主菜单中选择“设置”→“设备”，然后在弹出的窗口中，选择“System Port Info”选项卡，依照显示的端口信息进行“设备”的设置，如图 S2-7 所示。

如果测试中需要 GPS 接收机，则在 Test Device Configure 选项卡的“Device Model”中选择“NMEA0183”，并在后面的“Trace Ports”中选择 GPS 接收机的端口，如图 S2-8 所示。

在“Test Device Configure”选项卡下方单击“Append”按钮，可以新增加一个设备，在列表框中选择“Handset”，在“Device Model”中选择手机类型，如选择“Nokia6720”测试手机，然后在“System Ports Info”选项卡中查看手机的 Ports 口号和 Modem 端口号，再返回“Test Device Configure”窗口配置手机相应的端口，如图 S2-8 所示。

如果有两部或者更多的测试手机，分别按照上面的操作配置各个手机的端口。

图 S2-7 “System Port Info” 选项卡

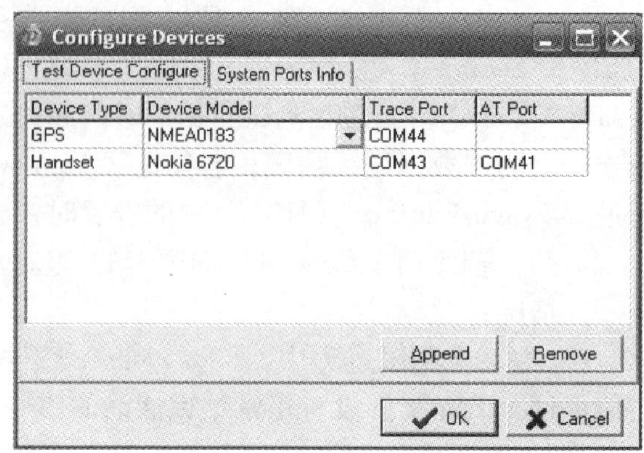

图 S2-8 “Test Device Configure” 选项卡

3. 导入地图

Pilot Pioneer 支持多种地图格式。Pilot Pioneer 可将外部格式的地图，如数字地图、Mapinfo 的 tab 文件、AutoCAD 的 Dxf 文件、Jpg 文件等导入 Pilot Pioneer 中并自动转化为 Pilot Pioneer 支持的内部地图格式，同时该软件还包含高度图（Height）、地物图（Clutter）、矢量图（Vector）、光栅图（Raster）、建筑物图（Building）、建筑物矢量图（Buildvec）以及标注图（Text）等内部地图格式。

导入地图的方法有两种，一是点击软件菜单“编辑”→“地图”→“导入”；一是在软件工程窗口的“GIS 信息选项卡”中，双击“Geo Maps”，在弹出的窗口中选择已有的地图类型导入地图。

导入地图之后，“Geo Maps”会有一个明显的变化，就是在相应的图层标志前多出一个“+”，单击“+”可以打开查看地图各个图层信息，如图 S2-9 所示。

地图导入到软件中之后，可以使用“拖拉”的方式将整个图层或单独一个图层拖到地图窗口，以使地图信息在软件的地图窗口显示。

4. 导入基站数据库

Pilot Pioneer 的基站数据库是 *.txt 或 *.xls 格式，其中，Pilot Pioneer 测试软件对基站数据库的列在顺序上没有要求，但每一个单元格中的内容要严格一致。

导入基站数据的方法为：单击菜单栏中的“编辑”，然后选择“基站数据库”，选择“导入”。

选择基站数据库网络类型，此处选择“UMTS”，单击“OK”按键。然后选择基站所在目录，选中基站数据库文件，单击“打开”按钮。

基站数据库导入到软件中后，可以在软件工程窗口中“工程”选项卡中查看，如图 S2-10所示。

5. 配置测试模板

如果在本次使用 Pilot Pioneer 软件前保存了测试模板，则可以通过菜单栏中的“编辑”→“测试模板”→“导入”，打开以前的测试模板。

如果要新建测试模板，可以双击工程窗口中“设备”→“Templates”，或选择菜单栏中的“设置”→“测试模板”，在弹出的测试模板维护窗口中，新建测试模板。

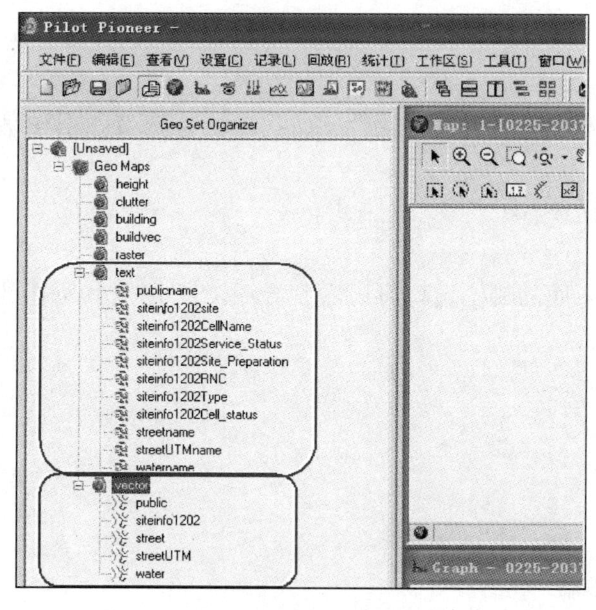

图 S2-9　Geo Maps

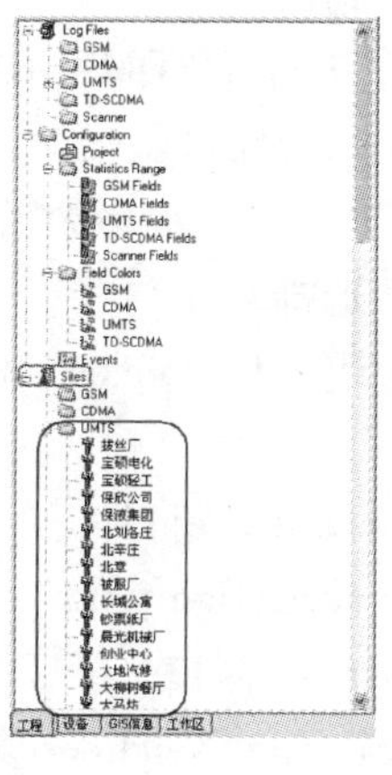
图 S2-10　基站数据库的导入

6. 保存工程

在工具栏中单击按钮或选择主菜单“文件→保存工程”保存所建工程，保存设备配置、测试模板等信息；在每次对配置信息做出修改后，请保存工程，以便下次直接调用这些配置。

7. 连接设备和记录数据

1）配置完设备和测试模板后，即可开始测试；

2）选择主菜单“记录”→“连接”或单击工具栏按钮，连接设备；

3）选择主菜单“记录”→“开始”或单击工具栏按钮，指定测试数据名称后开始记录，如图 S2-11 所示。

4）调用测试模板。

5）开始进行拨打测试。

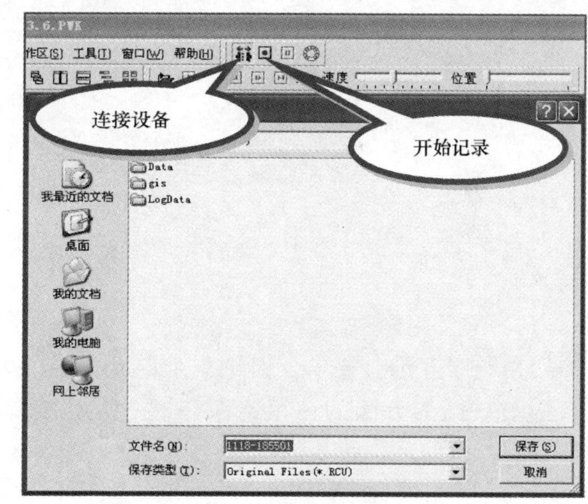

图 S2-11　连接设备和记录数据

8. 结束测试

1）单击“Logging Control Win”窗口中的“Stop”按键，终止对测试计划的调用；

2）单击工具栏中“停止记录”按钮，停止记录 Log 文件；

3）选择工具栏中“断开”按钮，断开设备连接；

4）保存工程。

【思考与复习题】

一、判断

1. 在进行 WCDMA/HSPA 数据业务测试时需关闭杀毒软件、防火墙，否则可能引起数据业务测试异常。（ ）

2. Pilot Pioneer 软件支持的基站数据库是 *. txt 或 *. xls 格式。（ ）

二、选择

在使用 Pilot Pioneer 软件进行测试时，下面的哪个窗口可以看到导频 PSC 以及其所在的集合。（ ）

A. Message 窗口

B. Information 窗口

C. Graph 窗口

D. Serving/Neighbor 窗口

三、简答

1. 请写出连接设备及开始记录的操作步骤。

2. 请写出结束测试的操作步骤。

实训 3　WCDMA 室外语音信号的测试

【实训目的】

1. 熟悉 Pilot Pioneer 软件的菜单和工具栏的使用。
2. 使用 Pilot Pioneer 软件进行室外信号测试。

【实训工具与设备】

Pilot Pioneer 软件、Nokia6720 测试手机、环天 BU353 GPS 接收机、便携式计算机。

【实训内容和步骤】

3.1　WCDMA 路测数据的关键指标

路测是无线网络优化中最基本、最常用的方法，通过对路测数据正确、深入地分析，可以准确把握无线网络中存在的问题。WCDMA 无线网络优化中路测数据关键指标包括 RSCP、RxPower、Ec/No、TxPower、BLER 等。

1. RSCP

RSCP（Received Signal Code Power）是终端接收到的 P-CPICH 信道的码功率，用于判断基站的覆盖情况。如果 P-CPICH 采用发射分集，手机对每个小区的发射天线分别进行接收码功率测量，并加权合并为总的接收码功率。

2. RxPower

RxPower 是手机的接收功率。RxPower 反映了手机当前的信号接收水平。RxPower 小的区域，肯定属于弱覆盖区域。RxPower 大的地方，并不一定信号质量就好，因为如果该地存在信号杂乱、无主导频，或者强导频太多形成导频污染，都会使得接收到的 RxPower 数值较大。所以对 RxPower 的分析，要结合 Ec/No 来分析。

3. Ec/No

Ec/No 是指每码片能量与干扰功率谱密度之比，即解调后的可用信号功率与总功率之比。Ec/No 反映了手机当前接收到的导频信号的水平，该值越大，说明有用信号的比例越大，反之亦然。许多厂商习惯用 Ec/Io 来表示 Ec/No。

4. TxPower

TxPower 是指手机的发射功率，它反映了手机当前的上行链路损耗水平和干扰情况。上行链路损耗大或者存在严重干扰，手机的发射功率就会大，反之手机发射功率就会小。

在 UE 起呼和通话期间 TxPower 才有具体数值，其他时间，由于手机没有发射功率，所以 UE 的 TxPower 为 0W。

5. BLER

BLER（Block Error Ratio）为块误码率也称为误块率，用来评估传输信道的块错误率。

它基于传输块的 CRC 校验得到，计算值为接收到的 CRC 校验错误的传输块的数目与接收到的传输块总数的比值。BLER 也用于外环功率控制，根据接收到业务的 BLER 测量值与系统设定的目标 BLER 进行比较，动态调整目标 SIR 的大小。

3.2 测试模板的设置与调用

1. 测试模板的设置

测试设备配置完成之后，需要做测试模板的配置。测试模板的作用就是告诉测试终端需要做什么样的业务，怎么做，测试时间和测试次数怎么控制。下面详细介绍语音测试的设置。

在软件菜单栏上的“设置”菜单下选择“测试模板”，如图 S3-1 所示，或双击工程窗口中“设备”选项卡的“测试模板”。

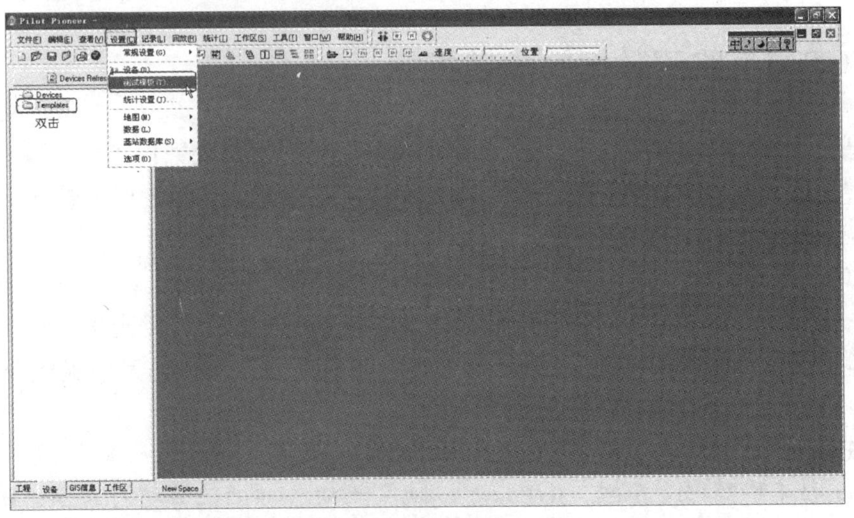

图 S3-1 测试模板

在弹出的“Template Maintenance”窗口中单击“New”按钮，然后在弹出的“Input Dialog”窗口中输入新建模板的名字，再单击“OK”按钮，然后再在弹出的“Template Configuration”窗口中选择“New Dial”，并单击“OK”按钮进行确认，接下来在弹出的“Select Network”窗口中，选择“UMTS”网络并单击“OK”按钮进行确认，最后在弹出的“Template Configuration”窗口中做相应设置之后，单击“OK”按钮即可，如图 S3-2 所示。

1）Connect（s）：连接时长。如果主叫手机正常起呼，在设置的连接时长内被叫手机没有正常响应，软件会自动挂断此次呼叫而等待下一次呼叫。

2）Duration（s）：通话时长。

3）Interval（s）：两次通话间的间隔。在发生未接通、掉话之后，也是要等到 Interval 时间间隔之后再做下一次起呼。

4）Conn by MTC：如果勾选了此选项，软件会按照“Connect（s）”时长控制手机起呼，否则软件会等到被叫响应或网络挂断此次起呼。

5） Long Call：长呼。与“Duration（s）”相斥。

6） Cycle Mode：循环测试。

7） Call Numbers：被叫号码。

8） Times：重复次数。如果在“Cycle Mode”处没有勾选，软件会按照“Time”设置做呼叫测试，一旦到了设置的最大测试次数，软件会自动停止此模板的测试。

9） Dial Mode：拨号模式。软件可以提供 UMTS 网络支持的各种单独的编码方式，如果测试语音呼叫，请选择“KeyPress”。

10） Mos Process：如果要进行 MOS 测试，请勾选此项。

在测试 MOS 时还应该注意：

1） 在连接上 MOS 盒之后，PC 声卡的音量就不用调整了，软件会自动调整声卡音量；

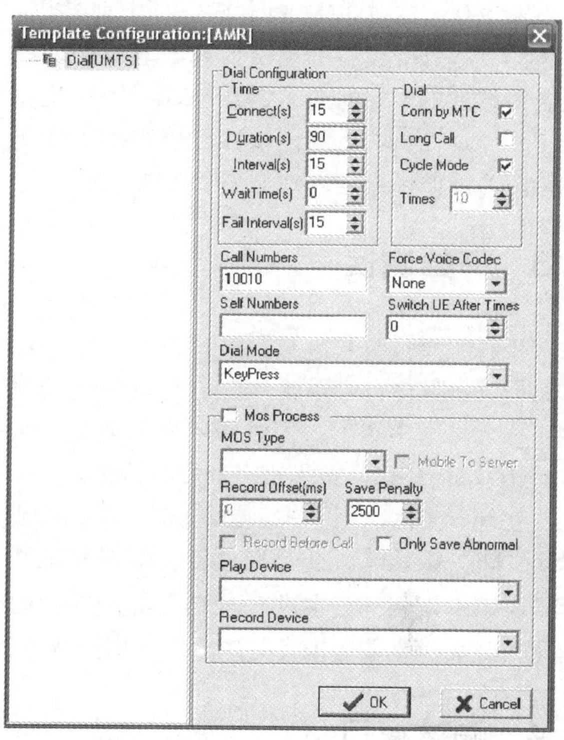

图 S3-2　“Template Configuration”窗口

2） 手机通话时的音量需要调整到“5”，这是为了使手机收到的声音波形幅度与原始发音的幅度相近，尽量减少因为声音太大引起的平顶失真和声音太小引起的有用声音不能被正常检波。

2. 调用测试模板

在开始记录 Log 后，软件会自动弹出一个窗口：“Logging Control Win”，在此模板中需要做进一步设置才能使软件正常测试。

首先要选择需要测试的业务，比如 MOS 测试，需要在如图 S3-3 所示的“Logging Control Win”窗口中选择三个内容：

1） 选择一部手机（Handset）作为主叫手机。

软件默认会选中第一个手机，但有时会用多个手机同时进行测试，例如有时会用四个手机分别做主被叫进行测试，建议使用第一个和第三个手机分别做主叫，第二个和第四个手机分别做被叫。

2） 需要在“Logging Control Win”窗口中选择被叫手机，“Dialed MS”选项就是选择被叫手机的地方。这里一定要选择一个被叫手机，否则被叫手机无法自动接听，如图 S3-3 所示。

3） 单击“Advance”按钮选择测试模板。

单击“Advance”后，软件中会自动弹出窗口。软件可以预先设定多个测试模板用于相同或不同的测试业务，在这里一定要选定一个或多个测试模板，以使手机知道要做什么业务。

对于使用多个模板的情况，一定要注意：任何测试业务中设置的测试次数不能为循环模式，如语音中不要勾选“Cycle Mode”，而是要在“Repeat”中填入测试次数，否则，软件不能结束当前循环而进入到下一个测试业务。

3.3 开始测试

选择好测试模板之后，就可以在“Logging Control Win”窗口中单击“Start”按钮开始测试了。如果是多个手机同时做不同的业务，可以单击“Start All”按钮来启动所有测试。

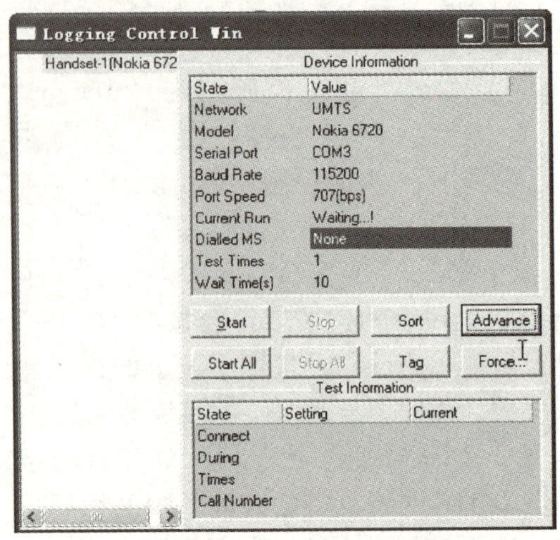

图 S3-3 “Logging Control Win”窗口

在测试结束后，一定要单击“Stop”或“Stop All”按钮来停止当前业务。如果测试数据业务，一定要等正在进行的下载或上传完成之后再单击“Stop”结束测试，否则有可能引起因为最后一次业务没有完成而统计出掉线或掉话的情况。

3.4 测试窗口

3.4.1 Map 窗口

Map 窗口即地图窗口，Pilot Pioneer 测试软件的 Map 窗口如图 S3-4 所示，该窗口可以同时显示测试路径、地图信息及基站信息等。

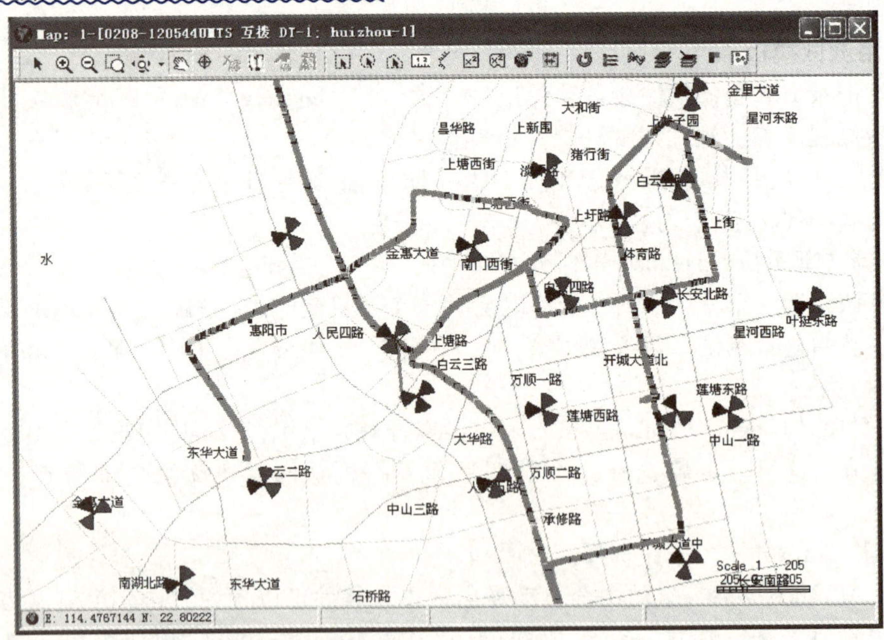

图 S3-4 Map 窗口

1. Map 窗口工具栏

点选取工具：单击该工具后，可以在测试路径上单击各测试点。如果在工作区中同时打开该测试数据的其他窗口，则其他窗口会对应显示 Map 窗口中当前点的数据。

放大工具：在 Map 窗口中单击会放大地图显示。

缩小工具：在 Map 窗口中单击会缩小地图显示。

区域放大工具：单击鼠标并进行拖拽，放大选择区域到整个 Map 窗口。

居中显示工具：可将选择的测试数据、地图或基站进行居中显示。

移动工具：按住鼠标左键可拖动 Map 窗口的显示内容。

Mark 工具：室内测试路径点选取。

撤销 Mark 打点工具：可以撤销 Mark 工具记录的轨迹点。

定义室内路径工具：对即将进行的室内测试定义室内路径。

打点工具：对已定义的室内路径进行打点。

矩形选取工具：显示选取矩形区域中小区连线。

圆形选取工具：显示选取圆形区域中小区连线。

多边形选取工具：显示自选区域中小区连线。

位移测量工具：选中 Map 窗口中的一点并拖拽鼠标，可以查看两点间距离。

多边形边长测量工具：对工具使用过程中的连线路程进行累加。

矩形面积测量工具：对预测量的矩形区域进行框选，可以查看矩形区域的长、宽、面积。

多边形面积测量工具：用于计算多边形的面积。

地图显示工具：选择覆盖在 Map 窗口中的地图。

数据覆盖工具：选择覆盖在 Map 窗口中的测试数据。

刷新工具：刷新地图。

图例显示工具：单击可显示/隐藏 Map 窗口上的“Legend“窗口。

选择参数工具：在地图窗口中选择需要显示的路径的参数。

GIS 管理工具：对 Map 窗口所覆盖内容的参数进行设置。

图层显示工具：图层显示/隐藏，图层设置。

坐标显示工具：设置地图坐标显示属性。

事件显示工具：显示/隐藏测试路径的测试事件。

2. Map 窗口右键激活菜单

在 Map 窗口单击鼠标右键打开 Map 窗口的操作菜单，操作菜单和 Map 窗口上的工具栏相同部分此处不作介绍。下面主要介绍“Cells Line Display Option”和“Scan Log Data Option”。

“Cells Line Display Option”：单击“Cells Line Display Option”打开“Cells Line Display

Option”窗口。“Cells Line Display Option”窗口栏位名称及功能描述详见表 S3-1。

“Scan Log Data Option”：单击“Scan Log Data Option“打开“Scanner Log Data Coverage Option”窗口，在 Map 窗口中覆盖 Scanner 测试数据以后可执行后续操作。

表 S3-1　“Cells Line Display Option”窗口栏位名称及功能描述

<table>
<tr><th colspan="2">栏位名称</th><th>功能描述</th></tr>
<tr><td colspan="2">Show Focused</td><td rowspan="2">两个栏位全选时，单击采样点，则显示当前采样点同服务小区和邻小区之间的连线；只勾选“Show Focused”时，单击采样点，则显示当前采样点同服务小区之间的连线</td></tr>
<tr><td colspan="2">Focused Only Server</td></tr>
<tr><td colspan="2">Show Selected</td><td rowspan="2">两个栏位全选时，单击小区，则显示该小区的覆盖范围；只勾选“Show Selected”时，单击小区，则显示该小区作为服务小区的覆盖范围</td></tr>
<tr><td colspan="2">Selected Only Server</td></tr>
<tr><td colspan="2">Normal Width</td><td>设置服务小区连线粗细</td></tr>
<tr><td colspan="2">Reference Width</td><td>设置参考小区连线粗细</td></tr>
<tr><td colspan="2">Arrow Size</td><td>设置小区连线上的箭头大小</td></tr>
<tr><td rowspan="3">Arrow Location</td><td>At Cell</td><td>箭头指向小区</td></tr>
<tr><td>At PSC</td><td>箭头指向测试路径</td></tr>
<tr><td>At Both</td><td>连线两端都显示箭头</td></tr>
</table>

3. Map 窗口的显示数据

Map 窗口可显示的数据包括地图数据（height、clutter、building、builder、raster、text、vector）、基站数据和测试数据。

（1）地图数据在 Map 窗口中的显示方法

方法一：打开并激活 Map 窗口后，右键单击工程窗口“GIS”选项卡中的“Unsaved Geo Maps”，选择“Show”打开地图选择窗口，从窗口列表中勾选地图文件并单击“OK”按钮，被选地图会在 Map 窗口中显示。

方法二：将工程窗口“GIS”选项卡中的“Geo Maps”下的地图名称拖拽到 Map 窗口即可显示。如果要将某地图类型下所有地图数据均显示在 Map 窗口中，可将该地图类型拖拽到 Map 窗口中。

方法三：单击 Map 窗口上的地图显示工具，在弹出的“Select Map”窗口中列出了所有已导入 Pilot Pioneer 软件的地图数据名称，勾选地图数据前面的复选框，并单击“OK”按钮，则被选定的地图数据文件会自动添加到 Map 窗口。

（2）基站数据在 Map 窗口中的显示方法

将工程窗口中的“工程”→“Sites”→“网络类型”拖拽到 Map 窗口中即可显示基站。如果要在 Map 窗口中显示单个基站，可将“网络类型”中单个基站名拖拽到 Map 窗口中。

（3）测试数据在 Map 窗口中的显示方法

方法一：将工程窗口中“工程”→“Log File”→“网络类型”中测试数据名称拖拽到 Map 窗口中，可将测试数据显示在 Map 窗口中。

方法二：在工作区中激活 Map 窗口，单击工具栏或 Map 窗口子工具栏中的打开测试数据选择列表，从列表中选择测试数据名称并单击“OK”按钮。

4. Map 窗口的参数显示设置

Map 窗口的参数显示设置包括对基站外观的设置、对图层的管理、对事件图标的设置。

（1）Map 窗口指标阈值及颜色的设置窗口

Pilot Pioneer 提供了多种方法来打开 Map 窗口的指标阈值及颜色的设置窗口。

方法一：单击菜单栏的“设置”→“常用设备”→“阀值”，从弹出的“Fields Legend Setting”窗口的“Parameters”和“Field”栏位中选择网络和指标，然后从下方的设置栏位中对该指标进行设置，如图 S3-5 所示。

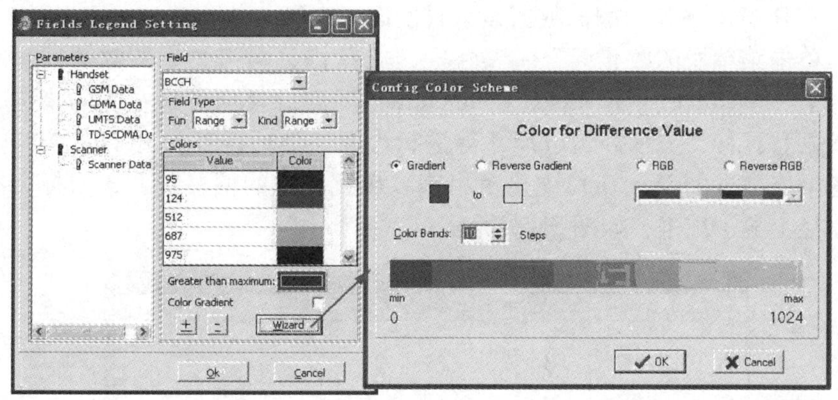

图 S3-5　“Fields Legend Setting”的设置

“Fields Legend Setting”和“Config Color Scheme”窗口的栏位说明详见表 S3-2。

表 S3-2　“Fields Legend Setting”和“Config Color Scheme”窗口栏位名称及相关说明

栏位名称		栏位说明
“Fields Legend Setting”窗口栏位		
Parameters		选择网络
Field		选择参数
Colors	Value	参数分段阈值。单击该栏位后修改阈值
	Color	分段颜色。单击进行修改
Greater than maximum		参数值超出最大值范围时在 Map 窗口中所采用的参数颜色
+ & -		新增或删除阈值分段
Wizard		当前参数阈值颜色的统一设置窗口
“Config Color Scheme”窗口栏位		
Gradient/Reverse Gradient		单击色块可设置初始颜色。选择“Gradient”则阈值颜色将按初始颜色进行梯度变化；选择“Reverse Gradient”则阈值颜色按初始颜色进行反向梯度变化
to		
Color Bands		在选择“Gradient”或“Reverse Gradient”时，设置颜色梯度变化的变化锐度
RGB/Reverse RGB		选择“RGB”或“Reverse RGB”以后，可从色彩下拉列表中选择指标阈值的颜色变化
		阈值颜色预览

方法二：单击 Map 窗口上子工具栏中的 GIS 图层设置工具，弹出“GIS Layer Organizer Window”窗口，双击“Theme Vector”目录下的指标名称，打开该指标的阈值分段及颜色的设置窗口。

（2）Map 窗口的测试数据显示属性设置

Pilot Pioneer 提供了针对不同网络测试数据在 Map 窗口中的显示属性设置功能，并提供了多种方式来打开 Map 窗口的测试数据显示属性设置窗口。

方法一：单击菜单栏的“设置”→“数据”，选择相关网络类型的数据（比如 UMTS 数据），在弹出的“Default Display Fields Configuration”窗口勾选窗口左侧的指标，在窗口的右侧对指标的偏移位移、显示外观、尺寸等进行设置。然后重新打开 Map 窗口，被勾选的指标会在对应网络数据的 Map 窗口中显示出来。设置一定的偏移量，各指标会有层次的在 Map 的测试路径上显示出来，如图 S3-6 所示。

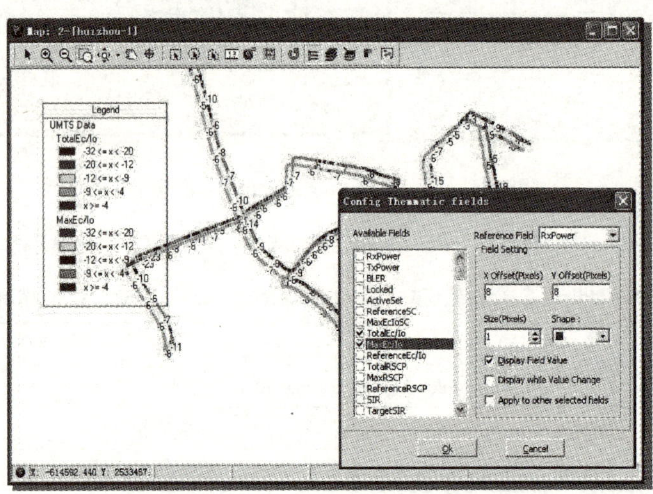

图 S3-6　测试数据显示属性设置

“Default Display Fields Configuration”窗口的栏位名称及栏位描述详见表 S3-3。

表 S3-3　“Default Display Fields Configuration”窗口的栏位名称及栏位描述

栏位名称	栏 位 描 述
Available Fields	该网络的参数列表，从中勾选在 Map 窗口中显示的参数
Reference Field	参数名称
X Offset(Pixels)	X 轴的偏移量，单位为像素，相对上一参数
Y Offset(Pixels)	Y 轴的偏移量，单位为像素，相对上一参数
Size(Pixels)	参数在 Map 窗口中的显示尺寸，单位为像素
Shape	有三种形状供选择，设置 Map 测试路径上测试点的外观
Display Field Value	在 Map 上标记各采样点的参数值
Display while Value Change	标记发生变化的采样点的参数值
Apply to other selected fields	应用于其他被选择的参数值

方法二：单击覆盖有测试数据的 Map 窗口上的 GIS 管理工具，打开 GIS 管理窗口，

双击“Theme Vector”下方的测试数据名称，打开该测试数据在 Map 窗口的显示属性设置窗口。

（3）Map 窗口的基站属性设置

Pilot Pioneer 提供了三种方法来打开 Map 窗口上的基站属性设置窗口，该窗口可对各网络基站的形状、颜色、是否显示基站及小区信息进行设置。

方法一：选择工程窗口中“工程”→“Sites”→“网络类型”（比如 UMTS），右键菜单中的“编辑”，打开该网络的基站属性设置窗口，如图 S3-7所示。

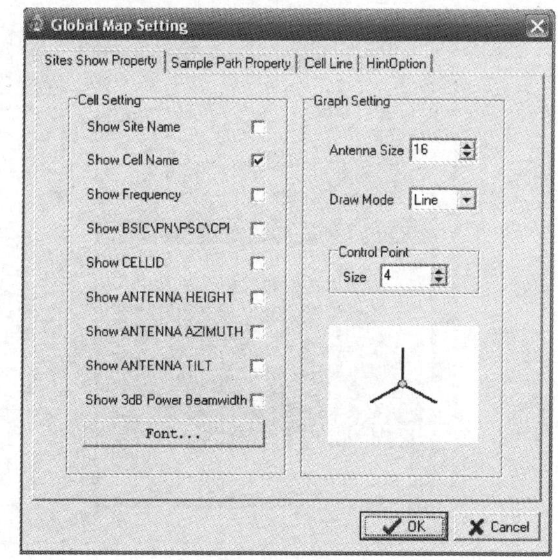

图 S3-7　基站属性设置窗口

基站属性设置窗口的主要栏位名称及栏位描述详见表 S3-4。

方法二：单击菜单栏中的“设置”→“Site Databases”→“网络类型”，打开该网络的基站属性设置窗口。

表 S3-4　基站属性设置窗口的主要栏位名称及栏位描述

栏位名称		栏位描述
Cell Setting	Show Site Name	显示基站名称
	Show Cell Name	显示小区名称
	Show Frequency	显示频率
	Show BSIC\PN\PSC\CPI	显示基站识别码\PN\主扰码\扰码
	Show CELLID	显示小区 ID 号
	Show ANTENNA HEIGHT	显示天线高度
	Show ANTENNA AZIMUTH	显示天线
	Show ANTENNA TILT	显示天线
	Show 3dB Power Beamwidth	显示天线半功率波瓣宽度
Graph Setting	Antenna Size	显示天线尺寸
	Draw Mode	基站的显示模式选择

方法三：单击 Map 窗口工具栏中的 GIS 管理工具，打开“GIS Layer Organizer Window”窗口，双击“Models”下方的网络类型，打开该网络的基站属性设置窗口。

（4）Map 窗口的基础配置

单击 Map 窗口工具栏中的配置工具，打开 Map 窗口的基础配置窗口，如图 S3-8 中的“Designer Properties”窗口，可对 Map 窗口的坐标系选择、Map 窗口的背景颜色等基础信息进行设置。

“Designer Properties”窗口的栏位名称及栏位描述详见表 S3-5。

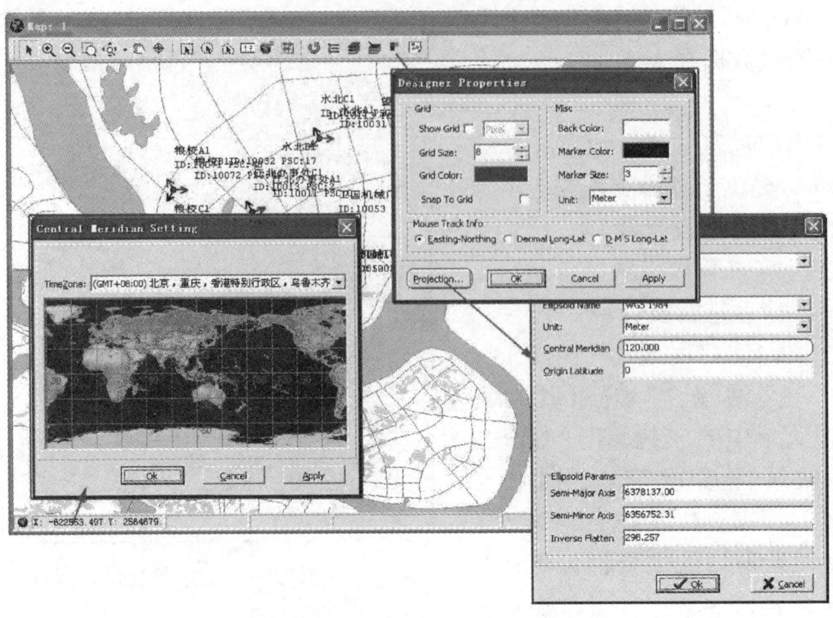

图 S3-8　Map 窗口的基础配置

表 S3-5　“Designer Properties” 窗口的栏位名称及栏位描述

栏位名称	栏位描述
Show Grid	显示网格
Grid Size	设置网格粗细
Grid Color	网格显示颜色
Snap To Grid	使 Map 对齐网格
Back Color	Map 窗口的背景颜色
Marker Color	标注点的颜色
Marker Size	标注点的大小
Unit	单位
Easting-Northing	Map 窗口中使用东北坐标系
Decimal Long-Lat	Map 窗口中使用十进制经纬度坐标系
D M S Long-Lat	Map 窗口中使用度分秒经纬度坐标系
Projection	设置中央子午线经度

在 Map 窗口下方的状态栏中显示当前点的坐标 E: 113.5440134 N: 23.13175，坐标显示格式共三种：东北坐标系、十进制经纬度坐标系、度分秒经纬度坐标系。双击 Map 窗口底部的坐标，会弹出中央子午线经度查看窗口。

Pilot Pioneer 的中央子午线经度取值，默认取计算机系统设置的时区。如果用户要修改当前 Map 窗口的中央子午线经度的取值，可单击 “Designer Properties” 窗口的 “Projection” 按钮，对随后弹出的 “Projection Parameters” 窗口的 “Central Meridian” 栏位进行重新设置。如果要对整个工程的中央子午线经度的取值进行修改，则双击工程窗口中 “GIS 信息”→“Unsaved”（软件默认是 Unsaved）”，然后在弹出的 “Projection Parameters” 窗口对 “Central Meridian” 栏位设置中央子午线经度的值。

5. Map 窗口的工具介绍

（1）Map 窗口的图层管理

单击图层管理工具，弹出图层管理窗口，如图 S3-9 所示。该页面可以对 Map 窗口覆盖的多个地图、基站、测试数据进行显示/隐藏及编辑等操作，也可以调整各个数据、基站在 Map 窗口的上下层显示关系。

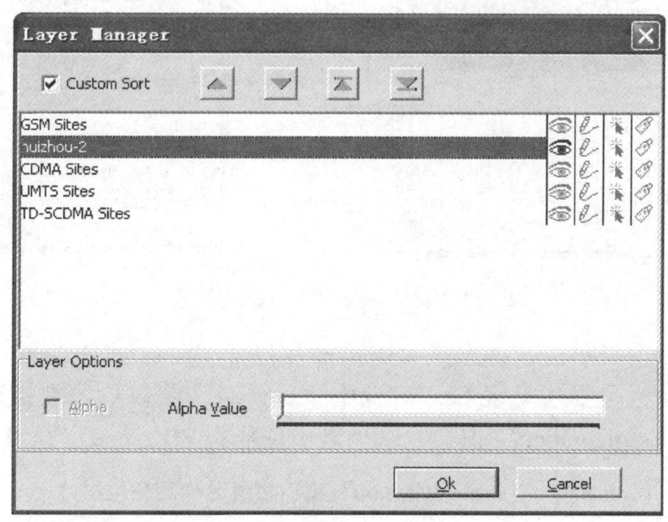

图 S3-9　图层管理窗口

"Layer Manager" 窗口中的主要栏位名称及作用见表 S3-6。

表 S3-6　"Layer Manager" 窗口主要栏位名称及作用

栏位名称	栏位描述
（显示图标）/（隐藏图标）	Map 窗口上图层显示/图层隐藏
Alpha Value	设置栅格数据(在 Geo Maps 的 raster 下的地图数据)的透明度
（上移、下移、移至顶、移至底按钮）	图层上移一层、下移一层、上移至顶、下移至底

（2）Map 窗口的事件显示

单击事件显示工具，可在 Map 窗口中显示/隐藏测试事件图标。

（3）Map 窗口的 Mark 工具

室内步测的测试路径描述需要用到 Map 窗口的 Mark 打点工具，通过对测试路程中的特征位置的记录来对测试路径进行画线。

单击 Map 窗口上的 Mark 工具激活 Mark 打点功能。按照室内测试的测试路径在 Map 窗口中画线，每走到一个可以对测试路径进行标记的位置，就在 Map 窗口中对应位置上标记一个 Mark 点。两个 Mark 点之间以直线相连，两点之间的采样点均匀分配。

（4）Map 窗口上的 Legend

打开一个 Map 窗口，会自动打开一个透明的 "Legend" 窗口（显示参数、事件等的分段和颜色），在 "Legend" 窗口上右键选择相关选项可对 "Legend" 窗口进行设置。拖拽 "Legend" 窗口红色边框的右下角，可对 "Legend" 窗口的显示大小进行调节。"Legend"

窗口可通过单击 Map 窗口中的☰工具显示/隐藏。

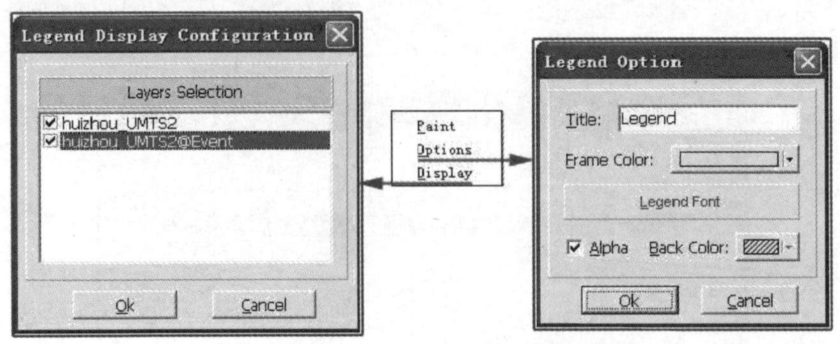

图 S3-10 “Legend” 窗口的设置

选中 “Legend” 窗口单击右键选择 “Options” 打开 “Legend Option” 窗口，如图 S3-10 所示。各栏位名称及栏位描述见表 S3-7。选中 “Legend” 窗口单击右键选择 “Display” 打开 “Legend Display Configuration” 窗口，从列表中选择在 “Legend” 窗口显示的图例内容。

表 S3-7 “Legend Option” 窗口栏位名称及栏位描述

栏位名称	栏 位 描 述
Title	“Legend”窗口标题名称
Frame Color	“Legend”窗口边框颜色
Legend Font	“Legend”窗口字体设置
Alpha	勾选，则“Legend”窗口为透明状态；不勾选，则“Legend”窗口的背景颜色受“Back Color”栏位颜色的控制

3.4.2 Message 窗口

Message 窗口即信令窗口，信令窗口显示指定测试数据完整的解码信息，可以分析三层信息反映的网络问题，自动诊断三层信息流程存在的问题并指出问题位置和原因。每个测试数据都有一个 Message 窗口，将 Message 窗口直接从工程窗口中拖拽到工作区中或双击 Message 窗口，即可打开该测试数据的 Message 窗口。

在 Message 窗口中双击信令消息，如图 S3-11 所示，在弹出窗口中双击 “measurement Control（DL_ DCCH）” 消息，则在弹出的 “MessageDecode” 窗口中将显示 “measurement Control” 消息的解码信息。

Message 窗口的下拉列表框显示了当前三层信息的信息类型。用户可以利用该下拉列表框选择或直接输入需要查找的三层信息名，并利用 Message 窗口按钮框的▲和▼按钮向上或向下查找指定的三层信息，当查找到第一个该信息类型时，把测试数据的当前测试点移动到相应位置。用户也可以利用鼠标单击任意信令消息，使之成为当前测试点。

单击窗口右下角处的按钮，可以激活 Message 窗口显示的三层信息详细内容列表。通过对信息类的选择，可以使三层信息在 Message 窗口中进行分类显示。

右键单击 Message 窗口将会弹出控制菜单。Message 窗口的控制菜单名称及菜单描述见表 S3-8。

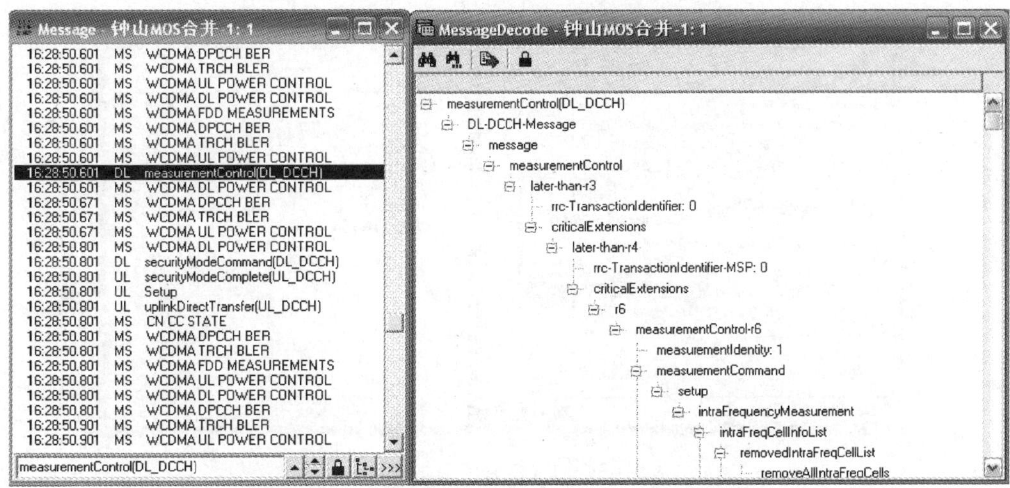

图 S3-11　Message 窗口和 MessageDecode 窗口

表 S3-8　Message 窗口的控制菜单名称及菜单描述

菜单名称		菜单描述
Show Handset Date		显示手机日期
Show Handset Time		显示手机时间
Show Computer Time		显示计算机时间
Show Computer Date		显示计算机日期
Message Setting	Load Message Setting	导入 Message 信令显示模板
	Save Message Setting	保存 Message 信令显示模板(保存为 *. mcf 文件)
	Save As Default	将[图标]中的信令设置结果保存为默认设置
Export Current Detail		将被选信令的解码信息导出为 *. xml 文件
Export All Detail		将该测试数据的所有信令的解码信息导出为 *. xml 文件
Display Log Data		从打开的测试数据列表中选择要覆盖到 Message 窗口的测试数据

3.4.3　Events List 窗口

双击“Events List”或将“Events List”拖拽到工作区中，打开图 S3-12 所示的 Events List 窗口。Events List 窗口列出了每一个测试事件，利用此窗口用户可以很方便地定位问题点。

单击 Events List 窗口的右键激活菜单“Display Log Data”，打开测试数据选取窗口，通过对窗口中测试数据的勾选来更换 Events List 窗口的覆盖数据。

Events List 窗口右键菜单中提供了窗口时间显示的控制菜单，勾选时间显示方式可在 Events List 窗口上显示手机日期（Show Handset Date）、手机时间（Show Handset Time）、计算机日期（Show Computer Date）、计算机时间（Show Computer Time）。

Events List 窗口的最下方还提供了事件过滤、事件查找的附加功能，操作方法同 Message 窗口的工具栏类似，具体内容可参看 Message 窗口的介绍。

3.4.4　Graph 窗口

Graph 窗口以随时间变化的曲线方式显示各测试参数的变化情况。每个测试数据都有一

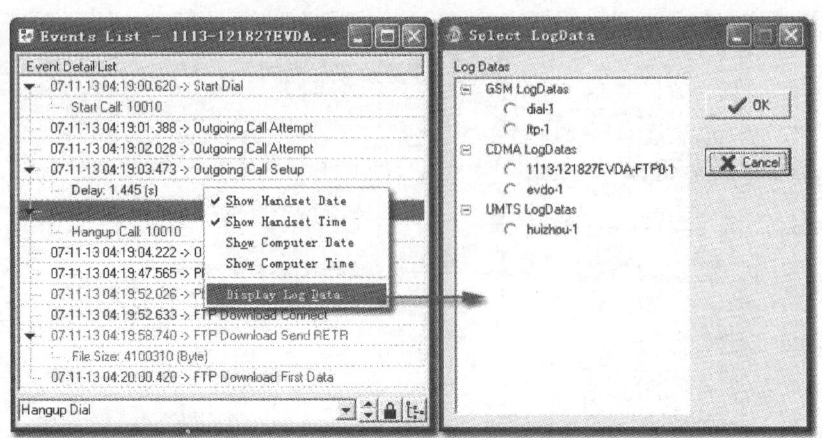

图 S3-12　Events List 窗口

个 Graph 窗口，将 Graph 窗口直接从工程窗口中拖拽到工作区中或双击“Graph”，即可打开该测试数据的 Graph 窗口。

Graph 窗口实时显示测试参数数值、测试事件和测试状态，对于不处于测试状态的数据，用户可以任意指定其当前位置。

在 Graph 窗口中，标题为当前参数名称，Y 轴坐标表示该参数对应的各分段值，而状态栏显示了当前点的测试时间、采样点位置和对应的参数值。Pilot Pioneer 将 Graph 窗口中的参数以该参数的显示颜色进行填充，从而形成该参数的包络线，并通过三种不同的明暗度表明移动台状态。Graph 窗口的下方显示事件图标，记录测试时发生的事件。

（1）Graph 窗口的操作

在 Graph 窗口中单击鼠标右键，单击“Field”，可以选择或取消选择在 Graph 窗口显示的参数。单击“Field”打开“Select Fields”窗口，按住“Ctrl”键进行选取，可以选择多个参数，Graph 窗口支持多参数显示。双击“Select Fields”窗口上的参数前的色块，可从颜色列表中选择对应参数的显示颜色，如图 S3-13 所示。

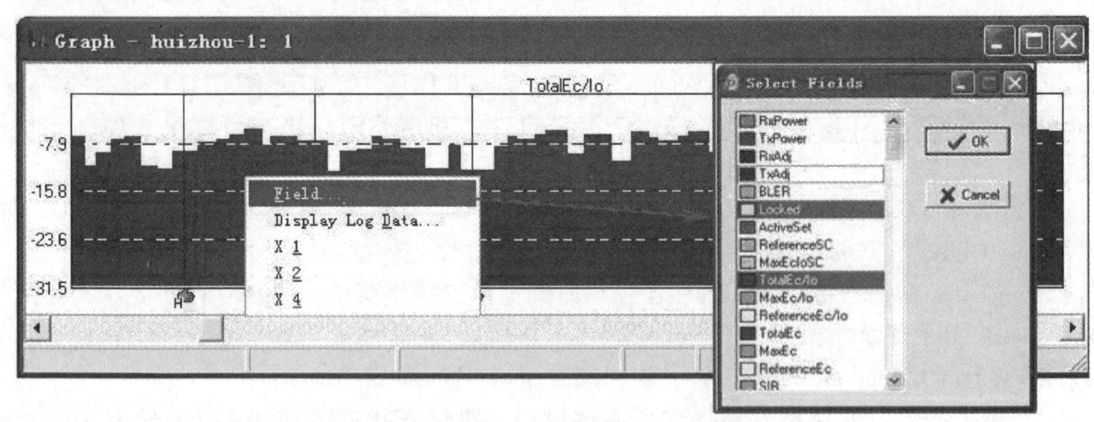

图 S3-13　Graph 窗口

在 Graph 窗口单击鼠标右键并选择“Display Log Data”，可以对打开的多个测试数据进行选择。在该窗口中列出当前工程中的所有测试数据名称，并按网络类型进行分类。

选择要显示的测试数据并单击“OK”按钮，则 Graph 窗口中的测试数据被修改为该测试数据。

在 Graph 窗口单击鼠标右键并选择 X1、X2、X4，可将 Graph 窗口上的包络图在原始比例的基础上沿 X 轴方向放大一倍、二倍或四倍。

（2）Graph 窗口的参数设置

Pilot Pioneer 提供了 Graph 窗口的参数颜色及分段阈值、字体、网格样式、背景颜色的参数设置功能，可通过两种方式打开 Graph 窗口的参数设置页面。

方法一：单击菜单栏中“设置”→“常用设置”→“字段颜色”，在弹出的“Select NetType”窗口中，选择相应的网络类型，然后系统打开“Configure Graph”窗口，如图 S3-14 所示。在该窗口中可以对所选网络的各参数在 Graph 窗口中的显示进行设置。

“Configure Graph”窗口的栏位名称及栏位描述见表 S3-9。

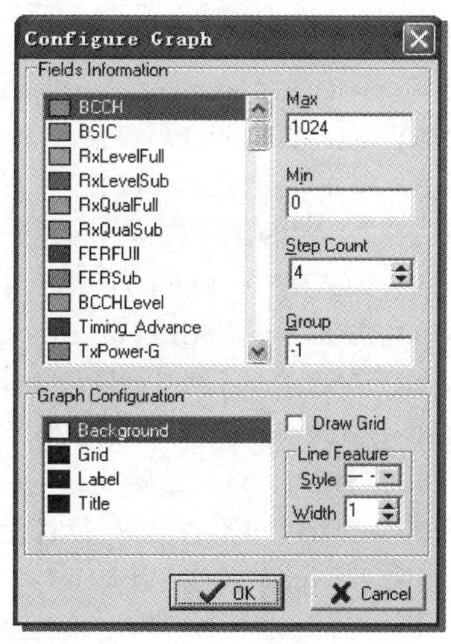

图 S3-14　“Configure Graph”窗口

方法二：右键单击工程窗口中工程选项卡里的“Configuration”，在弹出的菜单中依次选择“设置”→“常规设置”→“字段颜色”，在弹出的“Select NetType”窗口中，选择相应的网络类型，对被选网络的 Graph 窗口进行参数设置。

表 S3-9　“Configure Graph”窗口栏位名称及栏位描述

栏位名称		栏位描述
参数选择列表		单击参数前面的色块可对参数在 Graph 窗口中的显示颜色，以及参数在 Status 窗口中的底色进行设置
Max		设置参数在 Graph 窗口中显示的最大值
Min		设置参数在 Graph 窗口中显示的最小值
Step Count		参数在 Graph 窗口中的分段数
Group		将参数进行分组，具有同样组号的参数将会在同一组中显示
Graph Configuration	Background	设置被选网络的 Graph 窗口背景颜色
	Grid	Graph 窗口中网格线的颜色
	Lable	Graph 窗口中 Y 轴数值的字体颜色
	Title	Graph 窗口中参数名称的字体颜色
Draw Grid		Graph 窗口上的网格是否为栅格显示
Style		网格的线条样式
Width		网格线条粗细

3.4.5　UMTS Radio 窗口

双击工程窗口中的 UMTS Radio 或将“UMTS Radio”拖拽到工作区中，打开当前测试数据的 UMTS Radio 窗口。UMTS Radio 窗口用于显示当前采样点的无线指标，如图 S3-15

所示。

1）RxPower（dBm）：手机接收功率强度；

2）TxPower（dBm）：手机发射功率强度；

3）BLER（%）：误块率；

4）Total Ec/Io（dB）：合成 Ec/Io；

5）Max Ec/Io（dB）：最大 Ec/Io；

6）Reference Ec/Io（dB）：参考小区的 Ec/Io；

7）Total RSCP（dBm）：合成 RSCP；

8）Max RSCP（dBm）：最大 RSCP；

9）Reference RSCP（dBm）：参考小区的 RSCP；

10）Max Ec/Io PSC：最大 Ec/Io 小区的 PSC；

11）Reference PSC：参考小区的 PSC；

12）SIR（dB）：信噪比；

13）Target SIR（dB）：目标信噪比；

14）Frequency：频点；

15）Active Set Number：激活集中的小区个数。

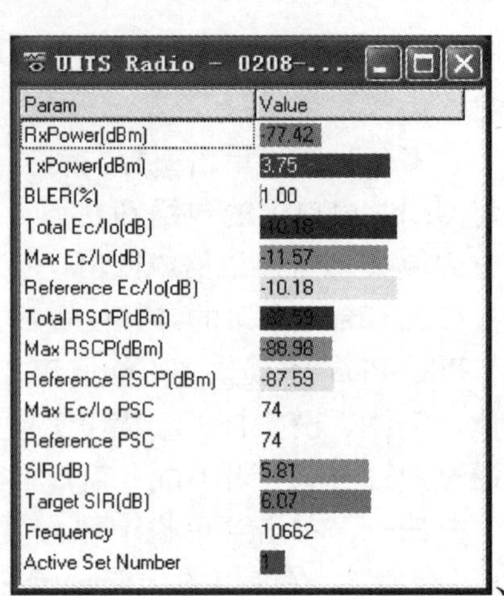

图 S3-15　UMTS Radio 窗口

3.4.6 Serving/Neighbor 窗口

Serving/Neighbor 窗口显示了针对当前测试点的服务小区和邻小区信息。双击工程窗口中测试数据的 Serving/Neighbor 或将 Serving/Neighbor 拖拽到工作区中，会打开一个该测试数据的 Serving/Neighbor 窗口，如图 S3-16 所示。

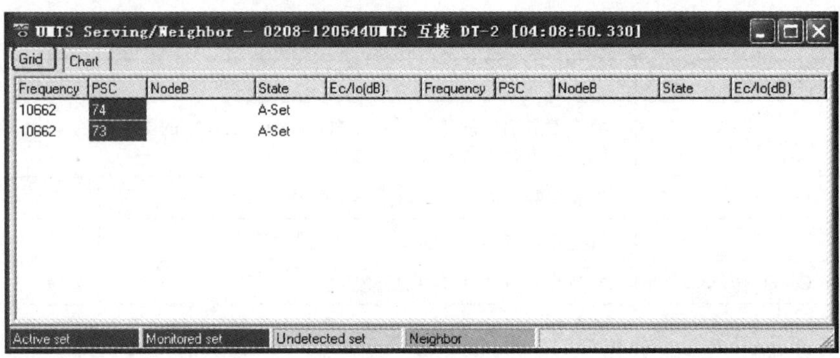

图 S3-16　Serving/Neighbor 窗口

【思考与复习题】

1. 请写出 Pilot Pioneer 软件语音测试模板中 Connect（s）、Duration（s）、Interval（s）、Long Call 的含义。

2. 测试数据在 Map 窗口中的显示方法有哪些？

3. 请写出在 UMTS Radio 窗口中显示的当前采样点的无线指标的含义。

4. 请写出在使用 Pilot Pioneer 进行语音测试时，常打开的窗口有哪些？（至少写出 5 个）

5. 请写出在使用 Pilot Pioneer 进行语音测试时，哪些窗口可以看到 Ec/Io 的实时显示数值？

6. 请写出在使用 Pilot Pioneer 进行语音测试时，哪些窗口可以看到与 UE 正在通信的扰码?

7. 请写出在使用 Pilot Pioneer 进行语音测试时，哪些窗口可以看到 UE 当前工作的下行频点?

8. 如何对 Map 窗口上的 Legend 的数值范围进行分段和修改颜色?

实训 4　WCDMA 室内语音信号的测试

【实训目的】

1. 熟练掌握 Pilot Pioneer 软件的菜单和工具栏的使用。
2. 使用 Pilot Pioneer 软件进行室内信号测试。

【实训工具与设备】

Pilot Pioneer 软件、Nokia6720 手机、便携式计算机。

【实训步骤及注意要求】

室内语音测试是获取室内信号的覆盖和通话质量情况，与室外测试稍有不同，由于在室内有墙体遮挡，无法从 GPS 接收机获取位置信息，因此室内语音测试不需要使用 GPS 接收机，室内语音测试需要室内各楼层分布平面图，这样，在测试过程中可以较直观地看出室内各楼层各个位置区域信号的分布情况。

在测试之前，室内语音测试也要进行测试终端的连接。为了更好地进行室内语音测试，在测试之前，还应了解所要测试区域周围基站情况，如果室内建设了室内分布系统，还应该了解室内分布系统的天线分布情况、发射功率情况。同时，在测试之前，还应该了解测试地点用户的业务需求量和种类，以便在测试中进行重点位置、重点业务的测试。测试过程中，通过手工打点的方式跟踪测试终端移动轨迹来采集室内各楼层各个位置区域信号。

4.1　测试终端设备连接

由于室内语音测试不需要使用 GPS 接收机跟踪测试终端移动轨迹，所以在 GPS 接收机端口设置一栏选为空，如图 S4-1 所示。

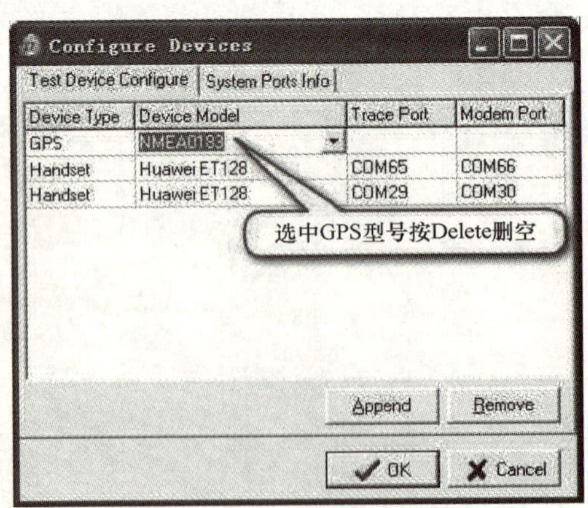

图 S4-1　室内语音测试设置设备图

4.2　室内地图数据导入

对于室内测试，测试人员需要自己跟踪判断测试终端在测试场地中的位置，因此需要借助室内平面图来辅助定位。

Pilot Pioneer 软件可以导入多种格式的地图文件。单击菜单栏“编辑”→“地图”→“导入”，或者双击工程窗口“GIS 信息”中的“Geo Maps”，打开“Choose Support Graph Type”窗口，如图 S4-2 所示，选择地图文件类型并单击“OK”按钮，软件会打开地图文件路径选择窗口，选择地图文件进行地图文件的导入。然后，在 Map 窗口中单击选择地图按钮，系统弹出选择地图文件窗口，如图 S4-3 所示。

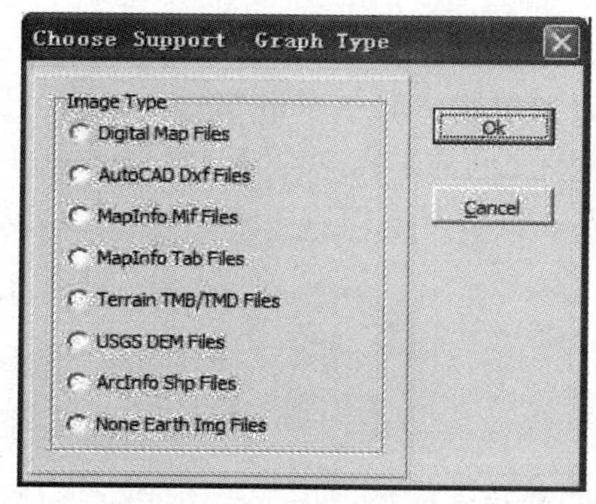

图 S4-2　地图文件类型窗口

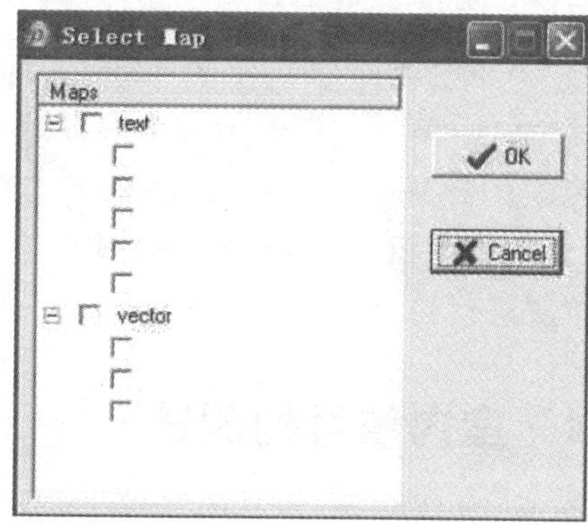

图 S4-3　选择地图文件窗口

勾选“text”和“vector”选项，单击“OK”按钮，Map 窗口中即显示场地平面图，如图 S4-4 所示。

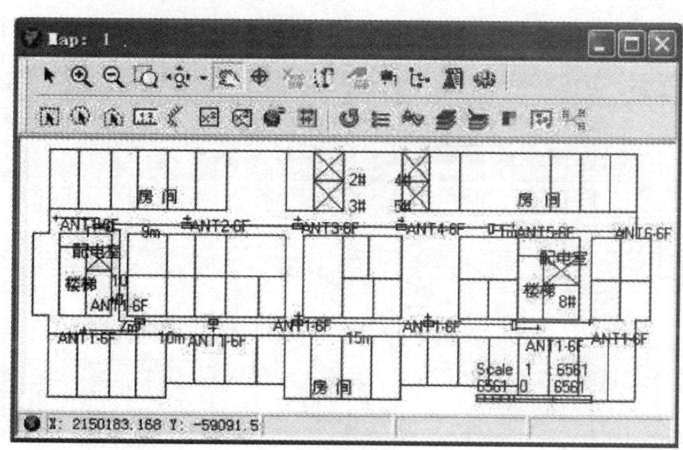

图 S4-4　场地平面图在 Map 窗口中的显示

4.3 室内测试方式

1. 预规划打点方式测试

1）打开 Map 窗口，导入测试地图，在手机开始连接并进行拨测之前，使用 Map 窗口中的 defined indoor path 工具对需要进行测试的地点进行预规划打点。

2）预规划好测试地点之后，进行手机连接并进行拨测，在规划的地点处使用 mark by defined path 工具进行测试信号的采集。

2. 自由打点方式测试

1）室内步测的测试路径描述需要用到 Map 窗口的 Mark 打点工具，通过对测试路程中的特征位置的记录来对测试路径进行画线。

2）单击 Map 窗口上的 Mark 工具激活 Mark 打点功能。按照室内测试的测试路径在 Map 窗口中画线，每走到一个可以对测试路径进行标记的位置，就在 Map 窗口中对应位置上标记一个 Mark 点。两个 Mark 点之间以直线相连，两点之间的采样点均匀分配。

3）将手机与 Pilot Pioneer 软件连接并进行拨测，然后使用 Map 窗口中的 Mark 工具在相应位置进行打点。

4.4 室内信号的测试

在 Pilot Pioneer 软件开始记录数据并使用测试终端进行拨打测试之后，单击 Map 窗口上的 Mark 工具激活 Mark 打点功能。在场地平面图中参照目前位置并单击以选择起点，然后使测试终端在测试场地内全范围匀速移动，并随时参照现场位置，分清东南西北四个方位及测试终端移动方向，在平面图上打点以跟踪测试终端位置变化。

根据测试要求，每走到一个可以对测试路径进行标记的位置，就在 Map 窗口中对应位置上标记一个 Mark 点。两个 Mark 点之间以直线相连，两点之间的采样点均匀分配。图 S4-5 所示的室内测试结果在 Map 窗口中的显示，较直观地呈现出室内信号分布的状况。

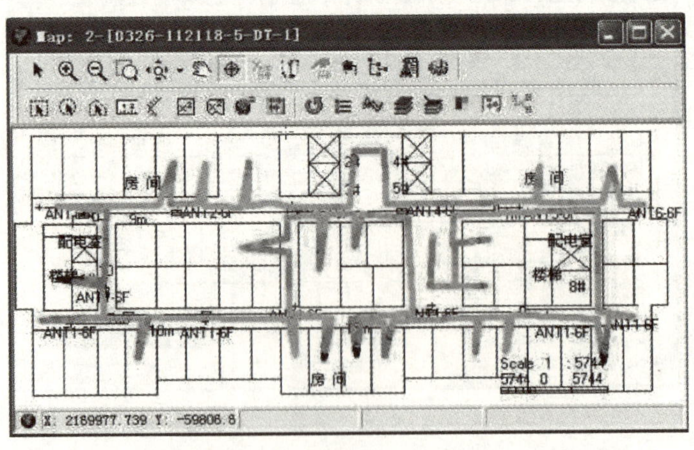

图 S4-5 室内测试结果在 Map 窗口中的显示

对于多楼层的室内信号的测试，需要对每一楼层进行测试，每次测试都要导入相应测试楼层的地图，并生成一个测试文件。

【思考与复习题】

1. 简述室内测试与室外测试有何不同。
2. 辨析室内两种测试方式的不同之处。

实训5　WCDMA测试数据的分析

【实训目的】

1. 熟悉 Pilot Navigator 软件的操作界面。
2. 掌握 Pilot Navigator 软件视图窗口的操作。
3. 能对数据文件进行分析和统计。

【实训工具与设备】

Pilot Navigator 软件、电脑、测试数据。

【实训内容和步骤】

5.1　Pilot Navigator 软件的使用

5.1.1　Pilot Navigator 软件的简介

Pilot Navigator 是一个基于 PC 和 Windows NT/2000/XP/Win7 的网络优化分析及评估系统。作为一个图形化和集成管理的网络优化综合工具，Pilot Navigator 为网络维护人员、管理人员和工程师提供了以下集成功能：

1）多网络（GSM/CDMA/UMTS/TD-SCDMA）支持功能；
2）强大的地理化显示功能；
3）数字化地图和多种地图格式的支持功能；
4）强大的事件分析功能；
5）灵活的数据回放功能；
6）丰富的报表及统计功能。

5.1.2　Pilot Navigator 软件的操作界面

1. 启动 Pilot Navigator

启动 Pilot Navigator，可以在磁盘中找到 Pilot Navigator 的存放地址，双击图标或者在任务栏中单击图标，即可启动 Pilot Navigator。如果用户把 Pilot Navigator 的快捷方式设置到桌面或者“开始”→“程序”中，也可以通过这些快捷方式的图标启动 Pilot Navigator。

2. 导入数据

启动 Pilot Navigator 之后，编辑菜单提供了对基站、地图和测试数据的操作功能。

（1）导入基站数据

Pilot Navigator 支持导入 *. xls 与 *. txt 两种格式的基站数据库，并支持对基站数据库的校对，当导入的基站数据库缺少相应的字段或者取值超出范围时会有校检提示。

用户可以通过单击菜单“编辑”→“导入基站”→“选择基站文件”来导入基站数据库，用户也可以通过右键单击工程窗口的 Sites 文件夹导入基站数据库。

（2）导入地图

Pilot Navigator 支持多种格式的地图文件，具有强大的地图显示功能。用户可以自行选择要显示的地图信息，并编辑修改。

单击主菜单“编辑”→“导入地图”→“选择要导入的地图文件格式”后，选择地图文件。

地图文件导入后，软件左边工程窗口的“GIS”选项卡页面相应项目栏会出现+符号。打开 Map 窗口，将导入的文件拖动到 Map 窗口中即可显示。

（3）打开数据文件

打开数据文件命令可以将测试数据导入 Pilot Navigator 内，也可以通过工具栏的快捷按键导入数据。除此之外，我们还可以将数据拖拽到 Pilot Navigator 内，从而将数据导入。

Pilot Navigator 支持多种数据文件格式，具体格式如下：

1）Data files：*.wto；*.rcu；*.paf；*.msg。

2）Pilot Navigator data files：*.pag；*.pac；*.pau。

3）Other data files：*.ms；*.cdm；*.mdm。

3. 工程窗口

工程窗口是指在打开或新建工程后出现在软件界面左侧的窗口，它可以通过工具栏中的工具按钮进行显示/隐藏的切换。工程窗口可以对基站数据、地图、数据文件等进行显示和维护。工程窗口包含两个选项卡，分别是“Project”和“GIS”，打开数据文件之后，要对文件进行解码才能使用，如图 S5-1 所示，在工程窗口中，选择“Project”选项卡，右键单击“前台测试数据”文件下面的“UMTS2”端口数据，然后在弹出的菜单中选择信令窗口或者事件窗口进行文件的解码。

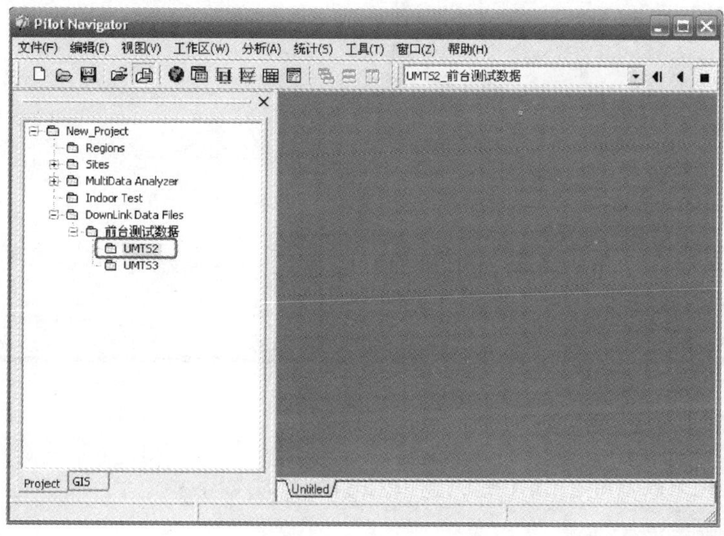

图 S5-1 工程窗口

(1)“Project”选项卡

工程窗口的“Project”选项卡提供了数据分析统计、基站数据管理、区域统计管理和室内测试管理。此处集成了对测试数据、事件和参数的大部分操作。

(2)“GIS”选项卡

“GIS”选项卡提供了对地图的导入和管理功能，将地图文件导入后可拖动到 Map 窗口显示。

4. 工具条

工具条由快捷按钮和回放工具条两部分组成。

快捷按钮提供了对工程管理、窗口显示以及窗口排列的功能，操作快捷方便。回放工具条可通过下拉列表选择回放数据，并可以对回放数据向前向后的回放和慢放，通过“Speed”与“Position”可对回放数据的速度和进度进行拖拽修改。

5. 主界面状态栏与 Map 窗口状态栏

主界面状态栏显示解码状态以及解码进度信息，Map 窗口状态栏显示地理位置信息以及当前参数的当前采样点信息。

5.1.3 Pilot Navigator 软件的视图

1. 地图窗口

地图（Map）窗口可以为用户提供直观的覆盖图信息、轨迹图信息、地图信息以及基站信息等，并能将地图窗口导出，保存成图片格式，如图 S5-2 所示。

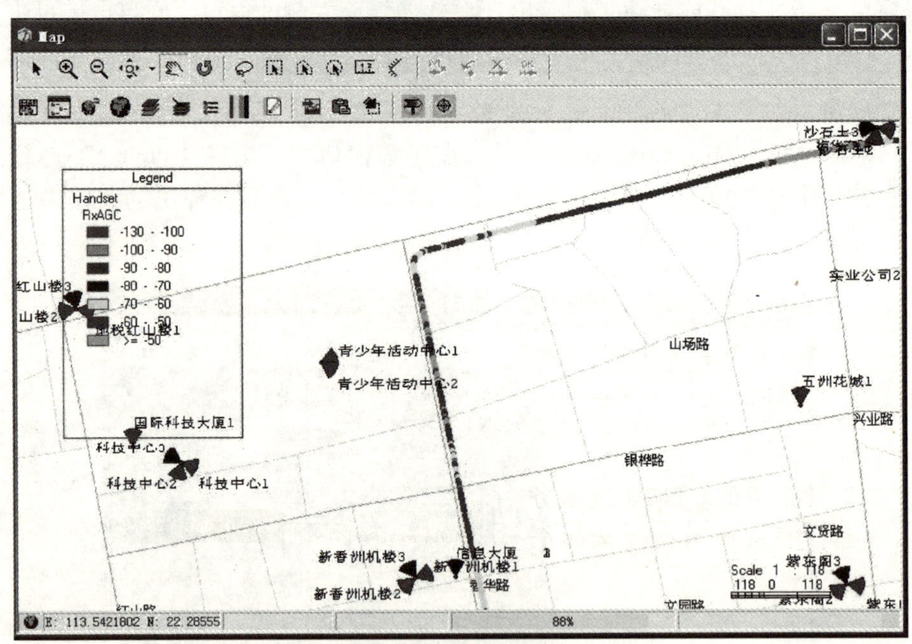

图 S5-2　Map 窗口

(1) 工具按钮

在 Map 窗口中，有一些工具按钮，这些按钮的作用如下：

[按钮图标]：测试轨迹点取工具；

[按钮图标]：放大显示比例；

：缩小显示比例；

：居中显示工具；

：平移工具；

：刷新工具；

：套索工具，进行不规则选取；

：矩形选取工具、圆形选取工具、多边形选取工具；

：标尺工具，测量两点间距离；

：多边形边长测量工具，对工具使用过程中的连线路程进行累加；

：Map 窗口相关配置；

：显示数据名和经纬度以及计算机时间和手机时间；

：打开"Select Map Display"选择地图窗口；

：打开"Coverage Map Setting"窗口；

：打开"Legend Window"窗口；

：图层管理；

：显示/隐藏 Map 窗口上显示的"Legend"窗口；

：Map 窗口分段阈值的设置按键；

：实现服务小区连线功能；

：将 Map 窗口内容保存为一张图片；

：将 Map 窗口内容复制到剪贴板；

：区域创建激活工具（激活后可利用选择工具创建区域，用于区域统计）；

："Data By Cell"功能键（在地图上显示选中扇区覆盖区域内的测量轨迹）；

：自定义查找地理位置信息。

（2）小区连线

导入基站数据库后，用户可以使用 Map 窗口工具条中的来实现服务小区连线功能，并可以自定义连线的颜色和形状大小等，如图 S5-3 所示，服务小区连线有两种类型：Single Point 和 Area Selected。

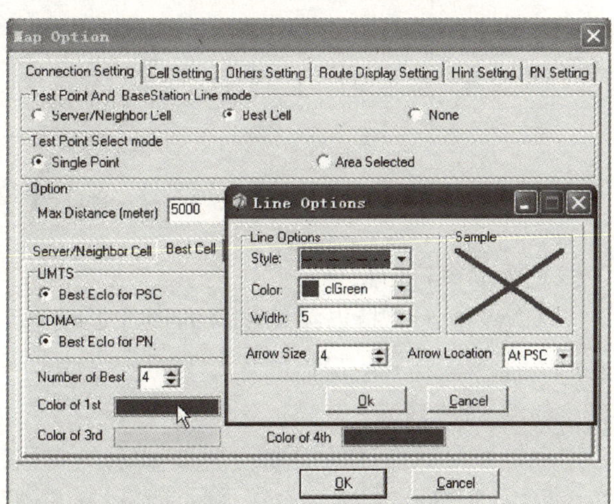

图 S5-3　小区连线

1）Single Point。Single Point 为单点连线，也即对测试路径上某个采样点进行服务小区连线，如图 S5-4 所示。一个点可能有多个小区为它服务（对于 UMTS 数据），其中用粗线相连的小区表示 Best 小区，细线相连的小区表示除 Best 小区以外的信号质量较强的小区。

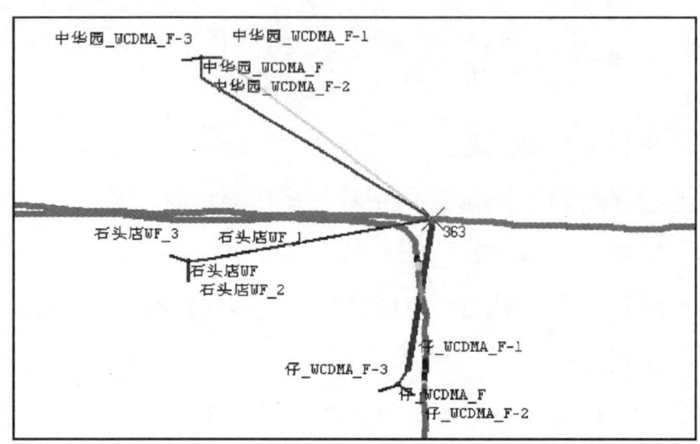

图 S5-4　单点连线的服务小区示意图

2）Area Selected。Area Selected 为区域连线，即对测试路径上的一个区域（区域中的所有采样点）进行服务小区连线。首先单击 Map 窗口工具条中的打开“Map Option”窗口，选择“Area Selected”并单击“OK”按钮，然后在 Map 窗口上使用对区域进行选择，即可完成按区域方式的服务小区连线，如图 S5-5 所示。

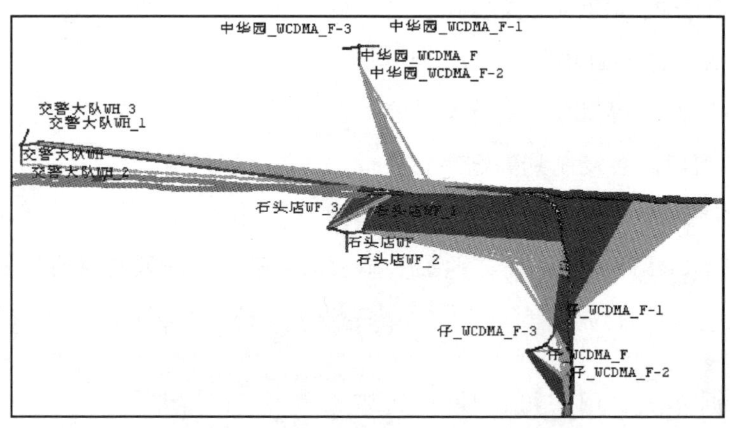

图 S5-5　区域连线的服务小区示意图

（3）浮动窗口信息显示

Pilot Navigator 支持以浮动窗口的形式显示路测轨迹的信息，并提供给用户可选择的字段显示信息。单击 Map 窗口的，单击地图轨迹的任何一点，即可以看到相应的浮动窗口信息，如图 S5-6 所示。

用户可以根据自己的需要设置要显示的字段，如 PSC、Frequency、ServerCellName 等，具体内容在“Map Option”窗口中的“Cell Setting”和“Hint Setting”选项卡中设置，如图 S5-7 所示。

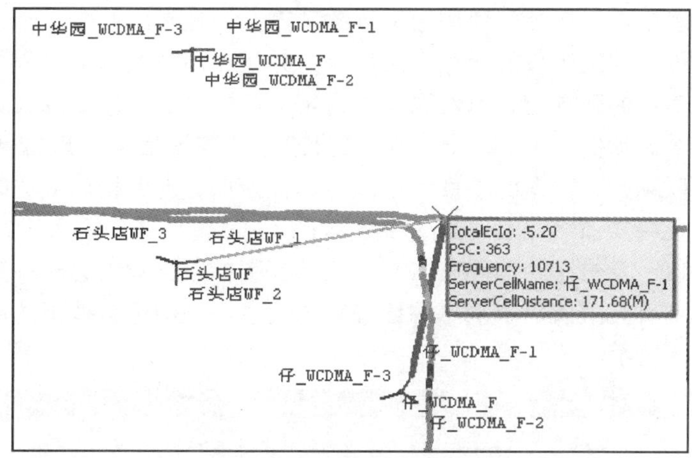

图 S5-6　浮动窗口信息显示

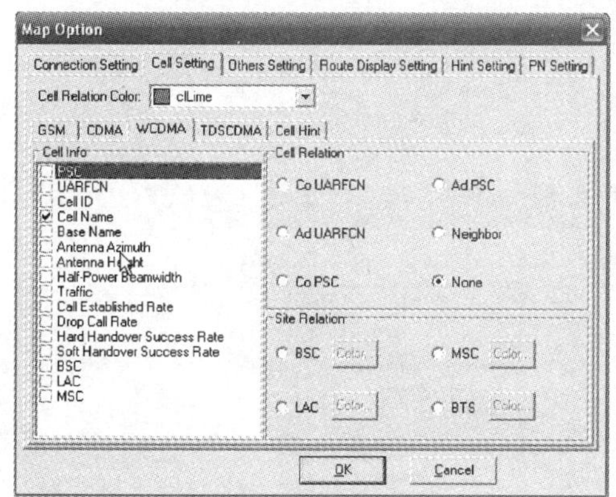

a)“Cell Setting”选项卡　　b)“Hint Setting”选项卡

图 S5-7　Map Option 窗口

（4）自定义区域

区域选择命令可以根据用户的需要，生成一个特定的区域文件，方便对该区域的分析与统计。单击 Map 窗口工具栏中的，选择相应的区域选择工具，在地图上框选一段轨迹即可生成自定义区域。生成的区域文件可以在工程窗口中的“Regions”栏下面查看。

2. 信令窗口

信令窗口也就是 Message 窗口，它提供了对信令的查找、锁定、筛选和添加信令的 BookMark 功能。在信令窗口中，“Search”栏下拉列表包含对应网络的所有信令，如图 S5-8 所示，用户可以输入关键字段进行搜索

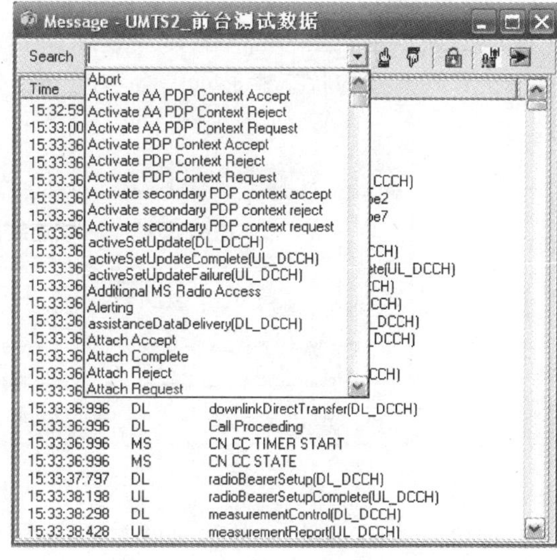

图 S5-8　信令窗口

或者直接从下拉列表中进行选择，使用上下查找功能查找选择的信令。

锁定信令功能可以锁定用户需要查看的信令，并且在回放数据的过程中不联动显示。属性设置功能支持对信令的筛选与显示设置，可自定义需要显示的信令并设置信令显示的字体和颜色。通过对信令添加信令 BookMark，可以快速定位到该信息，以方便对信令的分析与查看。信令窗口关联到同一数据的事件和地图等其他窗口，在数据回放的时候联动显示。

Pilot Navigator 支持查看多条信令消息的详细解码信息。双击任意一条信令，弹出信令消息的详细解码窗口，单击详细解码窗口左上角的锁图标，再双击另外一条要查看的信令消息。如此循环可以查看无限条信令消息的详细解码信息，锁图标被按下的解码窗口不能实现联动显示，如图 5-9 所示。

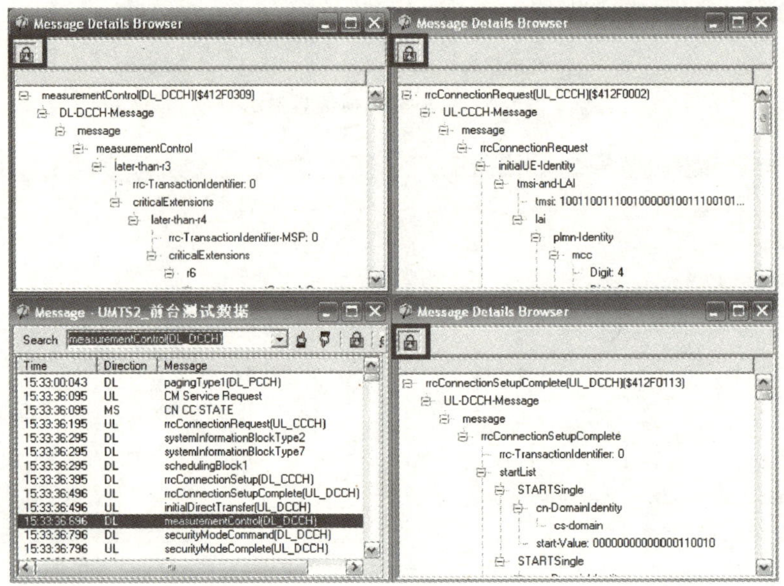

图 S5-9 多条信令消息的详细解码

3. 曲线图窗口

曲线图窗口也就是 Graph 窗口，它以面和线的方式并以不同颜色显示多个参数的数值，在 Graph 窗口下方的状态栏显示信令点时间、位置信息以及所显示参数的网络，如图 S5-10 所示。

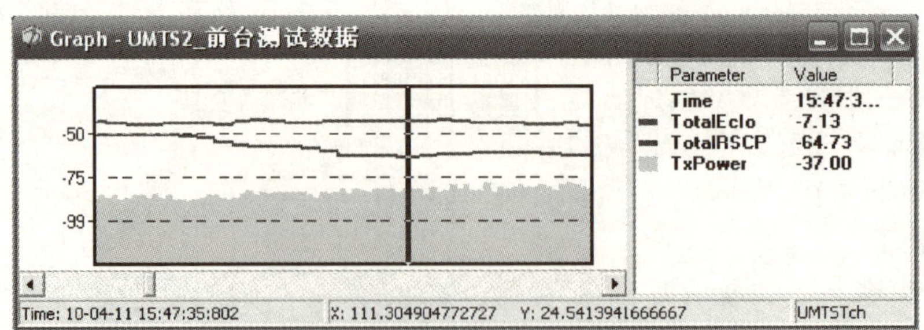

图 S5-10 曲线图窗口

右键单击“Graph”参数列表的参数再选择属性，可以设置参数的显示形式以及形状大小、颜色等。此外，还可以执行删除操作。Graph 窗口关联到同一数据的信令和事件等其他窗口，在数据回放时会与其他窗口一起联动。

4. 图表窗口

图表窗口也就是 Chart 窗口，以柱形或饼形图显示各分段的采样点占用率，如图 S5-11 所示。图表窗口可以将显示的图片复制到 word 或 excel 文件中。显示的图片也可以以常用的 . bmp/. jpg/. gif 等图像文件格式进行导出保存。图标窗口可以添加多个参数信息，通过下拉列表显示不同参数。图表窗口支持柱状图和饼状图显示，用户可以单击图标和进行柱状图和饼状图的切换。

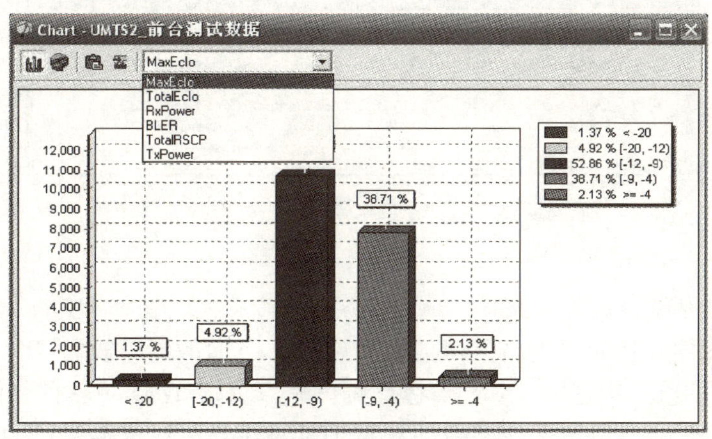

图 S5-11　图表窗口

5. 表窗口

表窗口也就是 Table 窗口，有三个选项卡，分别是"Series"、"Histogram"和"Statistics"。Table 窗口提供了导出. TXT 文件、导出. MIF 文件、导出文件设置功能，支持显示网格，向上或者向下查找，以及使用"Ctrl"和"Shift"对信令多选。通过"Find"功能，用户可以准确快速定位到相关参数的某个取值，如图 S5-12 所示。

Table 窗口关联到同一数据的信令和事件等其他窗口，并支持多参数的显示，用户可拖拽工程窗口的参数到 Table 窗口显示。Table 窗口中有星号的参数值为实际测量值，没有星号标志的为继承值。

6. 事件窗口

事件窗口为用户提供便捷的事件查找和筛选功能，用户可以在"Search"栏输入事件名称查找所需事件，如图 S5-13 所示。还可以单击事件窗口的属性按钮，过滤显示异常事件。

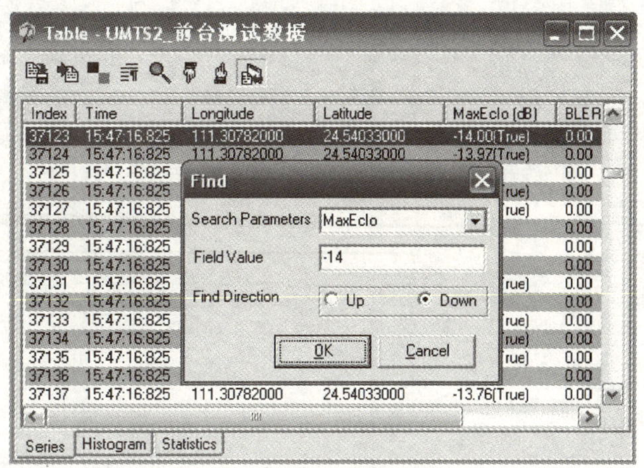

图 S5-12　表窗口

事件窗口关联到同一数据的信令和其他窗口，在数据回放时支持联动显示。

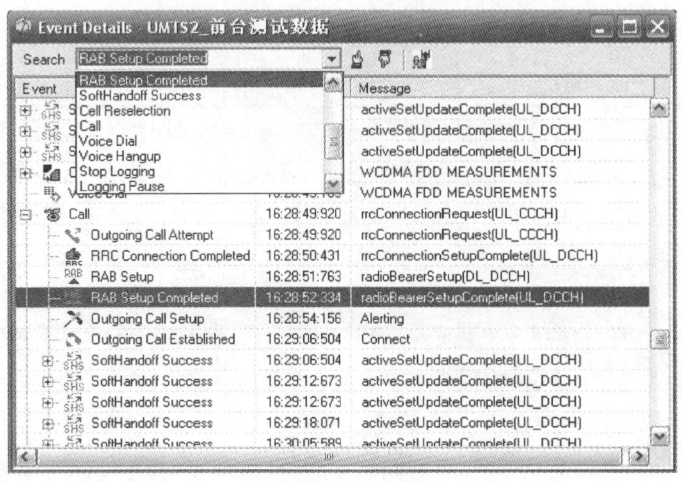

图 S5-13　事件窗口“Search”栏查找事件

7. 状态窗口

状态窗口也就是“State Windows”窗口。在工程窗口中，选择“Project”选项卡，右键单击导入的数据文件（比如“前台测试数据”文件）下面的端口数据（比如“UMTS2”端口），然后在弹出的菜单中选择“UMTS 状态窗口”，Pilot Navigator 软件会弹出“State Windows”窗口，该窗口包含所有无线参数的测量信息，用户可以根据自己的需要，勾选所需要显示的窗口，单击“OK”按钮显示所选的窗口。UMTS 状态窗口如图 S5-14 所示。

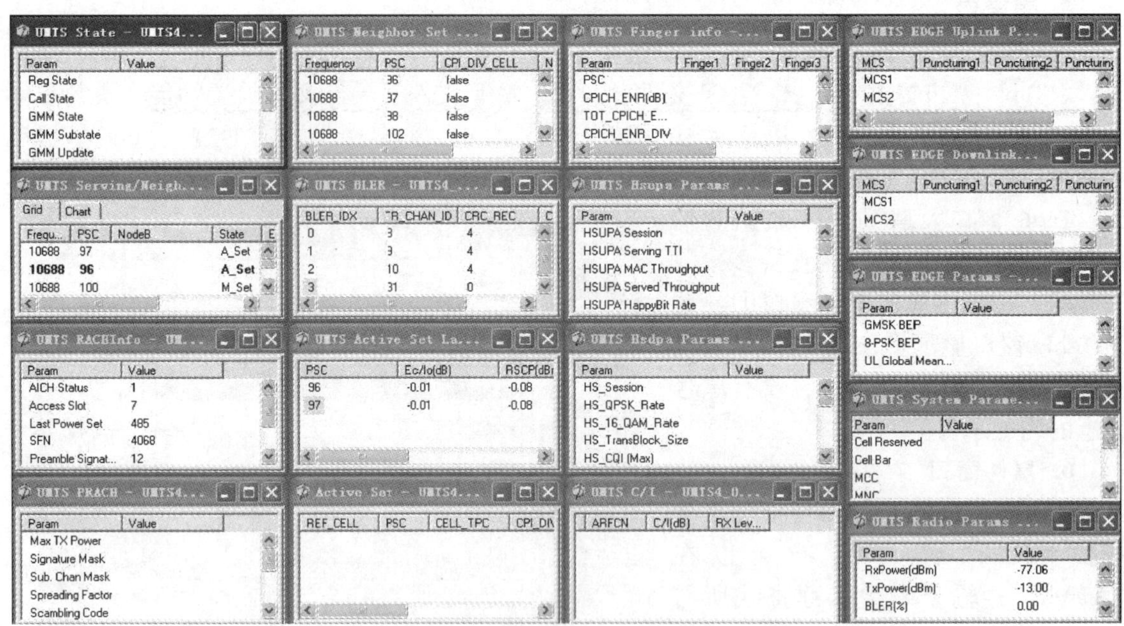

图 S5-14　UMTS 状态窗口

5.1.4　Pilot Navigator 软件的分析和统计功能

分析菜单提供了对测试数据进行各种分析的命令功能，用户设置好相关的分析条件，可以对测试数据进行统计与分析，以确定存在的网络问题。

1. BIN 分析

BIN 分析是按照一定规则将符合条件的采样点平均为一个采样点进行统计的分析方法，其作用是可以减少偶然性事件的影响，使分析结果更切合实际。BIN 分析包括 By Grid、By Distance、By Time、By Message 四种方式。

端口数据指定 Bin 以后，工程窗口中的端口数据下方生成一级“Bins”菜单，列出所有已指定给该端口数据的 Bin 名称。

若要对端口数据的 Bin 进行删除，可右键选中“Bin”并选择“Delete”。

2. Delay 分析

Pilot Navigator 提供了 Delay（时延）的信令选择功能，可以计算出任两条信令之间的间隔时长。呼叫时延是指一个用户自发送“呼叫请求”至“呼叫连接”之间所经过的时间，呼叫时延的长短会影响用户感知，所以也被作为一个评估网络质量的重要指标。

（1）Delay 分析设置

在工程窗口中，选择“Project”选项卡，右键单击导入的数据文件（比如“前台测试数据”文件）下面的端口数据（比如“UMTS2”端口），然后在弹出的菜单中选择“Delay 分析”，也可以在菜单栏“分析”中选择“Delay 分析”，在弹出“Delay Analysis”窗口中单击“Advance”按钮，进入“Analysis Manager”窗口的“Delay”选项卡，选择相应的网络类型，软件提供了 Delay 的新增“New”、编辑“Edit”、删除“Delete”、Delay 文件备份（导出）“Export”、Delay 文件导入“Import”五项功能，如图 S5-15 所示。

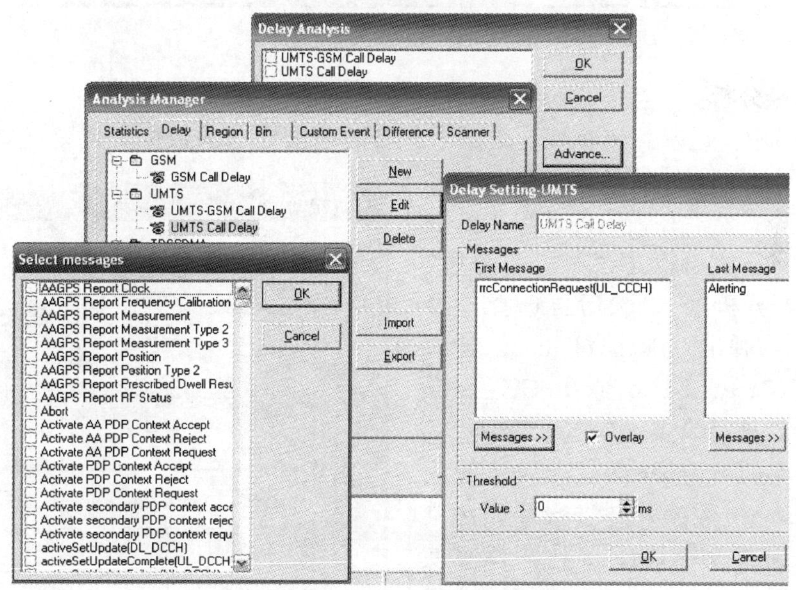

图 S5-15　Delay 分析设置示意图

（2）Delay 分析结果

在工程窗口中，选择“Project”选项卡，双击导入的数据文件（比如“前台测试数据”文件）下面的端口数据（比如“UMTS2”端口），然后双击选择“Delay”，再右键单击“UMTS Call Delay”激活弹出式菜单，可执行的选项有删除、地图窗口、曲线图窗口、表窗口以及报表，如图 S5-16 所示。在可执行的选项中：“删除”选项表示删除当前时延分析；

“地图窗口”选项表示打开时延分析的 Map 窗口，并显示出所有检测到符合时延条件的采样点，不同采样点颜色用来标注时延大小；“曲线图窗口”选项表示以曲线图的方式显示时延时间以及发生的时间和地点信息；“表窗口”选项表示列出所有满足时延条件的呼叫事件的开始时间、开始信令、结束时间和结束时的信令，包括每一点时延的值；“报表”选项表示将分析结果生成 Excel、Word 或者 PDF 格式的报表。

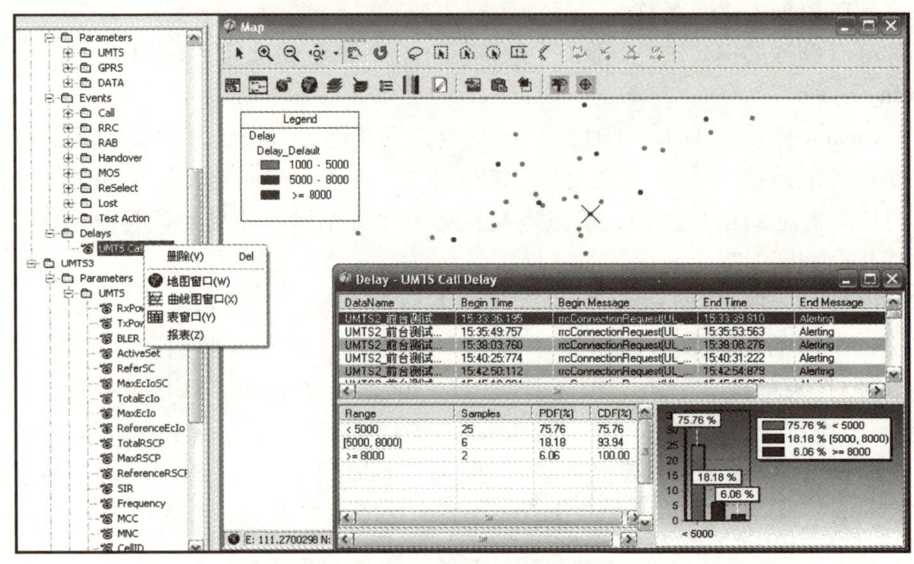

图 S5-16 Delay 分析结果

3. 导频污染分析

在工程窗口中，选择“Project”选项卡，右键单击导入的数据文件（比如“前台测试数据”文件）下面的端口数据（比如“UMTS2”端口），然后在弹出的菜单中选择“导频污染分析”，也可以在菜单栏“分析”中选择“UMTS 分析项”，然后再选择“导频污染分析”，在弹出“Pilot Pollution”窗口中对 Analysis Name、Ec/Io 或 RSCP、Scan Data 等相关参数进行设置。勾选“Scan Data”并选择对应的 Scanner 数据，表示使用手机数据与 Scanner 数据共同进行导频污染的分析；不勾选“Scan Data”，则表示只使用手机数据进行导频污染分析。“Binning”栏设置该导频污染分析 Bin 的方式及 Bin 的精度。单击“OK”按钮完成导频污染分析的加载。如图 S5-17 所示。

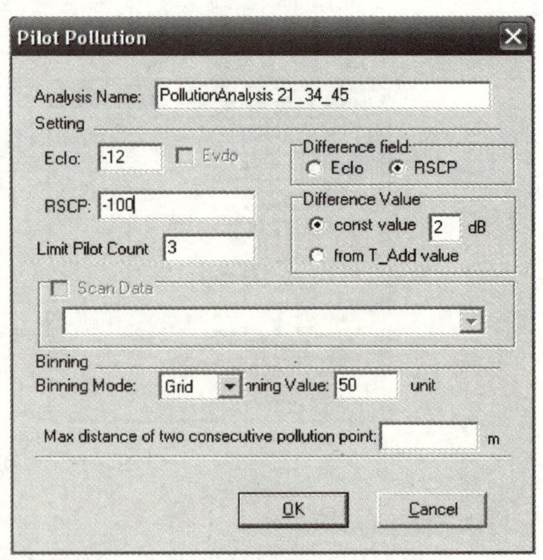

图 S5-17 “Pilot Pollution”窗口

用户可以通过 Map 窗口查看导频污染的分析结果，通过“Query-PollutionAnalysis”窗口查看符合分析条件设置的所有导频污染点的经纬度、信号质量平均值等信息，如图 S5-18 所示。

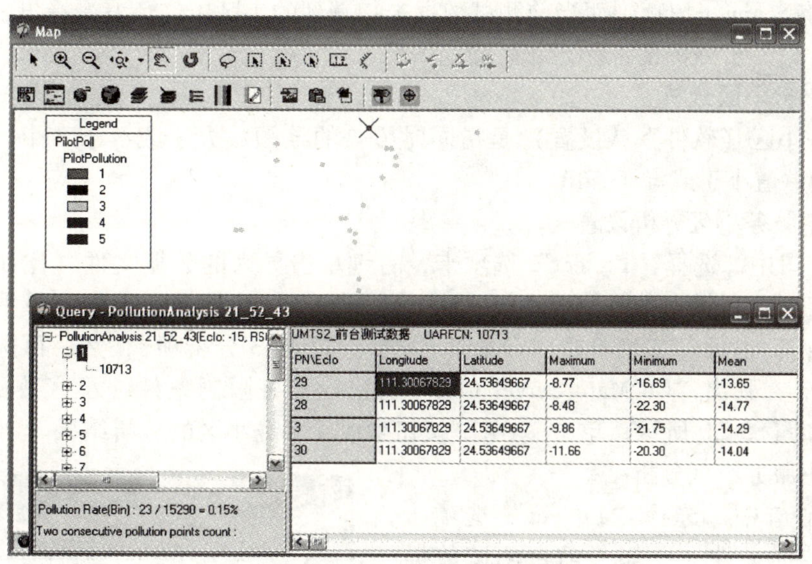

图 S5-18　导频污染分析结果

4. 邻区分析

在同样的手机主服务小区下，以手机测量到的邻区信息为主，将手机测量到的小区同 Scanner 扫频数据所检测到的小区信息进行对比，当手机测量到的邻区同 Scanner 数据的扫频小区存在差异时，软件即对发生差异的点进行邻区分析，从而便于用户发现网络中存在的问题，如基站的邻区列表设置不当。以下以 TD-SCDMA 网络为例进行说明。

（1）邻区分析设置

在工程窗口中，选择“Project”选项卡，右键单击导入的数据文件（比如“前台测试数据”文件）下面的端口数据（比如“UMTS2”端口），然后在弹出的菜单中选择“邻区分析”，也可以在菜单栏“分析”中选择“UMTS 分析项”，然后再选择“邻区分析”，在弹出的“Neighbor Analysis”窗口对参数进行设置，然后单击“OK”按钮即可完成邻区分析，如图 S5-19 所示。

（2）邻区分析结果

在工程窗口中，选择“Project”选项卡，双击导入的数据文件（比如“前台测试数据”文件）下面的端口数据（比如“UMTS2”端口），然后双击选择“Neighbor Analysis”，再右键单击邻区分析名称激活弹出式菜单，可执行的操作有 Delete（删除当前邻区分析）、Map（打开邻区分析的 Map 窗口）、Analysis View（查看分析窗口）、Report（导出邻区分析结果到报表）。

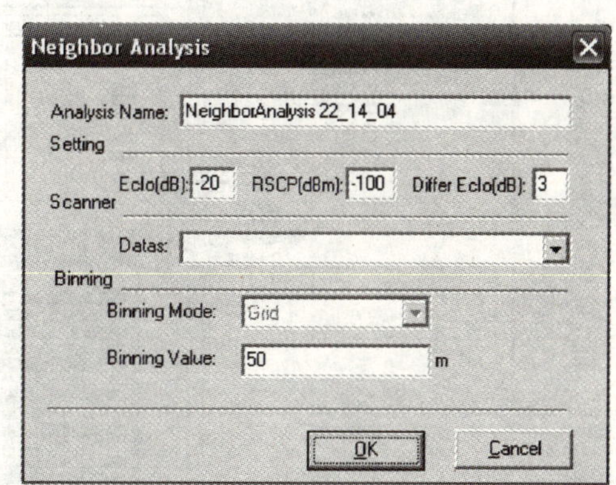

图 S5-19　邻区分析设置

邻区分析的 Map 窗口列出所有经过“Bin”处理后要进行邻区分析的点的信息，包括主服务小区（Server）、邻小区（System）和 Scanner 扫频（Scan）的小区识别码（CI）、主扰码（PSC），以及 RSCP 的最大（Max RSCP）、最小（Min RSCP）和平均值（Mean RSCP）。Pilot Navigator 将 Scanner 扫频到而当前测试数据未扫频到的小区用红色背景标出，应对红色区域进行关注，进一步分析是否存在邻区漏配情况。

5. 无主服务小区分析

无主服务小区（软件默认设置）是指同时覆盖的导频数大于或等于 3 个，并且最大和最小 Ec/Io 的差值小于或等于 5dB。

（1）无主服务小区分析设置

在工程窗口中，选择“Project”选项卡，右键单击导入的数据文件（比如“前台测试数据”文件）下面的端口数据（比如“UMTS2”端口），然后在弹出的菜单中选择“无主服务小区分析”，也可以在菜单栏“分析”中选择“UMTS 分析项”，然后再选择“无主服务小区分析”，在弹出“No Main Server Cell”窗口设置好限制条件（小区数量和 Ec/Io 差值）之后，如图 S5-20 所示，单击“OK”按钮生成无服务小区的分析结果。

（2）无主服务小区分析结果

在工程窗口中，选择“Project”选项卡，双击导入的数据文件（比如“前台测试数据”文件）下面的端口数据（比如“UMTS2”端口），然后双击选择“无主服务小区分析”，再右键单击无主服务小区分析名称激活弹出式菜单，可执行的选项有删除、地图窗口和分析视图。“删除”选项表示删除当前无主服务小区分析；“地图窗口”列出所有按条件检测到的无主服务小区的点；“分析视图”列出所有无主服务小区的站点信息，包括经纬度、RSCP 或 Ec/Io 的最小和最大值、以及 difference value 的具体值。如图 S5-21 所示。

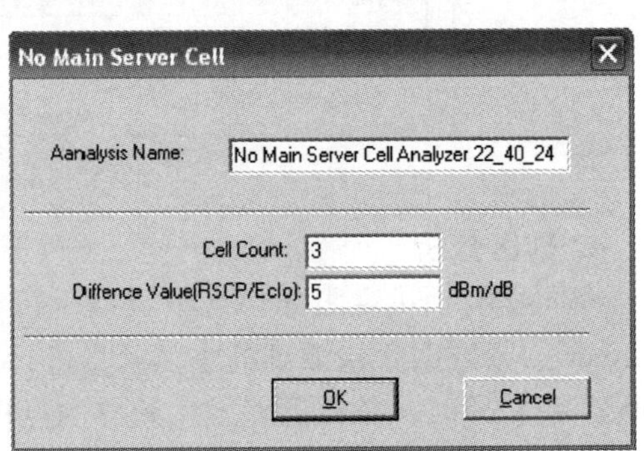

图 S5-20　无主服务小区分析设置

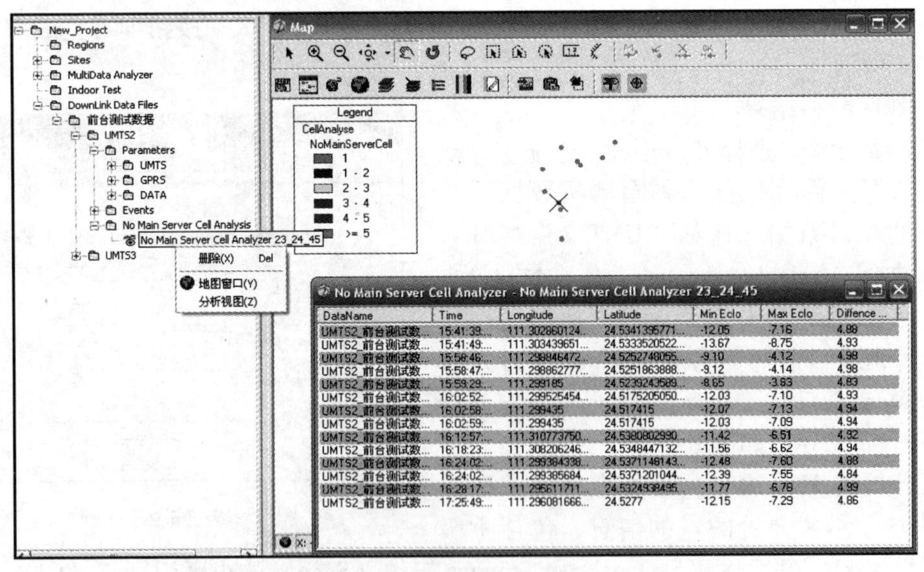

图 S5-21　无主服务小区分析结果

6. 统计

Pilot Navigator 提供了自动报表、用户自定义报表、事件报表、评估报表、短信彩信专项业务报表、多数据对比评估报表、主被叫联合统计报表、视频业务报表、语音 2-3G 报表、数据业务报表、Scanner 报表以及三大运营商日报汇总表等，满足用户不同的统计需求。

自定义统计报表可以按照用户的需要，指定需要统计的各个参数和事件，指定输出的图表类型（如柱状图、饼状图）并设置分段区间，输出相应的报表。

单击菜单栏“统计”中的“自定义统计报表”，在弹出的“Custom Report”窗口中选择网络类型为“UMTS”，如图 S5-22 所示，然后勾选“UMTS2_ 前台测试数据”和“UMTS3_ 前台测试数据”，再单击“OK”按钮，此时 Pilot Navigator 软件会按照默认设置自动生成统计报表。

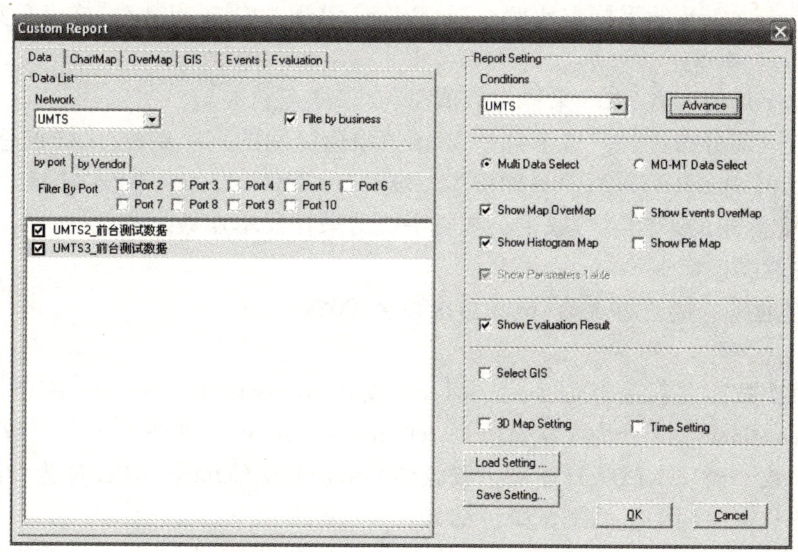

图 S5-22　自定义统计报表设置窗口

“Custom Report”窗口中“Load Setting”和“Save Setting”功能可以保存用户的设置，其他栏位名称及栏位描述见表 S5-1。

表 S5-1　自定义统计报表栏位名称及栏位描述

栏 位 名 称	栏 位 描 述
Muti Data Select	多数据选择
MO-MT Data Select	主被叫数据配对
Show Map OverMap	显示地图覆盖图
Show Events OverMap	显示事件覆盖图
Show Histogram Map	参数统计柱状图显示
Show Pie Map	参数统计饼状图显示
Show Evalution Result	显示评估结果
Select GIS	选择地图文件
3D Map Setting	统计图表 3D 效果显示设置
Time Setting	设置统计的时间段

用户可以单击“Advance”按钮对统计项目进行详细的设置。自定义统计报表包括 Word、PDF、Excel 三种格式，用户可以在菜单栏“工具”→“参数设置”选项卡中选择。

5.2 无线指标

1. 无线覆盖类指标

1）RSCP≥-90dBm 的采样点比例：RSCP≥-90dBm 的采样点数/采样点总数×100%。

2）RSCP≥-85dBm 的采样点比例：RSCP≥-85dBm 的采样点数/采样点总数×100%。

3）Ec/No≥-14dB 的采样点比例：Ec/No≥-14dB 的采样点数/采样点总数×100%。

4）Ec/No≥-12dB 的采样点比例：Ec/No≥-12dB 的采样点数/采样点总数×100%。

5）Tx_Power<0dB 的采样点比例：Tx_Power<0dB 的采样点数/采样点总数×100%。

6）话音质量 MOS。

① MOS 总平均值：各 MOS 采样点数值总和/采样点总数。

② MOS 值区间分布比例：位于各个 MOS 值取值区间的采样点数/采样点总数×100%。

MOS 值区间：0≤MOS<3；3≤MOS<3.3；3.3≤MOS<3.7；3.7≤MOS。

说明：以上六条的采样点数取主、被叫手机的采样样本点数之和。

2. 接入性能类指标

1）话音接通率：接通总次数/试呼总次数×100%。

说明：

① 试呼总次数：发起拨打命令后，以 UE 发送 rrcConnectionRequest 信令，其原因码为 OriginatingCoversationalCall 计为一次试呼，rrcConnectionRequest 重发多次只计算一次。

② 接通次数：当一次试呼开始后，以收到 Connect 或 Connect ACK 算为一次接通。

③ 接通率只取主叫手机的测试统计结果。

2）RRC 连接建立成功率：RRC 连接建立成功次数/RRC 连接建立尝试次数×100%。

说明：

① RRC 连接建立尝试次数：UE 发送 RRC Connection Request 信令的次数。

② RRC 连接建立成功次数：UE 发送连接请求之后，发送 RRC Connection Setup Complete 信令的次数。

3）RAB 建立成功率：RAB 建立成功次数/RAB 建立尝试次数×100%。

说明：

① RAB 建立尝试次数：UE 收到网络侧下发的 Radio Bearer Setup 信令的次数；

② RAB 建立成功次数：UE 发送 Radio Bearer Setup Complete 信令的次数。

4）平均呼叫接续时延：呼叫接续时延总和/接通总次数×100%。

说明：

① 呼叫接续时延总和：呼叫接续时延是指主叫手机发出第一条 rrcConnectionRequest 到 Alerting 的时间差，呼叫接续时延总和是指除了呼叫失败情况外所有呼叫接续的时延总和。

② 接通总次数：所有测试样本除了呼叫失败情况外所有接通成功的累计次数。

3. 业务保持性能类指标

1）掉话率：掉话总次数/接通总次数×100%。

说明：

① 接通次数：同 WCDMA 接通率定义中的接通次数。

② 掉话次数：在一次通话中，接通之后手机发送 Disconnect 信令或收到网络下发 Release 信令视为通话正常结束，在手机没主发 Disconnect 信令或收到网络下发 Release 信令情况下，手机直接回到 Idle 状态并一直保持，则视为一次掉话。

③ 在一次通话过程中主叫或者被叫掉话，只计为一次掉话。

④ 判断接通和掉话的关键信令在被叫的呼叫流程中同样出现，因此主被叫的掉话判断依据要一致。

2）切换成功率：切换成功次数/切换请求次数 ×100%。

说明：

① 切换成功率包括软切换次数和硬切换统计结果。

② 切换成功次数 = 软切换成功次数 + 硬切换成功次数。

③ 切换请求次数 = 软切换请求次数 + 硬切换请求次数。

④ 软切换判决：手机收到网络侧下发的 Active Set Update 的次数为软切换请求次数，手机上发 Active Set Update Complete 的次数为软切换成功次数。

⑤ 硬切换判决：手机收到网络侧下发的 Physical Channel Reconfiguration 的次数为硬切换请求次数，手机上发 Physical Channel Reconfiguration Complete 的次数为硬切换成功次数。

【思考与复习题】

一、判断

1. UE 收到信号的 RSCP 比较大，相应的 Ec/No 也比较大。（　）
2. 手机发射功率 Tx_ Power 数值比较大，说明 UE 上行信号损耗大。（　）
3. UE 收到的下行 BLER 越大，说明下行链路越差。（　）

二、简答

1. 简述如何利用 Pilot Navigator 软件进行测试数据的导入和基站数据的导入与导出。
2. 如何利用 Pilot Navigator 软件进行数据的统计和分析，请以某个测试文件为例进行简单的统计和分析。

实训 6　弱覆盖问题的分析

【实训目的】

1. 综合运用 Pilot Navigator 软件进行数据分析。
2. 理解弱覆盖无线网络问题的重要特征。
3. 能够对已测试的数据文件进行分析，并简要撰写优化报告。

【实训工具与设备】

Pilot Navigator 软件、便携式计算机、测试数据文件、测试区域的基站工程参数。

【实训步骤及注意要求】

6.1　数据准备

1. 启动 Pilot Navigator

在安装好的电脑中，启动 Pilot Navigator 后台分析软件。

2. 导入数据

（1）导入基站数据库

启动 Pilot Navigator 之后，在菜单栏“编辑”中选择“导入基站”，在弹出的对话框中，选择文件的路径，将文件名为“实训 6 基站工程参数 . xls”的文件导入到 Pilot Navigator 中来，如图 S6-1 所示。

（2）打开数据文件

在 Pilot Navigator 软件菜单栏“编辑”中选择“打开数据文件”，在弹出的对话框中，选择文件的路径，将文件名为“实训 6 数据 . RCU”文件导入到 Pilot Navigator 中来，如图 S6-2 所示。

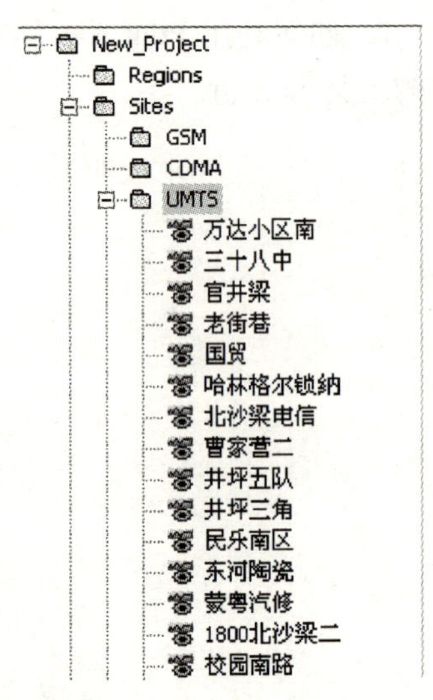

图 S6-1　导入基站数据

3. 解压和解码数据文件

在工程窗口中，选择“Project”选项卡，右键单击导入的数据文件（即“实训 6 数据”文件）下面的端口数据（即“UMTS5”端口），在弹出的菜单中选择信令窗口，软件就会对“实训 6 数据”中的“UMTS5”进行解压和解码，并自动弹出信令窗口。

4. 打开常用的窗口

在日常的网络优化分析中，除了打开信令窗口之外，还需要打开 Map 窗口、Graph 窗口、Serving/Neighbor 窗口等常用窗口。

5. 获取事件时间

事件时间可用如下三种方法获取：

（1）通过 Events Details 窗口查看

Events Details 窗口左边列出了所有的时间，右边列出了发生该事件的时间和相关的消息。

（2）通过软件工程窗口

通过软件工程窗口“Project”选项卡中的“Events”下的“Call”查看，如图 S6-3 所示。通过这种方法，可以查看本次测试中是否存在 Dropped Call、Blocked Call 等现象。如果存在，可将这些现象的发生时间和地点在 Map 窗口中显示出来。如将“Dropp Call”在 Map 窗口显示，可先用鼠标选中“Incoming Droped Call”，如图 S6-3 所示，然后拖动鼠标到 Map 窗口。相关的掉话图标就会在 Map 窗口对应的轨迹位置显示出来。

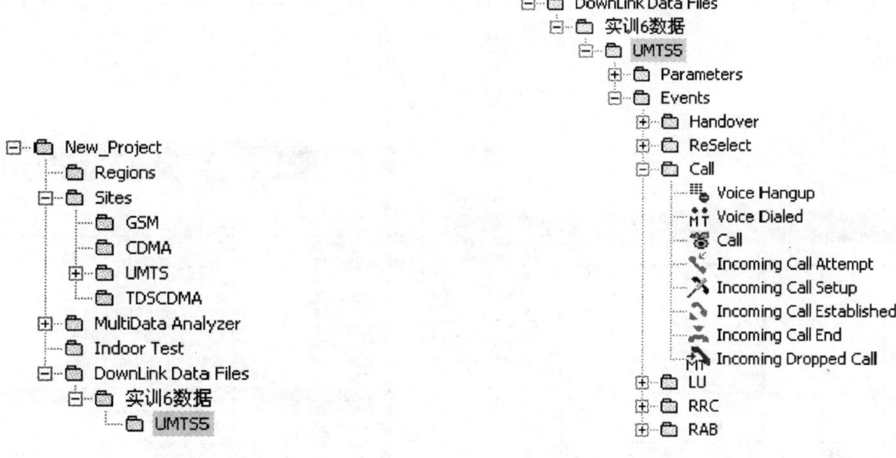

图 S6-2　打开数据文件　　图 S6-3　工程窗口中的通话事件

（3）通过统计菜单

如果测试数据是采用两部手机进行互打的测试，即一个做主叫，另一个做被叫，那么，还可以通过生成主被叫联合报表来查看通话事件。单击统计菜单下的主被叫联合报表选项，对测试数据进行统计分析，在表中，其中有一个 sheet 名为“主被叫详情”，罗列了所有的通话事件，如图 S6-4 所示。

主被叫详情

序列	主叫					呼叫时延(ms)	结果	原因	方向	主叫建立时延
	文件名	起呼时间	无线接通时间	振铃时间	挂机时间					
1	UMTS2_荆门弱覆	17:39:34.484	17:39:43.890	17:39:40.390	17:41:14.343	5906	正常		UL	00:05.906
2	UMTS2_荆门弱覆	17:41:44.750	17:41:56.562	17:41:53.062	17:43:27.125	8311	正常		UL	00:08.312
3	UMTS2_荆门弱覆	17:43:57.531	17:44:07.390	17:44:03.875	17:45:37.718	6343	正常		UL	00:06.344
4	UMTS2_荆门弱覆	17:46:08.125	17:46:17.640	17:46:14.031	17:47:47.875	5905	正常		UL	00:05.906
5	UMTS2_荆门弱覆	17:48:18.281	17:48:27.359	17:48:23.859		5577	抛掉(未接通)	不完整		
6	UMTS2_荆门弱覆	18:01:24.140	18:01:33.000	18:01:29.500	18:03:03.781	5359	正常		UL	00:05.360
7	UMTS2_荆门弱覆	18:03:34.187	18:03:43.484	18:03:40.093	18:05:14.156	5905	正常		UL	00:05.906

图 S6-4　主被叫联合报表

6.2 数据分析

1. 问题描述

UE 在 11：39：01：859 时刻，位于东经 110.0164783°，北纬 40.578135°附近，发生了掉话事件。掉话时，UE 的 Total RSCP = －96.40dBm，Total Ec/Io = －19dB，下行 BLER = 50%，如图 S6-5 所示。

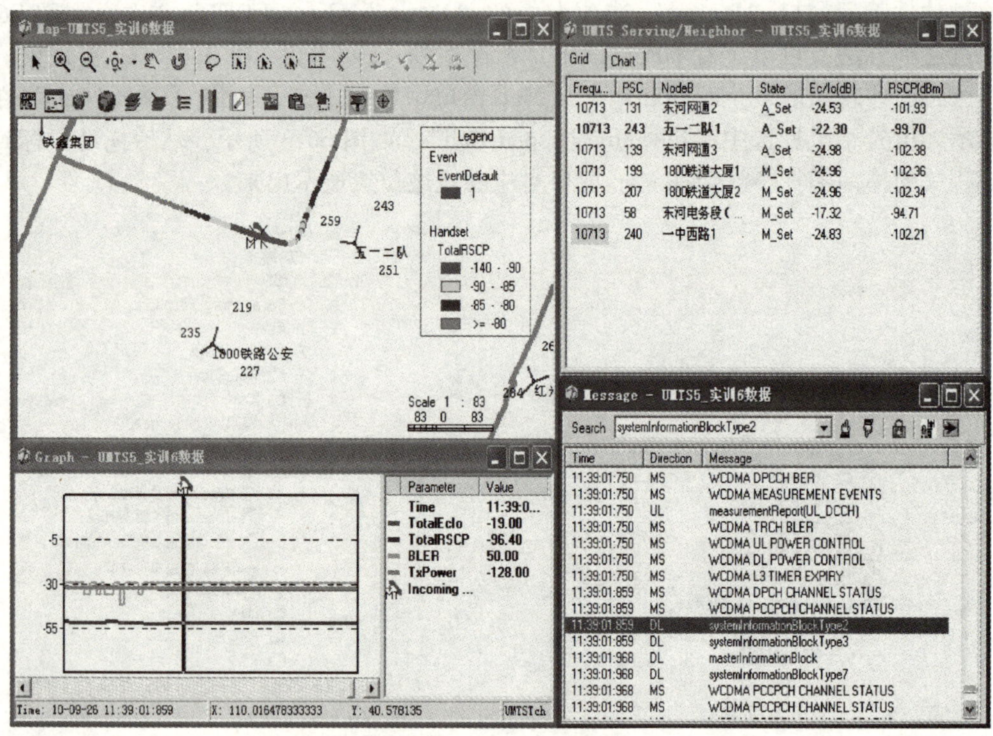

图 S6-5 UE 发生掉话

2. 问题分析

从路测数据来看，在发生掉话前，UE 主要占用东河网通 2（PSC = 131）、五一二队 1（PSC = 243）、东河网通 3（PSC = 139）基站信道，该三路信道的信号都很差，RSCP 大约为 －100dBm，且在 Monitored set 中也没有较强信号的小区，如图 S6-5 所示，在掉话后，UE 使用 1800 铁道大厦 2（PSC = 207）小区信号，从测试的轨迹颜色可以看出，接收到的信道信号也不是太好，大约为 －90dBm，通过 Map 窗口的标尺工具测量弱覆盖信号的距离累计长度约为 100m，由此可以判断是弱覆盖造成掉话。

3. 解决措施

根据路测结果以及掉话附近的基站分布情况、基站天线塔高等情况，建议采用 RF 优化的方法，调整天线现场的基站五一二队 3（PSC259）和铁路公安 1（PSC219）的挂高、方位角、俯仰角，以加强掉话区域信号的覆盖。

4. 经验总结

加强 WCDMA 无线信号的措施很多，可以增加硬件设备，比如新建直放站、RRU、基站；也可以调整天线的工程参数，比如挂高、方位角和俯仰角；还可以调整小区配置参数，比如调整 P-CPICH TX Power、MaxFACHPower。

【思考与复习题】

1. 简述如何撰写数据分析报告。
2. 弱覆盖问题的典型特征是什么?
3. 使用 Pilot Navigator 软件进行数据分析的步骤有哪些?

实训7　邻区漏配问题的分析

【实训目的】

1. 综合运用 Pilot Navigator 软件进行数据分析。
2. 掌握邻区漏配问题的重要特征。
3. 能够对测试的 LOG 文件进行分析，并简要撰写优化报告。

【实训工具与设备】

Pilot Navigator 软件、便携式计算机、测试 LOG 文件、测试区域的基站工程参数。

【实训步骤及注意要求】

7.1　数据准备

1. 启动 Pilot Navigator

在安装好的便携式计算机中，启动 Pilot Navigator 后台分析软件。

2. 导入数据

（1）导入基站数据库

启动 Pilot Navigator 之后，在菜单栏“编辑”中选择“导入基站”，在弹出的对话框中选择文件的路径，将文件名为“实训 7 基站工程参数 . xls" 的文件导入到 Pilot Navigator 中来。

（2）打开数据文件

在 Pilot Navigator 软件菜单栏“编辑”中选择“打开数据文件”，在弹出的对话框中选择文件的路径，将文件名为“实训 7 数据 . RCU”文件导入到 Pilot Navigator 中来。

3. 解压和解码数据文件

在工程窗口中，选择“Project”选项卡，右键导入的数据文件（即“实训 7 数据”文件）下面的端口数据（即“UMTS2”端口），在弹出的菜单中选择信令窗口进行解压和解码。

4. 打开常用的窗口

打开 Map 窗口、Graph 窗口、Serving/Neighbor 窗口和 Message 窗口等常用窗口。

7.2　数据分析

1. 问题描述

UE 在15：23：26：828 时刻，位于东经119.00295759°、北纬25.44162148°附近，发生

了掉话事件。掉话时，UE 的 Total RSCP = －113.22Bm，Total Ec/Io = －21.91dB，如图 S7-1 所示。

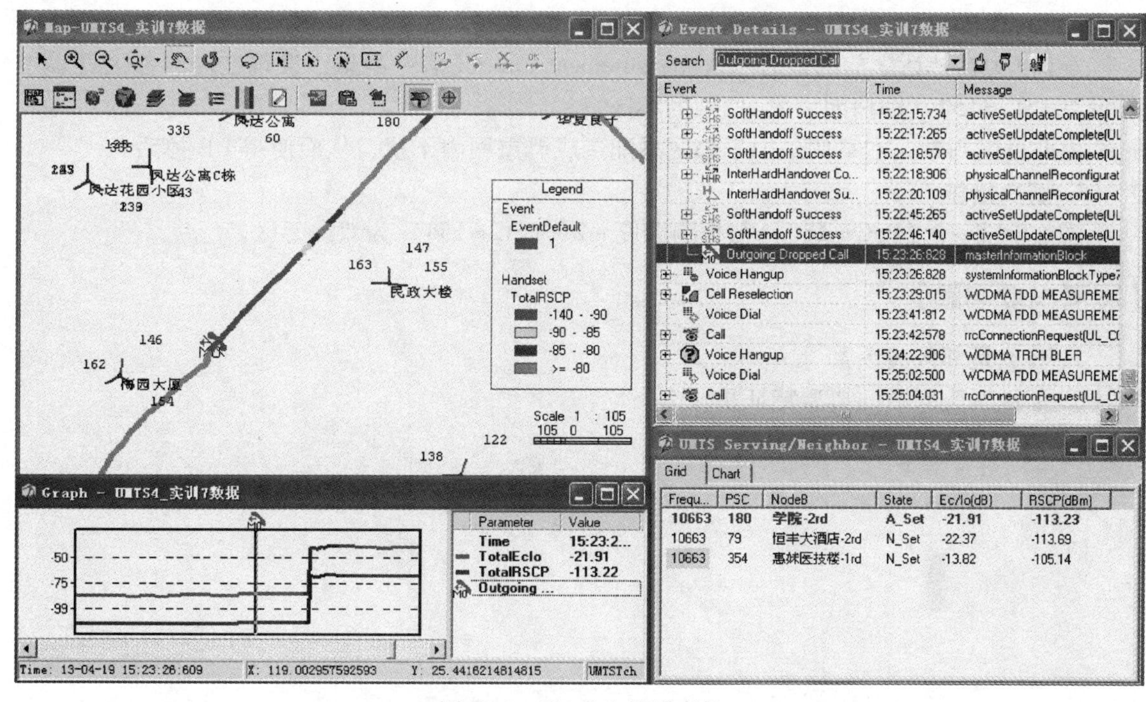

图 S7-1　UE 发生掉话事件

2. 问题分析

从路测数据来看，车辆行驶至梅园大厦附近路段，UE 接收到无线信号的质量突然恶化，

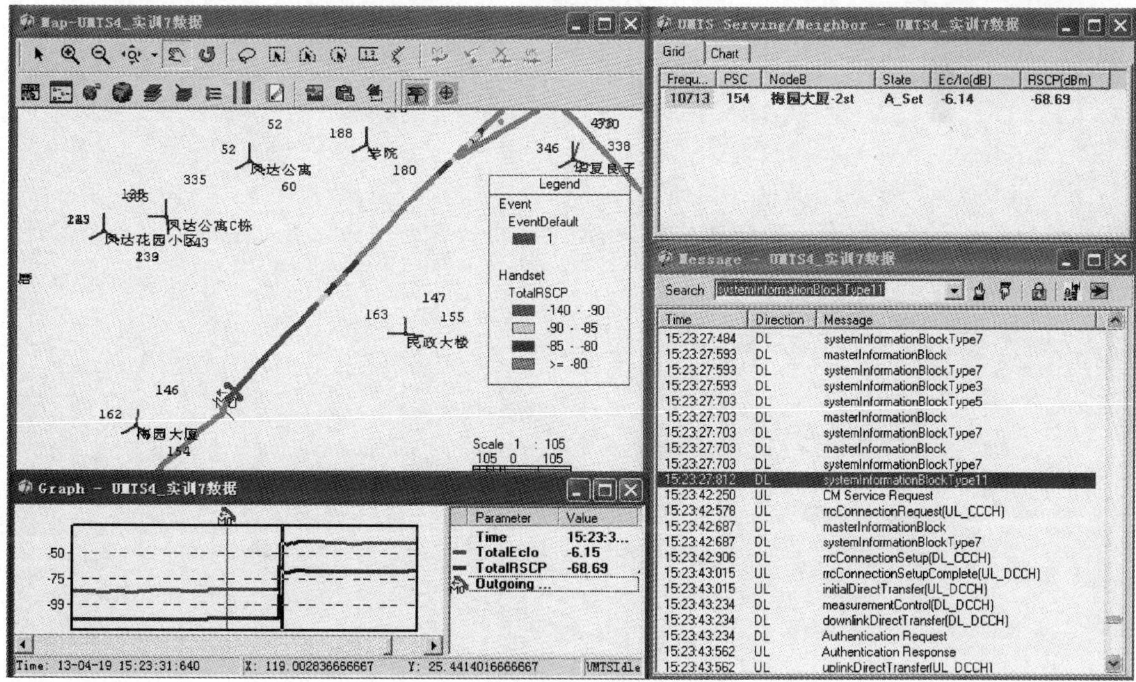

图 S7-2　UE 掉话后接收到的小区信号质量

Ec/Io 降至 -20dB 以下，Total RSCP 降到 -100Bm 以下，终因信号质量太差，无法维持通信，导致掉话。UE 掉话后立即接收到梅园大厦 -2（PSC =154）的小区信号，信号质量非常强，RSCP = -70 ~ -60dBm，Ec/Io 的值在 6dB 左右。如图 S7-2 所示。

查询 UE 在掉话之前的最后一次 Measurement Control 信令消息，发现在同频邻区列表中并没有 PSC =154（即梅园大厦 -2）的小区。

由此可以判断，本案例是由于邻区漏配造成严重网内干扰，从而使得 UE 掉话。

3. 解决措施

添加学院 -2（PSC =180）与梅园大厦 -2（PSC =154）为双向邻区。

【思考与复习题】

1. 什么是邻区关系？
2. 邻区漏配问题的典型特征是什么？

实训 8　切换不及时问题的分析

【实训目的】

1. 综合运用 Pilot Navigator 软件进行数据分析。
2. 掌握切换不及时问题的重要特征。
3. 能够对测试的 LOG 文件进行分析，并简要的撰写优化报告。

【实训工具与设备】

Pilot Navigator 软件、便携式计算机、测试 LOG 文件、测试区域的基站工程参数。

【实训步骤及注意要求】

8.1　数据准备

1. 启动 Pilot Navigator

在安装好的电脑中，启动 Pilot Navigator 后台分析软件。

2. 导入数据

（1）导入基站数据库

启动 Pilot Navigator 之后，在菜单栏“编辑”中选择“导入基站”，在弹出的对话框中选择文件的路径，将文件名为“实训 8 基站工程参数 . xls”的文件导入到 Pilot Navigator 中来。

（2）打开数据文件

在 Pilot Navigator 软件菜单栏“编辑”中选择“打开数据文件”，在弹出的对话框中选择文件的路径，将文件名为“实训 8 数据 . RCU”文件导入到 Pilot Navigator 中来。

3. 解压和解码数据文件

在工程窗口中，选择“Project”选项卡，右键导入的数据文件（即“实训 8 数据”文件）下面的端口数据（即“UMTS3”端口），在弹开的菜单中选择信令窗口，进行解压和解码。

对测试数据 UMTS3 进行解压和解码。

4. 打开常用的窗口

打开 Map 窗口、Graph 窗口、Serving/Neighbor 窗口和 Message 窗口等常用窗口。

8.2　数据分析

1. 问题描述

UE 由北往南行驶至 W 市农行基站西南方向，在 10：21：05：750 时刻，位于东经

112.197381°、北纬 31.023905°附近，UE 发生了掉话事件。掉话时，UE 的 Total RSCP = -65.54dBm，Total Ec/Io = -21.78dB，如图 S8-1 所示。

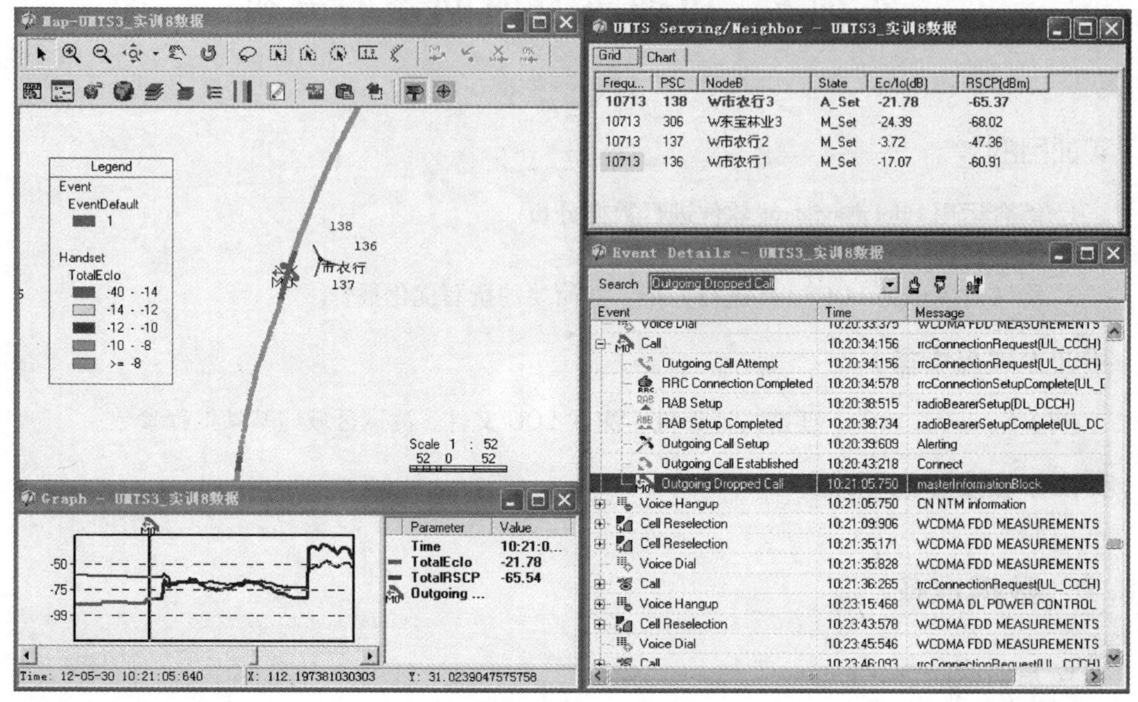

图 S8-1　UE 发生掉话

2. 问题分析

从路测数据来看，被叫 UE 掉话前，一直使用 W 市农行 3（PSC = 138）小区的信号，随着车辆继续往南行驶，W 市农行 3（PSC = 138）的 Ec/Io 逐渐恶化至 -20dB 左右，而此时监视集里的 W 市农行 2（PSC = 137）小区信号质量非常好，而此时下行链路不断变差，出现 UE 掉话。

查看信令，被叫 UE 在 10：21：01：375 上报 1A 事件，要求将 W 市农行 2（PSC = 137）加入到激活集中来，如图 S8-2 所示。

随后，唯一的导频 W 市农行 3（PSC = 138）的信号快速变差，下行的 BLER 达到 50%，无法提供可靠的信号，于是，被叫 UE 在 10：21：02：359 上报 1D 事件，要求将 W 市农行 2（PSC = 137）替换激活集中 W 市农行 3（PSC = 138）的导频，但由于切换不及时，未能成功进行切换。之后，被叫 UE 又上报了 4 次 measurement Report 消息，由于下行链路严重恶化，UE 无法接收网络侧下发的激活集更新消息，导致主叫 UE 掉话，如图 S8-3 所示。

综上所述，可以判断本次掉话主要是由于相关小区切换不及时导致的。

3. 解决措施

增加 W 市农行 3（PSC = 138）和 W 市农行 2（PSC = 137）间 CIO 偏置，加快 W 市农行 3（PSC = 138）小区向 W 市农行 2（PSC = 137）小区的切换速度，复测该区域观察有没有改善。